The Unique World

方
寸

方寸之间 别有天地

唐风拂槛

Silk and Fashion in Tang China

织物与时尚的审美游戏

Empire of Style

〔美〕陈步云 —— 著
BuYun Chen

—— 廖靖靖
——
译

社会科学文献出版社
SOCIAL SCIENCES ACADEMIC PRESS (CHINA)

Empire of Style : Silk and Fashion in Tang China by BuYun Chen

献给我的母亲程美华

目　录

致　谢

本书的主题是中国历史中唐朝的时尚，但是从创作起源而言，它是来自女性主义理论家和历史学家的著作，我从中继承了对历史上女性地位的深切关注。在求学生涯中，我曾经被那些致力于恢复女性话语权的活动深深触动，它们让长期被无视的女性在对非西方社会的分析中发出声音。这些女性被作为积极的角色呈现出来，她们的人生远比过去文本所叙述的更加丰富和复杂。所以当我开始研究中国历史时，便决心要揭示女性主体在政治和道德上的自主性。

高彦颐（Dorothy Ko）教授对我影响至深，她质疑我认为女性群体的能动性与反对父权制是同质问题的观点，引导我远离了对积极的女权主义意识的探寻。她帮助我打开眼界，让我看到了近代以前中国女性多姿多彩的生活，并向我展示了复原她们的知识和文化的可能性。她的教导一直陪伴我这本书的写作。语言在此是苍白无力的（正如她经常提醒我的那样），无法表达她如何丰富了我的人生。

从我们的第一次见面起，韩明士（Robert Hymes）教授就向我展现了他的智慧和宽广胸怀。如果没有他的指导，我很可能还是个不愿意学习中国中古史的学生。他对我的工作一直给予坚定和热情的支持，即使我尝试研究其他领域的内容。同时，我还要感谢其他研究领域的老师们。乔迅（Jonathan Hay）老师培养了我对器物和图像的热爱，并持续地引导我如何审视一幅画作。柯素芝（Suzanne Cahill）老师是唐代历史研究领域一位非常难得的学者，她翻译的鱼玄机的诗第一次激发了我对唐学研究的兴趣。对于已故的吴百益（Wu Pei-yi）老师，我很感激她给我灌输了翻译中国古文必须依循的规则。

老师、同事和朋友们以智慧、幽默，以及最为重要的情谊，支撑着我度过了这段被我们称为学术生活的艰难历程。薛凤（Dagmar Schäfer）老师让我深刻认识到勇敢思考的重要性。盛余韵（Angela Sheng）老师通过自己模范性的实践教会了我纺织品研究的严谨性。我还很幸运地找到了一位研究时尚的历史学者，同事苏瑞丽（Rachel Silberstein）。此外，何安娜（Anne Gerritsen）和那葭（Carla Nappi）给我做了最好的动员演讲。与费丝言（Si-yen Fei）关于性别的谈话，对于我的书和研究颇有启发性，我受益匪浅。艾约博（Jacob Eyferth）促使我对技术问题进行更具批判性的思考。乔吉奥·列略（Giorgio Riello）在本书最后的修改阶段阅读了整部原稿，他的鼓励使我振作起来。

多年来，我一直依赖于好朋友塔利亚·安德烈（Talia Andrei）、刘仁威（Andrew Liu）、史耀华（Joseph Scheier-Dolberg）、詹妮·梅迪纳（Jenny Wang Medina）和汤姆·威尔金（Tom Wilkinson）。塔利亚的同情心、仁威的智慧、耀华的敏锐、詹妮的坦率以及汤姆的才思让我发现无论是在学术圈内还是圈外，生活都快乐得多。在费城，劳拉·科恩（Lara Cohen）和尼娜·约翰逊（Nina Johnson）对我来说，已经不仅仅是朋友而更像是亲人。而珍·摩尔（Jen Moore）对人的热情真可谓无与伦比。在柏林，埃米莉·布劳内尔（Emily Brownell）、阿丽娜-桑德拉·库库（Alina-Sandra Cucu）、塞巴斯蒂安·费尔顿（Sebastian Felten）、李晓常（Xiaochang Li）、塔玛·诺维克（Tamar Novick）和任朱莉（Julie Ren）成为我亲密的友人和宝贵的对话者。

本书在社会科学研究委员会（SSRC）、富布赖特项目和斯沃斯莫尔学院的慷慨支持下进行和问世。2009 年和 2010 年，SSRC 的一项研究奖学金和富布赖特与国际教育协会的资助让我可以游历中国各地，亲眼见到本书中所论及的各种文物。感谢李志生老师在我于北大进修学习期间给予的鼓励、关怀和帮助。当我努力争取获得进入各个博物馆查看藏品的机会的时候，是齐东方先生非常友善地为我写了多封介绍信。特别感谢中国丝绸博物馆的赵丰老师和陕西历史博物馆的申秦雁老师给予我进入博物馆库房的珍贵机会。2014 年的夏天，斯沃斯莫尔学院的资助让我考察了欧洲与唐代时尚相关的重要藏品。我要感谢维多利亚与艾尔伯特博物馆（V&A）的海伦·佩尔松（Helen Persson）和李晓欣（Xiaoxin Li），大英博物馆的露西·卡森（Lucy Carson），以及阿贝格基金会的瑞古拉·肖特（Regula Schorta）。回想起来，还有克里斯·霍尔（Chris Hall）亲切地为我展示了他的收藏品，艾伦·谢伊（Eiren Shea）做的文物介绍，都让我感激不尽。

在德国柏林马克斯－普朗克科学史研究所（MPIWG）为期两年的奖学金资助期间，我完成了这本书的初稿。在我休假的第一年，斯沃斯莫尔学院的 Mary Albertson 教员奖学金让我可以舒适地生活。我在斯沃斯莫尔学院的同事们，尤其是研究历史和亚洲领域的同事们，一直坚定地支持我，认可我在学术和教学方面的努力。还要感谢我的学生们，他们使我更多地去思考教学中如何准确地运用理论和方法。

我此次有幸与华盛顿大学出版社的洛丽·哈格曼（Lorri Hagman）及她的团队合作。他们耐心地协助我完成了这本书。我也很感谢三位匿名读者，他们的评论向我强调了逻辑明确、思路清晰的重要性。马克斯－普朗克科学史研究所的乌特·布劳克曼（Urte Brauckmann）和凯瑟琳·佩特（Cathleen Paethe）非常慷慨地将自己的精力投入为本书获得出版许可的漫长过程中。还要特别感谢陆鹏亮（Lu Pengliang），他在一切看似无望的时候及时施以援手。车群（Che

Qun）与我分享了她的专业知识，还为本书制作了地图。来自斯沃斯莫尔学院的 Constance Hungerford 教师支持基金供我支付了书中图片复印和获取使用许可的大量费用。

对我的家人们，语言再一次不足以表达我的心情。我的兄弟，陈嘉君（Brandon）始终如一地相信我有获得成功的能力，激励我前进。他的关心、爱和帮助支撑着我，给了我随心所欲行动的自由。我的父亲陈潭生（Tan-sheng Chen）在本书出版前就去世了，如果他能看到它印刷发行，一定会开心和兴奋，因为他从未怀疑过我研究中国历史的决定。最后我还想说，如果没有母亲程美华（Mei-hua Cheng）的帮助，这一切都不可能实现，她的印记是不可磨灭的。

xi

中国历史纪年简表（含唐代各时期）

夏，约前 2070—前 1600　

商，前 1600—前 1045

周，前 1045—前 256

　　春秋时期，前 770—前 476

　　战国时期，前 476—前 221

秦，前 221—前 207

西汉，前 202—8

东汉，25—220

三国，220—280

六朝

　　西晋，265—317

　　东晋，317—420

　　南北朝，420—589

隋，581—618

唐，618—907

　　唐高祖，618—626

　　唐太宗，626—649

唐高宗，649—683

唐中宗，684；705—710

唐睿宗，684—690；710—712

周（武曌时期），690—705

唐（继续）

唐玄宗，712—756

唐肃宗，756—762

唐代宗，762—779

唐德宗，779—805

唐顺宗，805

唐宪宗，806—820

唐穆宗，820—824

唐敬宗，824—826

唐文宗，826—840

唐武宗，840—846

唐宣宗，846—859

唐懿宗，859—873

唐僖宗，873—888

唐昭宗，888—900；901—904

唐哀帝，904—907

五代十国，907—979

宋，960—1279

北宋，960—1127

南宋，1127—1279

元，1271—1368

明，1368—1644

清，1644—1912[*]

---

[*] 关于清代的起始年，作者认为从清军入关 1644 年开始。——译注

前　言
何谓唐朝时尚

2014 年 12 月，一部讲述武则天（624—705）生平的电视剧《武媚娘传奇》因为技术原因暂停播出。武则天是中国历史上唯一一个建立了自己的王朝（周朝，690—705）并且登基成为皇帝的女性。这次突然停播实际上是对（剧中）唐朝服装低领口的回应，这样的服饰暴露了太多乳沟。2015 年 1 月该剧重新上线播放，相关镜头经过了剪辑，以女性的脸部特写取代了宽屏镜头，剪掉了她们的身体。剪辑后的版本引起了观众的热议，人们在网络上争论此般"袒胸露乳"是否准确地代表了唐代（618—907）的着装风格。可见，现在和过去一样，唐代妇女的着装习惯招来了非议。

在唐朝，官员们担心的不是女性袒露的乳沟，而是一个更加令人不安的问题：女性想要根据个人品味而非所处的社会地位来穿着的欲望。为了说明这个观点，我们来思考关于太平公主的一件轶事（713），她是武则天与唐高宗（649—683 年在位）最有权势的女儿。在唐高宗举行的一次宴会上，太平公主出现时，身穿一件紫色长袍，配有武官装备，腰系玉带，头戴一顶黑色丝绸制成的头巾状的帽子。[1] 接下来，她为高宗和武后表演了一段歌舞。看着女儿这

---

① 《新唐书》记载，"高宗尝内宴，太平公主紫衫、玉带，皂罗折上巾……"。——译注

身装扮舞蹈，帝后二人都觉得新奇而有趣。此曲舞毕，他们笑着责备女儿："女子不可以当武官，你怎么穿成这样呢？"[1]《新唐书》的作者把这件事列为唐代"服妖"[2]现象，认为这是一个预兆：当武则天登基称帝时，性别角色的颠倒将会降临这个王朝。太平公主女扮男装的事件及其在断代史中的流传，说明了两个道理：其一，服装行为关乎政治和道德，所以有必要加以记录和解释；其二，装扮的方式只有通过穿戴者展示在观众面前才能获得意义。公主群体是丰富的符号世界和物质世界的一部分，在这样的世界里她们穿什么和怎么穿，与图像描绘和文字阐述一起，构成了生活经验的基础。太平公主通过穿上武官的服装，创造并扮演了一个不同的自我形象。这一形象因为太平公主所处时代背景下的性别政治特征而变得格外清晰且有意义。她以自己的示范，展现服装具有阐发权力、性别和道德等观念的能力，并将服饰作为一种时尚手段的作用发挥到了极致。

　　本书所描写的唐代人物都属于中古时段的时尚体系，这与我们现今品牌文化和大众传媒中的时尚完全不同，但它仍然可以被定义为时尚。正如前文太平公主事例所呈现的那样，时尚首先是一种创造意义的实践，它受限于所处的时间和空间，通过与物质世界的接触在社会群体中构建出一种存在感和个性。时尚在中国唐朝这片沃土中生根发芽，实现了形象化和自我塑造的过程。通过解读"时尚"，可以掌握古代礼仪制度和官方服饰规范的密码，从而开始进一步的思考：如何把穿着衣物的身体当作展现社会地位的载体。由此，我们可以认为，时尚与唐代宫廷文化、国家财政、视觉文化、纺织技术以及文学体裁都有密切的联系。

---

① 欧阳修、宋祁等撰《新唐书》卷三四，第 878 页。书中对服饰习惯的关注被系统化为一个单独的条目，名为"服妖"，并被纳入《五行志》，其中包含乱政、灾异等现象及其与政治事件的关联，体现了编纂者欧阳修作为儒家官员所持有的道德说教史学动机。参见黄正建《唐代衣食住行研究》，第 91–92 页。

② 服妖，是中国古代主流社会对不符合礼仪制度和常规习俗的服装的称呼。最早见于《洪范五行传》："貌之不恭，是谓不肃，厥咎狂，厥罚恒雨，厥极恶，时则有服妖，时则有龟孽，时则有鸡祸，时则有下体生上之痾，时则有青眚青祥。"——译注

图 I.1 《杨贵妃上马图》局部

与现代性无关的时尚

将时尚与西方现代性画等号一直是世界的主流观点。早在 1902 年，德国社会学家维尔纳·桑巴特（Werner Sombart）就曾宣称："时尚是资本主义的宠儿。"[①] 当然，他的这一说法只考虑了欧洲的情况，在那里资产阶级革命已经改变了人们的品味、生产和消费。对于 20 世纪早期的时尚理论家而言，伴随着现代资本主义制度的形成，一个日益重视时间观念的世界诞生了，而这一过程正是由商品生产和消费的加速来决定的。所以，这部分理论家往往把时尚视为现代化的象征，一致认为时尚的出现与 19 世纪西欧商品文化的发展互相配合，且同时发生。到了 20 世纪初，时尚已经成为变化的同义词，它是资本快速周转的象征。自此之后，关于时尚的学术研究就根植于上述以欧洲为中心的理论体系，在相关的著作与论文中，时尚被理解为现代化的记录，纯粹由工业资本的力量催发而生。[②]

时间推移到 20 世纪后期，昆汀·贝尔（Quentin Bell）与费尔南·布罗代尔（Fernand Braudel）等历史学家延续了桑巴特将时尚等同于欧洲的基本观念。按照他们的思路，如果一个社会未受西方资本主义影响，其服饰文化仅仅是现代时尚体系的陪衬。在这些学者的眼中，中国的服饰属于"古装"范畴，甚至像定格在某个历史时期的"时代装"，不会受到时移世易的影响。在昆汀·贝尔看来，中国服饰的变化是"西方人不会注意到的"；[③] 布罗代尔则认为，中国仿佛是不受时间影响的永恒之地，是"世界的其他地区"，这里的服饰"在几个世纪里几

---

① Sombart, *Economic Life in the Modern Age*, 225, 原载于他的论文 "The Emergence of Fashion"。

② 参见 Sombart, *Luxury and Capitalism*; Veblen, "The Economic Theory of Woman's Dress," 198-205; Simmel, *Fashion*, 1957 年再版为 *The Philosophy of Fashion*。

③ Bell, *On Human Finery*, 59.

乎没有变化"。① 如此语境之下，中国服饰千百年不变的"神话"，成为西方学者们广泛批判中国社会的一个重要部分：是传统束缚了中国，导致它停滞不前。为什么会出现上述无史实依据的错误推理和阐述？实际上，这与工业革命后欧洲人的自我认知有关，也与中国人的穿着有关。这类"中国服饰静止说"作为欧洲学界的特殊现象，也为活跃于 20 世纪上半叶的近现代中国知识分子所接受。著名作家张爱玲曾于 1943 年在一篇文章中写道，在清朝 300 年的统治下，"女人竟没有什么时装可言！一代又一代的人穿着同样的衣服而不觉得厌烦"。②

近年来的学术研究推翻了过去以欧洲为中心的观点。大量研究成果③ 表明，在中世纪至近代早期的欧洲、明朝时期（1368—1644）的中国和德川时代（1603—1868）的日本都存在过对新事物的渴望，对物质商品不断增加的投资以及消费分配的日益扩大。这些论证致力于去除以欧洲为消费社会起源的理念，并将消费革命作为全球性的现象来研究，它是早期现代社会的标志。通过建立共同认可的消费模式作为早期现代性的基础，历史学家们，尤其是中国的历史学家们开始聚焦质疑将现代性与西方工业资本主义混为一谈的狭隘观点。④ 如何修正此类狭隘视野下的叙述已经成为中国史研究领域的一个重要专题。这些研究，当然具有重要性和很高的学术价值，但是往往容易陷入寻找现代性"萌芽"和先兆的"陷阱"，即用同一时期或更早一些的欧洲经验

---

① Braudel, *The Structures of Every- day Life*, 312.

② 张爱玲:《更衣记》，第 427–441 页。

③ 参见 Clunas, *Superfluous Things*; Brook, *The Confusions of Pleasure*; Finnane, *Changing Clothes in China*。有关欧洲史的研究，参见 Frick, *Dressing Renaissance Florence*; Vincent, *Dressing the Elite*; Heller, *Fashion in Medieval France*; 以及 Rublack, *Dressing Up*。

④ 参见 Clunas, "Modernity Global and Local", 1497-1511。这一趋势是由文化转向引发的，文化转向将焦点从工业革命转移到消费者革命，这是现代性兴起的一个开创性事件。参见 McKendrick et al., *The Birth of a Consumer Society*; Mukerji, *From Graven Images: Patterns of Modern Materialism*。

来定义"近代化"或"现代性"。在这样的前提下，学者们对于中国现代性探究所确立的标准，就是以欧洲模式来评判中国经验。这个倾向也适用于当前中国的时尚研究。

　　笔者对于唐代时尚史的研究也受益于上述学者的积极探索，但是本书已经与"时尚是现代性的表达"理论分途，取而代之，笔者把焦点集中在衣着和装饰从根本上来说，作为制造者、穿戴者、观众和记录者的一种意义制造的体验上。如此思路下的学术探究是将时尚作为一个开放式的发展过程，通过探索物质世界的辉煌所带来的创造性和可能性，以华丽的视觉和文学表现方式进行记录，从而鼓励自我意识的形成。这并非意味着中国唐代的时尚与变化无关。相反，衣着和装饰作为自我和身体的外在象征，需要与社会结构、物质世界以及政治变化相一致。纺织品、服装和配饰的意义是相互关联并从文化上建构而成的，因此某种服装风格的意义与价值的失去和获得，取决于它是否与更广泛的时尚体系存在关联。随着诠释方法的不断转换，时尚的变化不仅与实际的布料、织物的剪裁有关，也与人们的感知相关。例如，服饰上的图案描绘就为变化的出现提供了一种视觉和物质形式的途径。通过与社会实践的联系，变化被逐渐具体化为一种可以被识别、审视和实施的审美行为。

　　上述行为像是一种"谈判"，人们用自己着装后的形象与服装材质来获得社会归属感，同时，作为创造自我的过程，它与所处的历史时期和地点紧密关联。在此基础上，如果我们把时尚视为动态发展的、互动影响的而非确定性的，把它理解为一种具有历史偶然性而非普遍性的制度，那么时尚既可以与现代性共存，也可以与现代性无关，当然后面这种情况会有不同的理解角度。所以，本书中的案例研究更深远的意义是树立属于中国唐代的时尚模式，脱离以往的现代性视野和西方语境，将出土的物质证据与流传的经济、政治、法律和文学文本结合在一起。

唐朝时尚的感官和游戏世界

若要真正理解中国唐朝时尚体系中多元且看似矛盾的诸多史实,我们必须如学者安·罗莎琳德·琼斯(Ann Rosalind Jones)和彼得·斯塔利布拉斯(Peter Stallybrass)所言:"挣脱我们的社会分类,在这种社会分类中主体先于客体,穿戴者先于其所穿戴的衣物。"这是他们在深入研究欧洲文艺复兴时期服饰史中强调的观点。[①] 唐朝被普遍认为是中国历史上受到世界瞩目的黄金时代,其特征在于惊人的经济增长、政治革新、艺术和文学的高度繁荣以及频繁的对外交往。在唐代统治的鼎盛时期,都城长安是中世纪(476—1453)世界上最大的城市,拥有超过 100 万 [②] 的居民。唐帝国成长为强大的势力,其影响范围遍及东亚内外,并且广泛吸收和促进了跨地区的商业、知识、宗教和艺术交流。从动态上看,唐帝国的地理与文化轮廓不断随着纳入其行政框架的本地人口和流动人口的变化而变化。与此同时,朝廷试图在整个广袤的疆域内推行古典理念下的传统治理制度,即维护自给自足的农业经济和稳定的等级制社会。上述帝国扩张与推行传统的期望之间出现的紧张关系也反映在这一时代所形成的时尚体系中。

时尚与变化的渴望紧密关联,它的存在伴随着一种长期的观念,那就是服装必须与穿着它的身体保持一致,而且毫无疑问地代表着穿着者的地位。前文讲到唐高宗对太平公主着武官服饰亮相之事的反应,表现出服饰是如何被理解为个人的组成部分的。然而,此番服装展示由太平公主来进行,甚至被官方史料的书写者以道德劝谏的形式叙述,这表明服饰也是一个反抗地位与性别之既定观念的焦

---

① Jone and Stallybrass, *Renaissance Clothing and the Materials of Memory*, 2.
② 学界对于唐代长安城的人口持有不同的看法,其中比较典型的观点如日野开三郎推断有 100 万人,妹尾达彦则认为约有 70 万人。——译注

点。尽管有禁奢令试图规范服饰的制作，即依据穿着者的地位和等级来限定能够穿着的服装形式，但纺织品生产革新所带来的创新可能性和外国装饰模式与传统风格的碰撞，使时尚成为一股变革的力量。通过将图像及文字描述中的精英阶层服饰、出土的纺织品与当时的限奢法令都纳入学术讨论，笔者希望本书能够为读者展示唐人对物质事物的欲望在多大程度上构建起了时尚世界。这种对于感官材料的渴望极为明显地表现在了人们对丝织品的需求上。

在唐代的社会生活中，几乎没有任何一个领域的人对纺织品及其生产和使用毫不关心。作为个人和国家价值的终极体现，纺织品在实现权力、财富、身

图 I.2　骑马贵族男女俑，8 世纪早期
两人都穿着尖头靴，手持马鞍上的缰绳。白色底上有冷漆颜料的模制浅红色陶器
左：戴着高帽子的男性，高 37 厘米，宽 30.5 厘米，深 15.5 厘米；右：头顶发髻的女性，高 36 厘米，宽 31.5 厘米，深 13 厘米
藏于哈佛艺术博物馆 / 亚瑟・M. 萨克勒博物馆，Anthony M. Solomon 捐赠，2003.207
Imaging Department © President and Fellows of Harvard College

份方面都有明确且公开的中心地位。以上重要性使唐朝纺织品在今天能为人们所见，我们可以看到其残片在精英群体的墓葬中保存，在唐帝国西部边境的敦煌藏经洞中以佛经裹布及巾旗的形态尘封千年直至20世纪初被发现，在皇家宝库中被视为珍贵文物妥善保管（图 I.3，图 I.4）。

盛装的欲望往往与唐代女性中居住在宫城和皇城的公主、嫔妃、舞者、高官重臣的妻妾们紧密相关，她们在服饰方面争夺高下的竞赛被嘲讽为社会混乱的一个因素。这些女性中最为人熟知的是杨贵妃（719—756），她是唐玄宗（712—756 年在位）最宠爱的妃子。一部分人认为，杨贵妃"恶名昭彰"，正是她对感官享乐的嗜好导致唐玄宗失去了皇位。据记载，唐玄宗在常规配置的基础上，额外派遣 700 名工匠为杨贵妃及其侍从织造和刺绣，另有几百名工匠为她们雕刻和铸造珍贵的饰品。地方官员如扬州、益州、岭表的刺史甚至遍寻能工巧匠制作稀有的器物和独特的服装献给她。[①] 人们痛斥杨贵妃几乎造成了唐王朝的毁灭，但在其死后的几个世纪里，她和她传说中丰满的体态继续主导着大众对美人的幻想（图 I.5）。[②] 杨贵妃丰腴的身材和享乐的欲望体现了这个王朝的意识形态叙事，成为帝国堕落的永恒象征。杨贵妃的遗产中有诸多内容可以揭示推动唐代时尚发展的力量，也显示出男性史料书写者热衷于宣扬的一个理念：女性与物质享乐之间有密不可分的关系。

本书确定并详细阐述了驱动时尚发展的两个"马达"。一是纺织业，它为服饰提供了日益多样的图案、染色、印花和刺绣织物。朝廷对丝绸的渴望和需求，以及国家疆域扩张所带来的异域工匠们，共同推动了纺织业的创新。区域

---

① 《旧唐书》卷五一，第 2179 页，"宫中供贵妃院织锦刺绣之工，凡七百人，其雕刻镕造，又数百人。扬、益、岭表刺史，必求良工造作奇器异服，以奉贵妃献贺，因致擢居显位。"亦见于《新唐书》卷七六，第 3494 页，"凡充锦绣官及冶瑑金玉者，大抵千人"，"四方争为怪珍入贡，动骇耳目。于是岭南节度使张九章、广陵长史王翼以所献最，进九章银青阶，擢翼户部侍郎，天下风靡。"

② Mann, *Myths of Asian Womanhood*, 835-862.

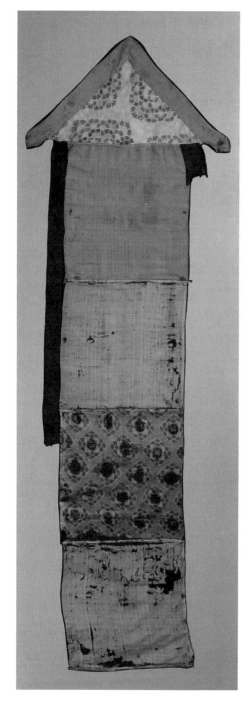

图 I.3 丝绸钱包，8—9 世纪
外层织物是一种纬面复合斜纹织物，上面有植物、鸟、鹿和婴戏图
高 14.3 厘米，宽 13.7 厘米，深 2.5 厘米
购买人 Eileen W. Bamberger 为纪念她的丈夫 Max Bamberger 赠予纽约大都会艺术博物馆，1996 年
现藏于纽约大都会艺术博物馆

图 I.4 丝幡，9—10 世纪
这是斯坦因（Marc Aurel Stein）第二次中亚探险期间（1906—1908）收集的一组由相同排列的纺织品制成的八幅夹缬丝幡之一。幡，是佛教崇拜的重要组成部分：用于获得功德、祈祷，作为还愿祭品，或用于仪式游行。作为展示的对象，旗帜装饰和材料的复杂性与质量反映了捐赠者的工艺和旗帜的功能。此件丝幡的正面是平纹织物，上有夹缬染色玫瑰花结菱形纹。夹缬染色技术是 8 世纪末唐代的一项创新。其他 7 幅同系列幡藏于维多利亚与艾尔伯特博物馆
高 131.5 厘米，宽 43.6 厘米；莫高窟 17 窟洞出土
© Trustees of the British Museum

丝绸业的发展进一步激发了各色人等对新颖设计和编织方法的欲望。另一个"马达"与纺织业相联系，它是唐人与他们的视觉和物质世界之间持续的互动，我称其为"审美游戏"（或美学游戏）。[1] 具体而言，唐代的时尚行为是以审美游戏的形式存在，通过这种方式，感官欲望与正统的社会结构相一致，并由知觉和身体的感官体验来调节。

在这个游戏的过程中，服装的物质性至关重要：纺织品束缚和形塑着身体，修饰人们的外表，影响着姿势和一举一动，并且赋予身体社会性的形态。[2] 服装在制造、装饰和形态上的改进，材料和配件的更多可能性，以及人物艺术的变化，都促使人们越来越多地意识到风格是具有历史性的。换言之，通过视觉和身体的探索，唐代的男性与女性在观察他人和被观察的过程中产生了价值和意义，并且获得了身处特定时空的存在感。因此，审美游戏描述一个由自我身体与物质世界之间的基本相遇所产生的事件，随后产生了表达行为，比如装饰和隐喻思维的实践。

如果把服饰视为一种游戏，就必须在限奢令与物质世界间进行协调，前者出自传统礼教规范，后者则为人们提供新颖丝绸和稀有珠宝。我们举例来分析这种游戏，假设一位唐代的宫廷女子穿上游牧民族的服饰（胡服），把头发扎成顶髻。在塑造了如此的个人形象之后，她用它来表现自己对其他文化风格的了解，也用它来展示自己与社交网络中其他女性的共同品味与联系。审美游戏实质上包含着身体与思考两种方式对外部世界的体验。要穿衣或者代表这个世界，就需要看别人，也必须看自己。在"看别人－看自己"不断重复的过程中，

---

① 这一定义和说法是借用 Friedrich Schiller 1795 年的 *Letters on the Aesthetic Education of Man* 的思考，并结合了 Hans-Georg Gadamer 的 *Truth and Method*（1960）和 "The Play of Art" 的思想。对于席勒而言，审美游戏或游戏的驱使，调和了感官与形式驱向，允许自我实现。因此，正是审美游戏使人具有了人性。

② 正如 Ulinka Rublack 所指出的："衣着显然是在与身体的对话中体验到的，它的社会意义必须与之共存。"参见其 *Dressing Up*, 31。

伴随着新面料形式的物质变化，自我表现的新模式就被创造了出来。时尚与形象塑造促进了自我的呈现，而此处的"自我"得以在本体与他人关系里被构成与重构，并且锁定在这个持续的游戏过程中。通过上述方式，审美游戏有助于时尚体验的变化。

把时尚作为一种审美游戏来研究，就可以将唐代的作家、画家、织布工、评论家都纳入服饰变化的认识与判断体系之中。在这里，丝绸工匠通过织造、画家通过塑造时尚、作家通过语言操控，以不同的方式发挥作用。想要成为时尚体系的参与者，并不一定依赖于物质上的占有和展示，而是需要知识和能够辨认风格的变化。然而，唐代时尚的两副面孔，分别属于宫廷中的妇女和贫困的女工。两种形象截然不同，一方是奢侈浪费、喜爱盛装的宫中妇女，另一方是辛勤劳动的下层女工，唐代以及之后的士大夫群体从话语层面不断描述和加深这种形象对立，从而将审美游戏和物质渴望性别化。他们的逻辑是：把女性描绘为时尚的追求者和受害者，上层女性想要穿着不符合身份的服装，她们的欲望导致下层女工只能埋首织布机忍受辛劳，由此顺理成章地评论、强调女性的轻浮和危险，而不用去谈论国家面临的真正问题，如皇帝统治的软弱，抑或受教育男性不恰当的欲

图 I.5 《杨贵妃上马图》，通常认为是钱选所作，14 世纪
杨贵妃在侍从的帮助下上马的描绘，暗示了她的传奇性
手卷、水墨、纸本设色；长 117 厘米，宽 29.5 厘米
弗里尔艺术画廊和亚瑟·M.萨克勒画廊，史密森学会，华盛顿，购买者：Charles Lang Freer Endowment,F1957.14

望。唐代的作家将自己定位为一个被普遍审美游戏颠覆的社会评论家，如此，他们可以谋求置身事外。但是，他们如果想要施展才华记录心中那些道德危机的状况，就需要作为观察者直接加入时尚体系。诗意典故和传统主题构成了作家在审美游戏中的素材，使他们能够表达与社会的持久关联。

在此基础上，我们来思考唐代时尚所表现出的特征到底是什么：它是对新奇事物的渴望，以及模仿与竞争的游戏，但它并非由一个可控的自我塑造过程来承载，倒像是"身体－服饰－社会意义"三者之间持续不断的协商。

全书结构

本书对于唐代时尚的研究是基于广泛的文本、图像，以及表明当时人们如何穿着，又怎样被他人看待的物质材料。贯穿整个唐朝，在两类人群之间始终存在着一种紧张的关系。第一类人已经欣然接受服装与饰品的乐趣；第二类人则坚决反对将服饰实践与时代的变化联系起来的理念，而要固守传统价值观。阅读史料会发现，朝廷坚持捍卫着装应该象征身份和地位的观念，尽管它的一些成员已经违背了限奢令的规定。当我们把关于服饰的矛盾与冲突置于唐代经济、政治、审美的宏观背景来审视，就会看到时尚如何成为涉及自我、社会、历史的更大范围讨论的一部分。

唐代时尚一系列的变化是由不同但相关的众多事件构成的，它们从整体上说明了着装行为如何成为国家生活经验的中心。本书按照主题设定章节，首先探讨国家政治与时尚政治之间的共生关系，继而转向前文论及的审美游戏形式，将时尚视作创造意义的实践。

第一章从国家和世界主义的概念阐述唐代社会和经济发展的关键。朝廷的开疆拓土与随之而来的地理、文化领域的巨大扩张对于时尚的发展至关重要，其推动力不亚于服饰体系内部新材料的创造和新技术的引进。国家的建立与发展促进文化与技术的革新，让原本生活在腹地的男性和女性接触了更加丰富多样的物质世界。第二章探讨唐朝服装限制法令所处的话语传统，以理解穿着习俗为何重要，又有怎样的影响力。这些法令具有重大意义，究其原因，并非作为时尚战胜"静态"社会的证据，而是在于它们揭示了布料生产规模和技术基础设施的变化，在此情况下有财力者越来越容易购买到奢侈纺织品。政府维持等级现状的想法与统治者的雄心壮志在一定程度上是相悖的：为了支付和维持开拓边疆的费用，朝廷将大量税收和贡布（绢）投入每一个边境前哨阵地，相当于用丝绸和麻铺成了国家的荣耀之路，转换视角，此举也铺平了时尚之路。通过限制繁复、华丽的丝织品生产和流通，同时鼓励制作简单的纺织品以供赋税，朝廷的这些举措是为了维护其对国家关键物质资源的垄断。简而言之，禁奢令强调了纺织业生产在维持时尚和巩固国家方面的根本性作用。

第三章从现有的文本材料转向视觉档案，展示出大唐服饰如何穿搭，并探究了绘画风格的变化与时尚之关系。唐代墓葬出土的壁画与陶俑提供了大量视觉证据的档案，它们记录着服饰景象的变化。这些图像材料所呈现的妇女及其穿着，揭示出当时妇女服饰可能的样子，也展现出制作这些作品的工匠和画师心目中妇女服饰应有的样子。视觉档案为我们提供了重要线索去理解两个重要问题：如何感知女性的身体？此种认知与服装的关系怎样随着时间而改变？这些变化被记录于墓葬艺术和画卷，其中最显著的是将唐代美人塑造为模板的创作，这说明艺术家（图像制作者）是通过审美游戏的原则来描绘身体与装饰之间的关系的。

第四章旨在探究丝绸生产的增加如何实现。首先它得到了宫廷投资的推动，然后在唐朝中晚期受到农业与商业重心南移所带来的进一步刺激，促进了纺织技术的创新，推动时尚达到新的高度。税收和贡品的记录表明，丝绸织造向南方延伸导致供精英群体消费的丝制品类型出现新变化。丝织品的设计，表现在对颜色、图案、规格的考虑上，构成了服饰变化的主要催化剂。还有织造工群体，他们是税收和朝贡制度中不可缺少的部分，也在时尚体系中居于至高无上的地位。

第五章考察了思考和写作时尚变化的基本词汇。时尚语言是在 8 世纪末到 9 世纪的诗词中发展起来的，它将各种装饰形式和"与时俱进"的愿望相联系。这些诗的作者皆是那个时代的社会评论家，就他们而言，对潮流的渴望意味着一种以财富的积累和事物的过时为基础的价值体系的出现。然而，在这些人的评论文字中，他们就像自己曾经嘲笑过的（喜好时尚的）"轻浮"女性一样，欣然拥抱了新的风格以求在世界上留下自己的印记。男性诗人们通过对文学创作和风格的强调作为衡量价值的标准，同样致力于追求社会差别和当代意义。本书的结论部分回到了唐代时尚的性别化问题，以及这一不朽的"遗产"对于研究时尚和唐代女性史的深远意义。本书的核心论点是，时尚是所有唐朝人生活的中心，因为这个王朝将衣着置于经济和道德价值结构的中心。

第一部分

追溯：雪泥鸿爪

第一章

历 史

丝帛与王朝政治

　　本书的主要形象之一来自 7 世纪晚期的一尊舞者俑，她的丝绸袖子包含了 015 诸多线索，表明丝织业在初唐经济生活和时尚观里占据了中心地位。这尊女俑是为埋葬于吐鲁番 [①]（丝绸之路沿线的绿洲城市）的麹氏而作，作为陪葬品于 688 年墓主去世后在长安（今西安）制成（图 1.1）。它与麹氏墓中发现的其他华贵精致的雕塑皆是从都城千里迢迢地来到唐朝的西部边境，埋入麹氏与丈夫张雄（卒于 633 年）的合葬墓中的。此舞者俑的创作是为给麹氏的死后生活带来快乐，它身着 7 世纪晚期流行的丝绸服饰，由多彩编织和夹缬染色的丝构成。这尊雕塑曾经在纽约大都会艺术博物馆 2004 年举办的"走向盛唐"展览 [②] 中备受瞩目，其服饰和身体的构成材料都受到人们关注，[③] 工作人员称它为"唐代芭比娃娃"。

[①] 吐鲁番位于今新疆维吾尔自治区西北部。

[②] 此次大型文物展，于 2004 年 10 月 11 日向公众开放，名为 China: Dawn of a Golden Age, 200-750 AD，以年代为主线，呈现了东汉、西晋、北魏、西魏、北周、隋及唐初的 400 余件珍贵文物。——译注

[③] Hansen, *The Silk Road: A New History*，彩图 8。

图 1.1　唐代绢衣彩绘木俑

其身体由木和纸制成，头部由黏土和颜料制成，衣服由锦（一种复合花纹织物，该术语通常指中国的多色织物）、挂毯和夹缬丝绸制成，高 29.5 厘米

1973 年于吐鲁番阿斯塔那张雄和麹夫人墓（688）出土

藏于新疆维吾尔自治区博物馆

此尊女俑高不足 30 厘米，内部框架以木材为原料，而手臂部分则由多张再生纸做成。1973 年，当她被发掘出土时，考古学家发现这些纸片来自都城的一家当铺。① 这种纸质的"手臂"与女俑华丽的服装同样具有重要的研究意义。捻成"手臂"部分的纸卷展开后是 15 张纸片，上面书写着 54 次不同程度的交易记录。② 每条记录都详细说明了典当物品、日期、贷款金额、还款日期，以及借款人的姓名和地址。一旦典当物品被收回，纸页就会被做上一个标记（划去的符号）（图 1.2）。经考证，这些记录中现存人名 29 个，其中有 10 个被认为是女性。③ 从职业上看，有两名借贷者分别为染布工和发簪工匠。一些记录中保存了具体的地名，比如延兴门，这是唐长安城东侧城墙最南端的大门，而这正是第 14 位借贷者"刘娘"的住址（"延兴门外店上住"）。著名敦煌吐鲁番学者陈国灿先生，根据第 10 位借贷者何七娘的记录中的住址观音寺后巷，推断出收藏纸片的当铺是 662 年以后建立的。如何得出此推论？从《长安志》所载观音寺的历史来看，该寺原名"灵感寺"，始建于 582 年，坐落在新昌坊南门东侧、延兴门以北，621 年关闭，40 年后才得以重新开放，并更名为观音寺。到了 711 年，此寺院又改名为"青龙寺"。④ 这就表明，上述借款账目的拟定时间不会早于 662 年，这是"观音寺"之名出现的时间，也不会晚于 688 年，女俑是在这一年随着麹氏下葬，换言之，这些借贷记录在 662 年至 688 年形成，文档搁置无用后，被当铺卖给相熟的纸商，商人随即将纸片出售给做塑像的作坊，用以制成女俑的手臂。

---

① 其中一件舞者俑的手臂由纸张制成，里面有唐代都城长安当铺的债务和付款清单，记录了多笔交易。

② 参见陈国灿《从吐鲁番出土的"质库帐"看唐代的质库制度》，载唐长孺主编《敦煌吐鲁番文书初探》，第 316–343 页；其英文译本，见 Hansen and Mata-Fink, *Records from a Seventh-Century Pawnshop in China*, 54-64。

③ 参见邓小南，"Women in Turfan during the Sixth to Eighth Centuries", *Journal of Asian Studies*, 1991（1），85-103。

④ 参见陈国灿《从吐鲁番出土的"质库帐"看唐代的质库制度》，第 328–329 页；Xiong, *Chang'an: A Study in the Urban History of Medieval China*, 269。

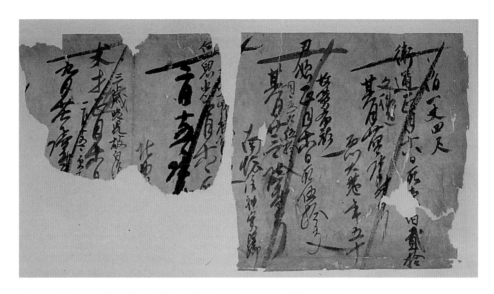

图 1.2　为图 1.1 女俑手部组成部分，经复原和研究为唐代当铺账本残页
吐鲁番阿斯塔那张雄、麴夫人墓出土
新疆维吾尔自治区博物馆供图

　　本文所说的当铺，在史料中被称为"质库"。在唐代，典当业[1]已经是一种较为普遍的生意。以太平公主为例，作为武则天最具权力且备受争议的女儿，传闻她在自己的地产上经营质库，积累了足以与国库匹敌的财富，因此受到史书撰写者的责难。713 年，太平公主去世后，官员们花了好几年才算出她从牧场、农田和当铺中获得的全部财富。[2]到了 9 世纪，典当业吸引了更多的名门子弟和官员，从中放贷取利。得知此情况后，唐武宗（840—846 年在位）于 845 年颁布法令，[3]禁止上述权力阶层染指这一行业。在 9 世

---

① 当铺可能是中国历史上最古老的信贷机构，有学者将典当业追溯到六朝时期的佛教寺院。参见杨联陞，*Money and Credit in China: A Short History*，70。

② 《旧唐书》卷一八三，第 4740 页有记载，唐玄宗在没收太平公主家产时发现，她"财货山积，珍奇宝物，侔于御府，马牧羊牧、田园、质库，数年征敛不尽"。类似记载，另见于《新唐书》卷八三，第 3654 页"簿其田赀，瑰宝若山，督子贷，凡三年不能尽"；以及《资治通鉴》卷二一〇，第 6685 页"籍公主家，财货山积，珍物侔于御府，厩牧羊马、田园息钱，收入数年不尽"。

③ 《全唐文》卷七八，第 357 页，"如闻朝列衣冠，或代承华胄，或在清途，私置质库、楼店与人争利，今日已后并禁断。仍委御史台察访闻奏。"

纪的小说中我们也可以读到典当业的相关内容。比如《李娃传》，①这是文学家白行简（776—826）创作的一篇传奇，②讲述年轻的书生（荥阳公子）为了参加科举考试来到京城，很快爱上了名妓李娃。在成功追求到李娃后，荥阳公子住进了李家宅邸，一年之间将自己的盘缠挥霍一空。千金散尽后，他被李娃名义上的"妈妈"（实为老鸨）骗去典当衣服，换取钱财买酒和肉，来祭祀竹林神以祈求子嗣。不久后，资财耗尽的荥阳公子就被李娃和"李母"抛弃了。

正如《李娃传》中"质衣于肆"的桥段，衣服或者更广泛地说，纺织品是当时最常见的典当物之一。在唐代的多重货币体系下，纺织品与钱币一起作为交换标准和首选的保值物而流通。相关的案例很多，以前文提到的当铺账目（见麹氏墓女俑手臂部分）为例，它所载借贷记录除两次外，全都与纺织品相关，包括十条裙子，其中几条是由斜纹绫制成，兼具染色工艺，如"紫红小缬夹裙""蓝小绫夹裙"等，另有十件衫子，大部分是白色的。细致比对账目中的描述与抵押金额，我们会发现，这些衣物都是穿过的二手货，甚至有几件已经残破，很少能标出高价。其中最大的一笔款项是给南坊的宋守慎，他以五件衣物换了1800文钱。上述文件③提供了一个难得的机会，让我们可以窥见长安居民生活中财物的往来运转，以及他们的衣柜。当然，麹氏墓女俑的故事不仅限于此，她的身体、衣服、从长安到吐鲁番的漫漫旅途，还有很多关于7世纪晚期的内容要揭示。

这尊小小的塑像由丝绸和纸构成，体现着长期以来欧美学界所描绘的唐代

---

① Dudbridge, *The Tale of Li Wa*, 130-131.

② "传奇"，始自晚唐裴铏的《传奇》一书，后人遂以之概称唐人文言短篇小说，内容多涉及奇闻逸事，中唐后兴盛，晚唐时逐渐衰弱。——译注

③ Linda Rui Feng 认为：这些文件中记载的地址，如"北里"和"东端"，显示了长安居民对空间关系的体验和认知。参见 Feng, "Chang'an and Narratives of Experience in Tang Tales," 35-68。

历史之广泛主题:"帝国"和"世界主义"。[1] 在中国古代宏大的历史中,唐代是一个突出的时代,它一方面是以文化和技术革新为标志的扩张型王朝,另一方面又是政治制度长期被破坏的典型时段。维护国家的长治久安和保持时尚体系的发展,两者最为关键的部分都在于人口和货物的流通,首先是在疆域扩张的阶段,然后是在政权分裂的时代。这种流动性最为显著地表现在提供税赋和精英群体使用的纺织物上,这揭示出唐朝服饰生产的巨大规模、复杂性和变化趋势。而且,通过国家的扩张,纺织品这种具有美学价值的珍贵材料得以在当地和遥远的市场流通。换言之,对奢华商品的需求和可用性是由政治和时尚共同促成的。正如密集的纺织品生产满足了国家的需求,国际化的唐代精英对精美织物的渴望也作用于工艺技术的发展,进而服务于时尚体系。

唐朝及其建构

麴氏与丈夫张雄的墓位于阿斯塔那墓地,这是高昌古城[2](近今吐鲁番市)遗址附近的一个小村庄。502 年,[3] 高昌王国由麴姓一族建立,统治的人口主要为汉族,并构建起仿造中原传统国家的政治体制。本书中的麴氏正是高昌国麴姓皇族的一员。633 年,当她的丈夫张雄去世时,唐朝的军队还未征服高昌这块绿洲。到了她离世的 688 年,吐鲁番已经在唐朝的统治下近半个世纪,她的两个儿子都在唐朝廷中做官。麴氏的陪葬品从宏观的角度看,证明了国家中心

---

[1] Mark Lewis 关于唐代的著作 China's Cosmopolitan Empire,将这个时代描述为"中国历史上最开放、最国际化的时期"(书中第148 页)。

[2] 古代塔里木盆地的定居点都有名字,但不限于回鹘语和汉语,这标志着随着时间的推移,政治制度和人口的变化。例如高昌,也曾称为哈拉和卓,公元 843 年还出现过高昌回鹘。

[3] 古代史上高昌自称王有国,历经阚氏、张氏、马氏、麴氏,其中麴氏高昌国时间自 502 年至 640 年,亦有部分学者认为是 501 年至640 年。——译注

与边缘关系的实质性构成。

自 19 世纪以来，俄国、德国、英国、日本、中国的学者们曾率领探险队来到高昌古城附近寻找丝绸之路的遗址和文书（图 1.3）。1959 年至 1975 年，新疆维吾尔自治区博物馆与吐鲁番文物局派出的工作组在阿斯塔那和高昌古城相邻的区域展开系列深入挖掘，最终发现了 456 座古墓。这些墓建于 3 世纪到 8 世纪，跨越了汉代（前 206—220）到唐代。考古学家从这里的 200 余座墓中整理出近 2000 件文书。[①] 这些文书为研究古代这片绿洲上人们的日常生活提供了丰富的资料，与之同时被发现的还有纺织品，它们都是出土材料的重要组成部分。总体上看，阿斯塔那墓群的发现证明了丝绸之路沿线经济与文化交流的广泛性。

1877 年，德国地理学家费迪南·冯·李希霍芬（Ferdinand von Richthofen）[②] 创造了"丝绸之路"一词（德语作"die Seidenstrasse"，英语译为"the Silk Road"），它已经成为连接东方长安与西方安提阿城的陆路交通网络的简称。正是在唐代，丝绸之路从长安向西延伸，穿过河西走廊，到达塔里木盆地边缘的绿洲。漫长的路线上，敦煌是重要一站，它位于现在甘肃省的西端，唐朝的旅行者经由塔克拉玛干沙漠的南北两条路线来到这里，进入西域。关于"西域"的范围，一些学者认为它横跨今日的新疆，以及乌兹别克斯坦和塔吉克斯坦的部分区域。继续向西的两条路线在疏勒（近今喀什地区）交会，从此处，旅行者可以向西前往撒马尔罕，也可以向南去往印度。如果从撒马尔罕再往西行，

[①] 这些文献共有 10 卷，文物出版社曾出版过图录版《吐鲁番出土文书》（1992 年）；另参见荣新江、李肖、孟宪实主编《新获吐鲁番出土文献》（两卷），将 1997 年到 2006 年的新出土文献整理汇编，于 2008 年出版。

[②] 关于李希霍芬的详细研究，参见 Chin, "The Invention of the Silk Road, 1877," 194–219. 另有 David Christian 呼吁人们关注丝绸之路，以往它被狭义地定义为运送奢侈品、技术和宗教的东西陆路和海上路线，而忽略了这条路线也用于传播政治文化，他进一步论证了横贯南北、连接欧亚草原和农业区域的跨生态"草原公路"的重要性。Christian, *Silk Roads or Steppe Roads?* 1–26.

图 1.3　高昌佛寺遗址

1902—1914 年德国探险队在中国新疆吐鲁番考察所拍摄的照片

此次德国探险队由阿尔伯特·格伦威德尔（1856—1935）发起，他曾担任柏林人种学博物馆印度部负责人。1902 年至 1914 年间，在格伦威德尔和阿尔伯特·冯·勒柯克（1860—1930）的领导下，对吐鲁番绿洲和北方丝绸之路地区进行了四次大的考察

藏于亚洲艺术博物馆 (Museum für Asiatische Kunst)，SMB (70231764)

这条道路一直延伸至今日的土耳其。

　　丝绸之路的开启最早被记载于司马迁（前 145？—前 86？[①]）的《史记》[②] 之中。公元前 138 年，汉代的君主汉武帝（前 141—前 87 年在位）派遣张骞前往今乌兹别克斯坦东部的费尔干纳地区寻找大月氏部族。此行的目

---

① 关于司马迁的生卒年问题，学界有不同的观点，1916 年王国维先生《太史公系年考略》提出司马迁的生年为中元五年（前 145），后又有建元六年（前 135）的观点，至卒年，亦无定论，今常见说法有征和三年（前 90）、太始四年（前 93）。——译注

② 《史记》卷一二三，第 3171 页。Tamara Chin 认为是李希霍芬的学生 Sven Hedin（1865–1952）把张骞出使西域的术语和故事作为丝绸之路的叙事起点加以普及。她还指出"丝绸之路"作为一个新词进入汉语，1949 年以前只是出现在有限的流通中，直到 20 世纪下半叶才被广泛使用，当时《人民日报》用"丝绸之路"这个词来形容中国与阿富汗、巴基斯坦有两千年的联系。Chin, "The Invention of the Silk Road, 1877," 217.

的，在于汉武帝忧心北方匈奴扩展和南下之事，委派张骞出使西域，欲联合大月氏一起对抗共同的敌人匈奴。在张骞穿越匈奴控制区域，前往大月氏的途中，他被匈奴士兵抓获并囚禁了 10 年。元光六年（前 129）张骞终于逃出了匈奴，历经艰险到达大月氏，但是未能与他们结成联盟。虽然出使的目标没有达成，但是张骞的西行意义非凡，大约在公元前 126 年，他回到了长安，将途中的所见所闻向汉武帝禀告。他详细地汇报了西域不同族群的政治制度、军事实力、地方经济和风俗习惯，这些重要信息为汉朝向河西走廊以西，乃至更远的区域扩张奠定了基础。[1] 至于张骞本人，因"凿空"之功获封"博望侯"。[2] 作为汉朝对西域关注并进行探索的第一次文字记载，司马迁对张骞重要出使行动的详细描述，成为丝绸之路历史书写中具有里程碑意义的经典。[3]

张骞出使西域带来了深远的影响，其成果之一在于吸收外来人口、劳动力、物品进入朝贡体系。在他之后，司马迁和班固[4] 在史书中强调了汉武帝对奇珍异宝——包括"天马"和费尔干纳地区的葡萄的渴望，是汉朝扩张性存在的理由之一。在张骞获得封赏后，官员们"皆争上书言外国奇怪利害，求使"。[5] 上述史实涉及朝贡体系，它是古代中国政治经济的主导文化模式，在儒家经典中被详细阐述。[6] 这种模式源自上古时期圣人大禹的传说，它展示出一个中心突

021

---

[1] 参见荣新江《敦煌学十八讲》，第 33–37 页。张骞也是第一位描述当时贸易网络的人。参见 Sen, *Buddhism, Diplomacy, and Trade: The Realignment of Sino-Indian Relations, 600–1400*。

[2] 《史记》卷一二三，第 3171 页，"然张骞凿空，其后使往者皆称博望侯"。

[3] 同上，《大宛列传》的结构和民族志内容，为以后西域的历史文献记载提供了范本，如官方的断代史。《汉书》的异域和各族群书写方法对后世也有很大影响，如其中的《匈奴传》《西域传》等，见《汉书》卷九六，第 3871–3932 页。另见 Chin Tamara, *Savage Exchange*。

[4] 《史记》卷一二三，第 3174 页，"而汉发使十余辈至宛西诸外国，求奇物"；类似记载见于《汉书》卷九六（上），第 3896 页。

[5] 《史记》卷一二三，第 3174 页。

[6] Chin, *Savage Exchange*, 11-19.

出、等级分明的农业社会，即通过每年的物质进贡，象征性地反复呈现和强调
统治者的最高权威。在《禹贡》中，大禹治水后"随山浚川"，恢复了国家的
秩序，并且将天下分为九州。各州须以当地的农产品进贡，大禹以这种方法将
地方与政治中心联系起来（图1.4）。① 随后，大禹从政治中心向外划分出"同
心圆"区域，从内往外有"甸服""侯服""绥服""要服""荒服"，距离中
心文明统治者区域越远的地方就越荒蛮。从文献来源和保存上看，《禹贡》

图 1.4　阎立本（约 601—673）《职贡图》（局部），唐代
整幅画描绘了公元 631 年由 27 位外国朝贡使臣组成的游行队伍在唐朝都城长安的情景
绢本、墨彩；高 61.5 厘米，宽 191.5 厘米
藏于台北故宫博物院

---

① 《禹贡》原文中记载为"九州攸同，四隩既宅，九山刊旅，九川涤源，九泽既陂，四海会同。六府孔修，庶土交正，底慎财赋，咸
　则三壤成赋中邦。锡土姓，祗台德先，不距朕行"。——译注

是《尚书》中的一篇，而《尚书》正是汉代公认的儒家经典之一。[1]以上"大禹行为"反映出的世界观，将人、土地、物产划分得井井有条，这也许与实际情况并不一致，但是它所代表的准则——统治者与臣民之间以物质交易、文化影响为纽带捆绑在一起，成为此后国家特权在意识形态领域进行统治和交涉的基础。

汉朝扩张疆域，将域外的土地、人民和货物纳入朝贡秩序，为后继王朝思考和构建国家树立了典范。在汉朝灭亡后的4个世纪中，国家陷入分裂，北方与南方进入不同发展序列，历史上称为南北朝（420—589）。在北方，汉族和鲜卑族（多种语言的游牧民族）的混合王朝争夺权力；而在南方，一系列汉朝政权（宋、齐、梁、陈）在长江流域屯田发展。直至589年，隋朝征服了南朝的最后一个政权，统一了南北，恢复了朝贡制度。隋炀帝在位时，修建大运河，连接西北和南方，为政治中心提供了从南方运来的粮食，从而真正实现了南北合一。[2]一些学者认为，隋炀帝的野心是将隋朝的控制范围扩展到西北地区的前汉人领地和高句丽。然而，隋末农民大起义爆发，隋朝走向灭亡。

隋炀帝死后天下大乱，各方势力展开角逐，其中有一支军队在太原起兵，由李渊（566—635）领导，他出生于混合着胡族血统（汉人 - 鲜卑族）的家庭，属于隋朝统治西北地区的北方显赫家族。[3]617年末，他向隋朝的都城大兴进军。六个月后，在618年的5月，李渊登基成为唐朝的开国之君，即唐高祖（618—626年在位）。这个王朝将延续3个世纪，并被认为是与汉朝比肩的中

---

① Lewis, *The Flood Myths of Early China*.

② 关于大运河的建设，参见 Xiong, *Emperor Yang of the Sui Dynasty*, 75-93。

③ 李渊家族的民族构成一直是唐代史学家争论的焦点。陈寅恪提出，唐代统治氏族的汉 - 突厥混血背景是理解其统治方式的关键。见陈寅恪《唐代政治史述论稿》；Twitchett, ed. *The Cambridge History of China*, 3: 150-187。

国古代黄金时代之一，被无限回忆和纪念。

　　时尚正是唐朝生活经历及后人对其回忆的中心。唐朝扩张的行政、经济结构推动了物与人的循环，激发了人们对视觉、嗅觉等感官享受的欲望。时尚的存在依赖于物质世界的易变性，正如经验和认识论框架所展现的那样：事物的变化与人群的流动性深深交织在一起，跨越了社会等级和文化边界。这反过来又促进了人们对风格、创新，以及与时代进步相关的事物的理解。这一发展对历史自我意识的形成至关重要。唐朝的统治及其衰落使时尚成为应对物质世界和社会变化的主导范式。史料怎样记载时尚与精神领域、物质世界的关系？如何把握唐朝与时尚的互动发展轨迹？这都是我们在接下来几章将会详细阐述和深入探究的问题。

唐朝的遗痕

　　文献和考古资料都证明了一个不争的事实，即唐王朝增加了布帛在整个国家的流通。纺织品在日常生活各个方面都有基础性作用，它既被作为实物税由政府征收，又充当了重要的货币（图1.5）。对于唐代货币的问题，尽管朝廷于621年王朝建立不久就开始铸造新的钱币（唐高祖废隋钱，效仿西汉五铢钱，开始铸造"开元通宝"），但由于制作成本较高，钱币持续处于紧缺状态。[①]这时布帛就是贸易交换中有力的补充资源，以丝绸为例，它被用于各类交易与政事[②]：土地和奴隶买卖的报酬，主要丝织品产地向朝廷的进贡，皇帝在外交往来中的礼物分配，以及马匹的交换，甚至军队也依赖于纺织品，用它为兵将们购买粮食、装备，发放军饷。8世纪初，随着边疆军队的壮大，运往西域的布帛

---

① Twitchett, *Financial Administration*, chap.4, "Currency and Credit."
② 公元732年颁布的一项法令鼓励在商业交易中使用绫、罗、绢、布，不得专用现钱。见《唐会要》卷八八，第1618页；另见《唐六典》，第42页上－46页下。

图 1.5　作为货币使用的素布，断为两段（生产时间约为 3 世纪至 4 世纪）
长 33.2 厘米，宽 5.8 厘米。新疆楼兰出土
© Trustees of the British Museum

数量激增。内地的纺织品源源不断地向边境供给，唐朝廷通过人们对丝与麻的
共同需求和渴望，将边缘地区与王朝中心联系起来。

　　关于疆域，唐代初期的皇帝与隋文帝、隋炀帝一样谋求边界拓展，以达到
汉代时期的范围。唐朝统治的第一个世纪以唐太宗（626—649 年在位）及其
继承者唐高宗（649—683 年在位）的锐意拓边为标志。贞观四年（630），唐
太宗调集兵力战胜了东突厥，这对于刚即位的李世民而言是一场关键性的胜利，
象征着唐朝在北部边疆站稳了脚跟。[1] 在唐太宗执政的末期，塔里木盆地中分
散的绿洲政权都进入了唐王朝的行政、军事、税收和朝贡体系。唐高宗时期，
唐朝先后于 657 年[2] 打败西突厥，668 年东征高句丽。一个庞大的国家正在形成，

024

----

① 有关隋唐与内亚地区关系的概述，特别是朝廷对东突厥的重新安置问题，见 Skaff, *Sui-Tang China and its Turko-Mongol Neighbors*。
② 原作写为 659 年，据《旧唐书》记载，唐将苏定方于伊犁河击破西突厥，沙钵罗可汗被俘，是显庆二年，即 657 年。——译注

在其疆域最广时，东至高句丽、西抵咸海、北含贝加尔湖、南至今越南北部。上述成功进入内亚边境的征伐之举①确保了唐朝北部边疆的安全与稳定，同时促进了当地和远距离贸易的发展，以丧葬市场为例，麴氏墓中的舞女俑正是在这样的流通环境下，从长安被带到了高昌。

025

高昌是第一个被唐太宗征伐并管理的绿洲政权。②高昌位于塔克拉玛干沙漠北部边缘的贸易路线上，是一个重要的贸易点，这里的定居者大部分为汉人，以及大量来自撒马尔罕周边东伊朗语地区的粟特人。③为什么会出现这样的人口分布状况？从 5 世纪开始，到高昌地区定居的汉人数量逐渐增多，取代了当地原住民。④前文提到的粟特人，故乡在阿姆河和锡尔河之间（也称为中亚河中地区），他们是丝绸之路上活跃的商人。在 7 世纪至 8 世纪，为了躲避倭马亚王朝（661—750）入侵的军队，流散的粟特群体来到高昌和敦煌定居，或进一步向东移居长安和洛阳。⑤

在吐鲁番地区进入唐王朝的管辖之后，朝廷在此设立西州，并分为高昌、交河、柳中、蒲昌、天山等五个县，受安西都护府统领。唐朝在扩张过程中将外来人口组织成"松散的府和州"，这在史书中称为"羁縻府州"。"羁縻"是汉朝官员所创造的比喻词，用来形容国家对外来人口及边疆少数族群宽松的管理政策。⑥

---

① Jonathan Skaff 将 599 年至 755 年的唐代北方的战役频率制成表格，显示在唐太宗统治时期，每年发生的战争事件不到一次；在唐高宗统治下，从 650 年到 675 年，平均每五年发生的战争事件不到一次。分别见 Skaff, *Sui-Tang China and its Turko- Mongol Neighbors* 第 40 页和第 43 页的表 1.2 和表 1.3。

② 唐太宗于 639 年以高昌未履行朝贡义务为由发动进攻，见《旧唐书》卷一九八，第 5293–5297 页。

③ 参见张广达、荣新江，"A Concise History of the Turfan Oasis and Its Exploration," 13-36；见 Hansen, "The Impact of the Silk Road Trade on a Local Community," 283–310；也见于 Hansen, *The Silk Road: A New History*。

④ 对于汉人移民的情况，学界更认可的情况，并非汉人将原有居民取而代之，而是各族群在这里交往与融合，风俗与文化相互吸收。——译注

⑤ 参见荣新江《北朝隋唐粟特人之迁徙及其聚落》，《国学研究》，1999 年第 6 期，第 27–85 页；Skaff, "The Sogdian Trade Diaspora," 475–524；de La Vaissière, *Sogdian Traders: A History*。

⑥ Jonathan Skaff 认为，这个中文复合词的字面意思是"马缰绳"和"牛缰绳"，表明唐朝官方对外来人口的态度是"将汉人等同于使用缰绳、控制着类似于驮兽的族群的'人'"。Skaff, *Sui-Tang China and its Turko-Mongol Neighbors*, 61.

在唐代，随着王朝的不断拓边，生活在边疆地区的各族群被归入各羁縻府州，以当地民族首领担任行政长官，管理本族群的内部事务。在唐朝的鼎盛时期，曾经有 856 个羁縻府州，其中大部分是在唐太宗在位至安史之乱[①]这个时期内建立的。唐朝似乎创造了两个平行的治理体系，即中央对地方的垂直管理与羁縻府州内的本族领导，试图稳固内部与外缘区域之间的边界。但实际上，这种区别并不总是很明确。

像吐鲁番地区这类边疆要地，羁縻县设置于都护府的管理之下，以当地族群的头领为首，他们的官职头衔可以世袭，并在自己族群内部传承。[②]到了 8 世纪初，唐朝出现了一条由都护府组成的边界。上文所言的安西都护府之后，又建立了安北（包括回纥及铁勒其他诸部等游牧族群[③]）、安东（包括契丹、奚、高句丽等）、安南（涵盖部分今越南地区）都护府。[④]与此同时，唐军招募非汉族士兵入伍戍边，其数量的增长在西北地区导致权力结构的转移，这给唐玄宗（712—756 年在位）统治下的西域带来了不稳定性。[⑤]与都护府一道，这些军队起到了边防和行政管理的作用。为了支持这些区域的地方管理，当地建立起由前哨兵、侦察兵以及烽燧 – 望楼网络共同组成的基础防御架构。整个国家范围内的通信系统对信息、人员、货物的流通也至关重要，它包括驿传转运服务（类似现在的邮政服务）、长途马匹接力，以及通关文书检查关卡。以安西都护府为例，其下设龟兹（今新疆库车）、疏勒（今新疆喀什）、于阗（今新

---

① 《新唐书》卷四三下，第 1114 页，"唐兴，初未暇于四夷，自太宗平突厥，西北诸蕃及蛮夷稍稍内属，即其部落列置州县。其大者为都督府，以其首领为都督、刺史，皆得世袭。……大凡府州八百五十六，号为羁縻云。"

② 《新唐书》卷四三下，第 114 页。

③ 安北都护府中的具体族群状况可参见《唐朝北部边疆安北都护府辖境内外回纥系统民族研究述论》，《中国边疆史地研究》，2017 年第 1 期。——译注

④ 潘以红，*Son of Heaven and Heavenly Qaghan：Sui-Tang China and Its Neighbors*，197-202。正如章群所阐释的，羁縻府州都是临时设立的，其结构和名称随着时间的推移而变化。章群：《唐代蕃将研究》，第 120–142 页。

⑤ 张国刚：《唐代的蕃部与蕃兵》，载其《唐代政治制度研究论集》，第 93–112 页。

疆和田）、焉耆（今新疆焉耆）四镇 ① 以维护新占领区域的秩序。到 7 世纪末，唐朝对这些绿洲城市的管辖使国家的势力遍及塔里木盆地。

地方行政机构的主要职能是税收。唐朝延续了隋的国家控制型土地所有制，即"均田制"。在这项制度体系之下，国家在应纳税主体的工作年限内，根据其家庭规模向其分配土地。② 其中，种植桑树的土地需要连续的耕作才能保持生产，因此属于一个单独的类别"世业田"（可世袭的土地）。作为国家所授 100 亩土地的回报，每户都有纳税（"赋"）和劳务（"役"）的义务。这种直接税制的名称由三个部分组成：租（粮食），庸（力役），调（实物税，"随乡土所产而纳"）。具体而言，每位户主需要承担二石粮食和 20 天的劳役 ③，后者可以用丝绸或者麻布来相抵（纳绢代役）。在出产丝绸的地区，实物税相当于 20 英尺 ④（约 609.6 厘米）的丝绸和三盎司的丝线；而在不产丝绸的地区，向每户征收 25 英尺（约 762 厘米）的麻布和 3 磅的麻纱。⑤ 此种税收结构将男性和女性的工作与国家的财政管理联系起来，同时也起到了促进社会再生产的作用。尽管官方征税的单位对象是成年男子（丁），但设想中的基础单位是一对夫妻组成的家庭。（税收中）粮食与织物强化了想象中的性别分工，即"男耕女织"，这种模式是成书于汉代的《礼记》所推崇的。⑥ 换言之，唐朝政府

① 原文写为 Kucha, Kashgar, Khotan, and Karashahr，是今日地名之英译，并非安西四镇常见表达，且古地名与今日区划不能完全等同，故将唐代文献中名称也写于正文中，供读者对应、查考。——译注

② 新建立的唐王朝采纳并变革了 5—6 世纪北方政权的政治、土地所有权和税收等制度以及法律法规。按照隋朝模式，唐朝中央官署的基本结构由中书省、门下省、尚书省及其六部组成。中书省起草法令，门下省审查，尚书省执行。723 年以后，中书省和门下省合为"中书门下"来运作。见 Twitchett, ed. *The Cambridge history of China*, 3:150-241；Twitchett, *Financial Administraistion under the T'ang Dynasty*；陈寅恪《隋唐制度渊源略论稿》。

③ 唐代的"租""庸""调"在不同时期有不同的规定，并非始终保持"二石""二十天"，具体政策需查证对应年代。——译注

④ 按照唐代史料记载，《旧唐书》："其调，随乡土所产绫绢各二丈，布加五分之一"；《新唐书》："丁随乡所出，岁输绢二匹，绫、绝二丈，布加五之一，绵三两，麻三斤，非蚕乡则输银十四两，谓之调。"——译注

⑤ 参见 Twitchett, *Financial Administration under the T'ang Dynasty*, 1-6, 24-28；李锦绣《唐代财政史稿》第一卷。笔者采用了盛余韵的计算结果，见其 "Determining the Value of Textiles in the Tang Dynasty," 183。

⑥ 参见 Francesca Bray 关于女性纺织品生产重要性的开创性著作 *Technology and Gender: Fabrics of Power in Late Imperial China*。

通过征税将女红制度化为织造业，更重要的是，它将性别差异固定在劳动分工上。

均田制与租庸调制的基本内容在 624 年的《田令》和《赋役令》中有明确规定，并通过写入同年颁布的"唐律"（《武德律》）以具体条文强制执行。[1] 在唐朝开国之年，唐高祖委派裴寂等 15 位大臣编纂一部全面的刑法和行政法典。624 年，受命的大臣们向唐高祖提交了一套新的行政法令和条例。从这一年至737 年，唐代的法令和法典经历了数次修订。[2] 中央的政令之下，想要有效地施行均田制和收缴税，地方官员必须保存准确和最新的地方人口登记册。然而，从一开始这个制度就饱受流民、移民、豪富家族兼并土地以及地方管理不一致等问题之苦。[3]

虽然《新唐书》[4]的编纂者（欧阳修等）声称，羁縻州县一般不会向户部提供进贡、赋税和户籍记录，但是当时税法的片段表明并非如此。《唐六典》（卷三）记录 624 年时已有具体令文："凡诸国蕃胡内附者，亦定户为九等。"也相应地纳税。内附入籍的蕃族以当地生产的商品纳税，比如游牧族群的羊。[5] 737年的一篇文献中记载，蕃人与汉人的纳税义务是有区别的，即国界地区和边远处都护府的各个族群的税收和劳役可以根据其不同的环境来估算，"不必和中原地区之人完全一样"。[6] 目前尚不清楚上述令文中的"蕃胡"是在一般的州县还是在羁縻府州之中入籍（学术界已有讨论，但未形成定论）。

---

[1] 20 世纪 30 年代，日本学者仁井田陞从多个方面对唐律进行了补充和重构，参见其经典著作《唐令拾遗》。

[2] Twitchett, *Financial Administration under the T'ang Dynasty*, 19. 唐太宗于 637 年首次对唐律进行了系统的修改，随后唐高宗于 651 年进行了修改。在 653 年，唐律附加了一条脚注以教育官吏。唐宣宗在 725 年颁布了使用最广泛的唐律。另见 Wallace Johnson, *The T'ang Code*, Vol.1, 39–40.

[3] Twitchett, *Local Financial Administration*, 82-117.

[4] 《新唐书》卷四三下，第 1146 页："虽贡赋版籍，多不上户部，然声教所暨，皆边州都督、都护所领，著于令式。"

[5] Twitchett, *Financial Administration*, 142.

[6] Twitchett, *Financial Administration*, 144.

来自边境地区的考古发现表明，唐朝中央的行政管理范围比官方史料描述的范围还要大，它挑战了目前已被接受的唐代社会、政治、经济组织的相关历史资料。吐鲁番出土文献可以证实，唐王朝在西州推行了全套的制度体系，包括户籍体系——旨在落实均田制土地分配、收缴税以及征调徭役。[1]除政令之外，唯一能证明均田制存在的证据是敦煌和吐鲁番出土的户籍册[2]与庸调布（税收用纺织品）。每个县预计每三年编写一次户籍，以每户申报的"手实"[3]为基础。在手实上，户主需要每年上报本户的人数、每位家庭成员的年龄和土地占有情况。手实的作用在于作为国家征税和分配劳役的依据，也用以编制每年报送度支的"计帐"[4]（类似税务登记簿）。[5]现存的手实可以追溯到 5—10 世纪，其中许多件都与唐朝的年份相吻合。这些文书让我们对古代吐鲁番地区居民的工作生活有了更为细致的了解。妇女在家庭之外从事范围广泛的活动，比如"大女"，作为家中的女户主，承担纳税义务，可以作为合约的担保人，还可以成为佛教世俗社团的发起人（"功德疏""作斋社"）。[6]

唐朝早期军事行动的成功，（一定程度上）是通过大量素色与杂彩的织物实现的，这些织物被用于支付军队开销、与地方敌对势力的谈判，以及发

---

① 均田制最早记载于 640 年 9 月，即唐击败高昌国后一个月。唐长孺主编：《吐鲁番出土文书》第四卷，第 71—73 页。卢向前认为，均田制 624 年以后才开始实行，见卢向前《唐代西州土地的管理方式》，第 385—408 页。

② 原文为 "household registers"，可以直译为家庭登记册，结合史学界研究及考古材料，"户籍册"或"差科簿"与上下文更为相符。——译注

③ 原文为 "shoushi"，按文意可以译为"首实"，或者"手实"，此类文书是让百姓自己申报田产、户籍的状况，其历史可追溯至秦代"令黔首自实田"，唐代时令户主亲自据实填报，内容包括：本户内的良贱人口，每人的性别、年龄、身份、是否有官府规定的疾病情况，以及占有的田产和田地类型。——译注

④ 计帐，是指地方向朝廷上计书，是在汇总手实的基础上，申报当地户口、田亩状况，旨在核实授田情况，以便中央计划来年的财政收支及赋役征发。唐代地方基层单位每年根据手实，逐级向上汇总，最后由户部汇总为全国"计帐"以供度支作财政预算。——译注

⑤ 见山本达郎、池田温、冈野诚《敦煌吐鲁番社会经济史料集》第二卷。

⑥ 邓小南：《六至八世纪的吐鲁番妇女：特别是她们在家庭以外的活动》，《敦煌吐鲁番研究》第四卷，第 85—103 页。

放派遣至新占领地区上任官员的俸禄。在新疆克孜尔石窟出土的一份文书中，记载了一位龟兹地区的工匠受命织造100尺的布料为当地长期服役的军队（健儿）缝制春装。[①]龟兹位于塔克拉玛干沙漠北部边缘今吐鲁番以西，是安西都护府下的四镇之一。唐朝军事扩展所产生的军服与货币持续需求，使中央与外围地区更为紧密地融为一体。[②]与国家内部地区的同僚一样，边疆的织工、士兵、官员都通过纺织品与朝廷结合在一起。

1972年至1973年在阿斯塔那墓出土的庸调布为文献资料中大量纺织品被运往边疆的记载提供了物证（图1.6），相关的史书有738年李林甫（卒于752年）指导下完成的《唐六典》，以及杜佑（735—812）编成于801年的《通典》。如《唐六典》记载"固"（粗糙）的货物被运往边疆，"凡物之精者与地之近者以供御，（谓支纳司农、太府、将作、少府等物。）物之固者与地之远者以供军，（谓支纳边军及诸都督、都护府）"。[③]粮食与纺织品构成了上文中"物"的主体，这些货物受到当地官员的审查，并标记上对应的文字和印章。一项对于吐鲁番所见20件庸调布的研究显示出唐朝内部区域布料如何被使用和再利用，其中17件是麻织成，3件是丝线织成。这20件庸调布中除一件标记日期为710年的细绫[④]外，都是从原来的布匹上剪下来的。[⑤]其中的麻布多用于制作床单，丝绸布料中一件红色平纹残片被剪裁成木俑的裙子（绢裙）。

① 该文书原文为"配织建中伍年春装布一百尺"。——译注

② 参见Ching，"Silk in Ancient Kucha"，63-82；吉田丰：《于阗出土的8~9世纪于阗语世俗文书备忘录》。关于该书的英文翻译简本，参见*On the Taxation System of Pre-Islamic Khotan*，95-126。一份于阗的材料记录了722年唐朝官员征收的地方税，最近被译成了英文，详见Rong and Wen，"Newly Discovered Chinese-Khotanese Bilingual Tallies"，99-118。另见Duan and Wang，"Were Textiles Used as Money in Khotan in the Seventh and Eighth Centuries?"，307-325。

③《唐六典》卷三，第44页。

④ 此件细绫上有墨书题记"景云元年折调细绫一匹"，景云元年即710年。——译注

⑤ 王炳华：《吐鲁番出土唐代庸调布研究》，第56-62页，该文的英译版发表于Valerie Hansen和Helen Wang主编的*the Journal of the Royal Asiatic Society*；见王炳华，Wang，"A Study of the Tang Dynasty Tax Textiles (Yongdiao Bu) from Turfan"，263-280。

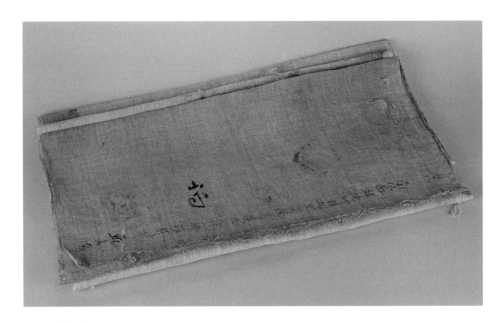

图 1.6　庸调布
吐鲁番阿斯塔那出土
藏于新疆维吾尔自治区博物馆

　　在这批庸调布中有两件写有题记的裹尸布，表明它们的产地是浙江婺州（今金华）。[1] 编织的麻布残片上有完整的墨书题记，注明了缴纳布料的日期、地点、纺织品类型、纳税者姓名及上缴的数量。有些题记是（当地官员）检查后书写的，还有很少一部分记录了布匹转运朝廷的情况。从题记中可以看出，吐鲁番地区的庸调布是来自国家内部的六个道[2]：河南道、山南东道、山南西道、江南东道、江南西道和剑南道。这些唐代的道大致上相当于现在的河南、陕西、湖北、湖南、四川、江苏和浙江。所有标有年份的布料都是在唐玄宗天宝（742—756）之前生产的。这些纺织品中，有 12 件以红墨水或黑墨水

---

① 1915 年由 Aurel Stein 发现。过程详见 Hansen and Wang，"Introduction"，157-158。

② 原文此处将地区区划写为"provinces"，按照唐代的建制翻译为"道"更为合适。——译注

盖上了一枚或多枚官印，但其中一件残片上显示出一枚红色印章和两枚黑色印章。所钤官印有朱、墨二色，朱色印鉴标志着县、府州级对庸调布的检查，而墨色印鉴则是左藏署勘验批准的记录，此机构负责储存税务所收。[1] 从性质上看，上缴纺织品是为了履行一系列的纳税义务：每年须用纺织物缴纳税收（"调布"）、纳布代役（"庸调布"或"庸布"），以及上缴用作运输费的纺织品税（"脚布"）。[2] 根据 679 年（皇帝）给户部[3] 的一项指示，[4] 很可能所有的纺织品都从凉州地区（今属甘肃省）运出，这里是当时河西地区和西域的征收集合点，货物由此通过驿站中的马匹接力运输。

在随后的数十年中，边疆不稳定、军事组织变化、更多的军事指挥处建立，以及随之产生的士兵数量激增等因素导致军费的急剧增加。据《旧唐书》记载，在唐玄宗执政期间，每年的军队开支大幅增加："大凡镇兵四十九万人，戎马八万余匹。每岁经费：衣赐则千二十万匹段，军食则百九十万石，大凡千二百一十万。开元已前，每年边用不过二百万，天宝中至于是数"。[5] 是什么导致军事成本大幅上升呢？原因在于唐玄宗在 737 年对府兵制的改革，在府兵制中受到征召的士兵负责个人的武器、装备和口粮，改革后，唐军变为完全由长期服役的队伍组成的专业军（募兵制）。[6]

根据杜佑在《通典》中对天宝年间国家财政的记述，军费平均开支为 1260

---

① 王炳华：《吐鲁番出土唐代庸调布研究》，第 59 页；另见 Twitchett，*Financial Administration*，102。

② 王炳华指出，在 Aurel Stein 发现的税用纺织品中，有一块日期为 684 年的麻布碎片曾被用作代缴租税，见《吐鲁番出土唐代庸调布研究》，第 59 页。

③ 原文此处写为 Department of Treasury (Jinbu)，直译可以理解为财政部门，jinbu 对应唐代官制时可以有两种理解，一是金部，它是唐代前期负责漕运管理的部门之一，并非长期存在，亦非决策机构；二是户部，金部是户部下的部门，户部更符合 Department of Treasury 的含义。——译注

④ 该文件记录了 676–679 年丝织品的输送状况，伊州（今新疆哈密）每年收到 3 万段，瓜州（今属甘肃）每年收到 1 万匹。见 Arakawa，"The Transportation of Tax Textiles"，245-261。

⑤ 《旧唐书》卷三八，第 1385 页。"至于是数"是指达到 1210 万的数量，是开元前每年军费开支的 6 倍。——译注

⑥ Twitchett, ed, *The Cambridge History of China*, 3:415-19.

万，包括衣物、丝绵、百万贯钱与百万石粮食。[1]他计算出这笔费用的构成，共有360万匹的税收所得纺织物被用于购买粮食；520万匹被记录为用于供应衣物；120万（未说明单位）用于特别的支出；190万石用于额外的口粮。《通典》中杜佑曾估算（天宝年间）财政收入平均为5700万单位的布、丝绵、钱和粮食，[2]那么前面讲到的军费开支就占了国家总收入的20%以上。[3]再结合前文所述，1020万匹丝绸与布料军用中，边防军收到了270万匹。面对如此巨大的运输量，过去用驿传马接力运输税收纺织品的方式被废弃，取而代之的新制度是任命两位专职官员，一名是"行纲"（行程监督员），另一名是"官典"（货物督查员），他们前往凉州接送货物。[4]这些官员经常雇用商人和平民组成运输队。

大量的布料作为货币以及衣物和装饰物的原料在边境经济体系中流通。素面、有图案、染色斜纹及平纹丝绸的涌入，影响了当地的纺织品生产，并将当地的原料需求与国家的中心紧密联系在一起，从而为远距离的纺织品贸易创造了动力。一份742年[5]的吐鲁番地区市场价格登记册上列举了丝绸商人的店铺，他们贩卖生绢、缦紫、缦绯以及河南[6]的生绌等。[7]还有一类彩色丝绸商家（彩帛行）出售的是染成紫色和绯红色的熟绵绫。这些纺织品是市场上众多待售商品中的一部分，其他还有当地的农产品、牲畜，以及从更远的西方运来的货物。

和前文麴氏墓的女俑一样，吐鲁番地区的市场价格登记册也是唐朝扩张的

---

① 《通典》卷六，"自开元中及于天宝，开拓边境，多立功勋，每岁军用日增。其费籴米粟则三百六十万匹段，给衣则五百二十万，别支计则二百一十万，馈军食则百九十万石，大凡一千二百六十万。而锡赉之费此不与焉。其时钱谷之司，唯务割剥，回残剩利，名目万端，府藏虽丰，闾阎困矣。"（石，容量单位，10斗等于1石——译注）

② 《通典》卷六，"每岁钱粟绢绵布约得五千二百三十余万端匹屯贯石。"

③ 张国刚估计，到了晚唐，军服、粮食、赏赐、武器装备和替换品的人均成本约为24贯钱。参见其著作《唐代藩镇研究》，第214–219页。

④ Arakawa and Hansen, "The Transportation of Tax Textiles," 254–60.

⑤ 此处内容的史料基础是《唐天宝年间交河郡某市时价簿》与《天宝二年交河郡市时估案》。——译注

⑥ 此处的"河南"与今日河南省不同，是指唐代河南府，范围大致包括现在的洛阳及周边。——译注

⑦ 池田温：《中国古代籍帐研究》，447–62。另见 Trombert and de La Vaissière, "Le prix des denrées sur le marché de Turfan en 743," 1–52。

产物。这些材料证明，尽管军事力量可以征服土地和人民，但是物质交流才是国家管理成功的关键。从河南府到吐鲁番地区的绫编生绅流通，类似麴氏墓女俑的丝绸装饰，强化了贯穿全国的一致性。纺织业不仅将边疆地区与中央的行政和经济结构联系起来，还通过被普遍用作货币、衣物、家庭和寺庙的装饰物传递了具有凝聚力的国家同一性。吐鲁番地区的市场登记册还进一步表明人们对来自腹地的彩色和有图案的丝绸有持续的渴望，这甚至增加了布料的价值。如此通过或长或短的距离追求奢华、感官与审美快乐的行为，正是这个世界性王朝的核心，也是它走向衰落的关键。

时尚作为一种创造意义的实践而存在，其参与者可以从他们的物质世界中汲取经验，并感知自己所属的特定时间和地点，因此关注事物的流动至关重要。王朝扩张促进了整个国家对新奇乐趣的探索和认知，表现得最为显著的就是都城。在唐代的长安，居民与旅客都陷入了千头万绪的感官纠缠，这使他们确定了一种认知，即身处的这座大都市是时尚之都。

时尚之都：长安

在论及麴氏墓女俑手臂组成部分为典当记录单时，笔者曾提到住在延兴门附近的刘娘是被登记的借贷者之一（第 14 位）。延兴门是长安城东侧城墙最南端的大门，在它的北边是"东中心"住宅区和东市（地图 1.1）。在唐太宗统治时期，这个区域曾是多位显赫的皇族和官员的居住之地，包括带兵远赴吐鲁番地区的将军侯君集（卒于 643 年）。[①] 相比之下，刘娘很可能住在延兴门以南，属于城市的东南居民区。作为长安城中最小的居民区，东南一隅是市民和游客

---

① 笔者按照 Victor Xiong 的划分，把城市划分为六个部分：东北部、中东部、东南部、西北部、中西部和西南部，见 Xiong，*Sui-Tang Chang'an*，217-234。长安一直是学术界广泛研究的对象。如 Steinhardt. *Chinese Imperial City Planning*；王才强，*Cities of Aristocrats and Bureaucrats*。关于整个唐代居住结构的变化，见李孝聪《唐代地域结构与运作空间》，第 248–306 页。

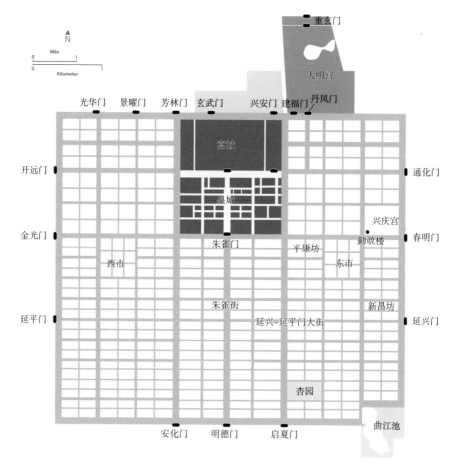

地图 1.1　唐代长安坊市图
詹尼弗·肖茨（Jennifer Shontz）绘制

的热门目的地，他们喜爱这里的杏园和曲江池。

　　从延兴门向西，一条大街直接延伸到长安城西的延平门。如果沿着这条延兴－延平门街向西走，穿过城中南北向的中央大道——朱雀街，就到了城市的"西中心"地段。这里的西市，与东市相比，是一个熙熙攘攘之地，在这里可以找到来自国家内外的货物和人群。此地附近的居住区在长安精英群体中不那么受欢迎。

长安是一座伟大的都城，东西宽 9.7 公里，南北长 8.6 公里。①城市的布局由 25 条街道纵横勾勒形成，包括 14 条南北向大街与 11 条东西向大街，它们将城市划分为 100 多个"区块"组成的轴对称平面。②住宅区几乎占了这座城市的 90%。每个区都被中央十字路口分为四个象限，而每条路都通向四个大门中的一个。③这四个象限又被一组交叉的巷进一步分隔为 16 个分区。位于长安最北端的是宫城和皇城，分别是朝廷④和官僚机构的所在地。根据考古学家马得志的测量，宫城东西宽约 2820 米，南北长 1492 米，而皇城面积更大一些，为东西宽 2820 米、南北长 1844 米。⑤

位于渭河流域的长安，建立在秦朝（前 221—前 207）和西汉（前 202—8）曾经的核心区域之上。582 年（开皇二年），即隋朝建立政权一年后，隋文帝（581—604 年在位）颁布诏令，要求在汉代长安城的东南修建大兴城。从宫城的建设开始，建造者们将其范围向外移动，并增加了皇城和外墙。在 583 年初，大兴城竣工。到了 605 年，隋朝的第二任统治者隋炀帝（604—618 年在位）在长安以东的洛阳营建第二个都城（即东都）。此后，唐朝继承了大兴城作为其主要都城。634 年，唐太宗开始在已有宫城的东北部修建一座新的宫殿，即大明宫。他的意图是将这里作为父亲李渊（唐高祖）的居所，结果工程开展了不到一年，李渊去世，这座宫殿的建设也就停止了。随后的继任者唐高宗恢复了这项营造工程，并于 663 年完工。部分学者认为，唐玄宗 714 年在宫城的东南

① 王才强，*Cities of Aristocrats and Bureaucrats*，2。
② 此处以及后面"4 个象限"和"16 分区"都是作者为了便于读者理解而作的概述，并非整个唐朝时期都是如此，关于长安城具体形态变化和细节可以参见宁欣《唐宋都城社会结构研究》和吴宏岐《论唐末五代长安城的形制和布局特点》。——译注
③ 王才强一直致力于基于考古学和文字资料对长安进行数字化重建，这为坊市制度的布局提供了新的见解。参见其 "Visualizing Everyday Life in the City," 91-117。
④ 确切来说，宫城是皇帝起居和理政之地，两侧分别为东宫（太子）和掖庭（后宫）。——译注
⑤ 马得志：《唐代长安城考古纪略》，第 595–611 页。

方向修建的兴庆宫规模超越了大明宫。① 然而，大明宫自建成后始终是皇帝的主要居住之地，直至它在唐末叛乱中被毁。②

在唐玄宗统治时期，长安的人口增长达到了顶峰。天宝初年，都城区域有362921 户人家，近 200 万人分布在京兆府 23 个县，其中的城镇户籍居民超过82.5 万人。③ 还有未被录入国家人口统计之中的居民，包括皇室成员、宫廷侍从、外国人以及僧道等宗教群体。如此，这座城市的人口总数约为 100 万。从上面的叙述中可知，长安位于丝绸之路的东端，人口多样化，市场上充斥着本土与异域的商品，有着丰富的娱乐和宗教生活。

声音是长安生活的一大特色。黎明时分，鼓声从宫城南端的承天门④ 响起，标志着城市居民一天的开始。中午时分，300 声鼓点响彻城市的东西两侧，宣告东市和西市开放。⑤ 日落之前，东西两市于鼓声（钲声）再次响起 300 下之后关闭。⑥ 当白昼结束，承天门处击鼓 400 槌，然后关门上锁。之后，继续击鼓 600 次，警示关闭坊门（各个住宅区）。根据律令规定，从黄昏到黎明，城市居民必须待在坊内。天黑后，严格的宵禁⑦ 在全市范围施行，违反者会被"杖责二十"。⑧

朝廷将所有的商业活动限制在官方市场即"市"之中，这类市场在长安、洛阳等中心大城市以及地方州县建立和运行。⑨ 住宅区（坊）之内禁止开设店

---

① 见 Xiong, *Sui-Tang Chang'an*, 第 55–105 页。另见 Chung, "A Study of the Daming Palace", 23-72。

② Schafer, "The Last Years of Ch'ang-An," 133-197.

③ Xiong 根据《旧唐书》卷三八中《地理志》中的数据计算了这个数字，见其 *Sui-Tang Chang'an*, 197-198。

④ 关于此内容学界已有较多讨论，关于街鼓的位置可以参见赵贞《唐代长安城街鼓考》，确切可考的三个具体位置为承天门、朱雀门、春明门，此外，城内还有多处街鼓。——译注

⑤ 《新唐书》卷四八，第 1260 页，原文为"凡市，日中击鼓三百以会众，日入前七刻，击钲三百而散"。——译注

⑥ 仁井田陞：《唐令拾遗》，第 644 页。

⑦ 《唐律》规定夜鼓过后、校鼓之前，诸人在街上行走是为犯夜，即违背了禁令（在坊内可以正常活动）。——译注

⑧ 《唐令拾遗》，第 276 页；也可参见 Johnson, *The T'ang Code*, Vol.2, 469–470。

⑨ 《唐六典》卷二十，第 384–386 页；Twitchett, "The T'ang Market System," 202–248。Victor Xiong 指出，根据史料曾有七个市场在王朝的不同时期运作, *Sui-Tang Chang'an*, 167-168。

铺。两京诸市隶属于太府寺，管理着长安和洛阳的市场。太府寺规定了市场上交易商品的价格和质量标准，并要求所有店铺和商人都进行登记。管理市场的机构中，有一位"市令"总管交易之事，其下有两位"丞"作为助手，一位"录事"掌管文簿，三位"府"负责官方仓库，另有"史"七人、"掌固"一人。原则上，以上官员会将待售的商品按照质量分为三个等级。这些等级和估价决定了市场的价格标准，每十日更新一次。前文所述的742年吐鲁番地区市场价格登记册正是上述程序被执行的目前所见唯一证据。

1956年至1962年的唐长安建筑遗址挖掘工作，对东西两市的规模做出了粗略估计。[1]西市遗址南北长约1031米、东西宽约927米，被南北向和东西向各两条街道划分为9个区域。每个区又被进一步根据"行"（行业类型）或者贸易类别分为4条道。[2]人们试图在这里找到"大衣行"，它的位置已经通过文献史料流传下来，[3]结果收集到了大量的发饰、珍珠和玛瑙。相比而言，东市遗址保存较差，长约1000米、宽约924米，比西市稍小一些。[4]两市相较，西市吸引了大量的外国商人，出售各种各样的本地和外来商品，而东市显得不那么繁忙。[5]

唐都城的景观、居民、逸闻趣事通过多样化的文学与史学资料流传，包括8世纪韦述（卒于757年）所写的《两京新记》残卷，北宋（960—1127）初年宋敏求（1019—1079）撰写的《长安志》，以及清代徐松（1781—1848）编纂的《唐两京城坊考》。[6]诗词、传奇、笔记和杂史构成了一个正史之外的城

034

---

① 马得志：《唐代长安城考古纪略》，第595-611页。

② 仁井田陞：《唐令拾遗》，第644页。

③ 见唐代韦述《两京新记》卷三："市内店肆如东市之制。市署前有大衣行。"——译注

④ 马得志：《唐代长安城考古纪略》，第605-608页。

⑤ Schafer, *Golden Peaches of Samarkand*, 20.

⑥ 20世纪50年代，平冈武夫在他经典的三卷《长安和洛阳》中汇编了隋唐长安和洛阳的原始资料、地图和索引，这对长安和洛阳的历史研究是非常宝贵的。参见其著作《长安和洛阳》。

市实践档案。唐太宗本人曾作诗《帝京篇十首》[①]表达自己对都城的感受。作为一位高产的作家，唐太宗的这些诗文是反映都城尤其是宫城生活的第一部作品集。《帝京篇十首》的每一首都详细描述了在皇宫（宫城与皇城）内不同地点的一次活动，从崇文馆的"玉匣启龙图，金绳披凤篆"（第二首），到昭阳殿的罗绮"芬芳玳瑁筵"（第九首）。[②]根据上述种种材料，历史学家们称唐代长安城为"世界上最国际化的城市"。[③]对都城、邻近皇陵和石刻史料的考古挖掘，都有助于支持唐长安城是世界性大都市的观点。[④]

其中，首先受到关注和研究的是明朝（1368—1644）末年意外发现的一座石灰岩纪念碑。[⑤]这块石碑高约 3 米，上面刻有汉文、古叙利亚文混合的长篇颂文，这是由一位名为景净的景教传教士所作（古叙利亚语称"Adam"），再由当地官员吕秀岩书刻的（图 1.7）。[⑥]石碑的顶部刻有大字标题"大秦景教流行中国碑"。根据碑文的记载，传教士阿罗本从大秦（大致指罗马帝国）出发，于 635 年到达长安，并于 638 年得到唐太宗降旨准许传景教。

在太宗及其继任者的支持下，景教的经典被翻译成中文，寺庙也得以在长安和其他城市建立。这座于 781 年落成的石碑，以一首颂词、一段关于景净的短篇传记，以及一份列有古叙利亚语所书 67 位传教士与汉语所书 61 位传教士的名单作为结尾。历史学者荣新江先生考证出名单中的一位

---

① Chen, *The Poetics of Sovereignty*, chap.7.

② Chen, *The Poetics of Sovereignty*, 352-375.

③ 这句精准的评论来自 Nancy Steinhardt, *Chinese Imperial City Planning*，但类似或接近的短语可以在研究唐朝的英语、汉语和日语文献中找到。见 Steinhardt, *Chinese Imperial City Planning*，20。

④ 这一观点最早由向达在 20 世纪 30 年代提出。参见其论著《唐代长安与西域文明》（1933），1957 年该书与其他有关唐与中亚交流的论文一起再版。20 世纪 60 年代，薛爱华再次提出唐代世界性的观点，其著作《撒马尔罕的金桃》受向达作品的影响，通过帝国的物质输入，叙述了唐代的世界主义。

⑤ 部分学者将这一发现追溯到 1623 年，另一些则认为可追溯到 1625 年。参见佐伯好郎《景教碑文研究》；Kahar Barat，"Aluoben, A Nestorian Missionary in 7th Century China，"184–198。

⑥ 佐伯好郎：《景教碑文研究》，第 130 页。

传教士李素（741—817）是萨珊波斯王朝的后裔，在朝廷中担任天文相关的职务（司天台）。① 在石碑之上，列出了李素的字"文贞"以及他的古叙利亚文名字"Luqa"。现在，"大秦景教流行中国碑"被收藏于西安的碑林博物馆，它确实是一座具有纪念意义的石碑，反映了唐朝国际化和开放性的深度。②

人、物的聚集与展示使长安具有了国际性，也使这座城市成为唐代时尚体系的中心。多样化的陈列与奇观是都城体验的核心，它们通过文学精英的作品传播开来。然而，长安城中还居住着大量的市民和流动群体，他们通过制作和拥有物质资料获得关注。这些身处都城和更广阔疆域的团体，与他们的文化同行（上面提到的文学精英）一样，对时尚体系至关重要。考古记录揭示出物质与技术交流在推动持续发展的美学趋势中的重要作用。

唐朝的对外技术交流

7—8 世纪，来自吐鲁番和敦煌的人口统计记录显示，少数粟特人以农民和工匠的身份与占人口多数的汉人一起生活和工作。在 6—8 世纪，他们还在长安、洛阳和北方的其他许多城市定居。③ 在固原（今属宁夏回族自治区）南郊，发掘出了 6 座墓葬，④ 它们属于同一个粟特家族——著名的史姓家族，这是重现粟特人如何融入隋唐社会的关键。⑤ 根据墓志铭记载，该家族

---

① 651 年，萨珊王朝灭亡时，李素的家族可能和王朝的其他成员一起逃到了大唐。萨珊帝国的继承人卑路斯和他的儿子泥涅师在唐高宗统治时期曾在都城避难。见荣新江《中古中国与外来文明》，第 238–257 页。

② 2006 年，洛阳出土了第二块唐代景教石碑，参见葛兆光主编《景教遗珍——洛阳新出唐代景教经幢研究》；Nicolini-Zani，"The Tang Christian Pillar from Luoyang,"99–140。

③ 荣新江：《中古中国与外来文明》，第 169–179 页。

④ 固原南郊墓的情况，根据罗丰先生原文，描述的是 8 座墓葬，有 6 座出土了墓志铭，除 1 座为梁元珍墓外，其余都是史姓墓。没有墓志的 2 座，按照位置也属于这片史姓家族墓地。——译注

⑤ 罗丰：《固原南郊隋唐墓地》。

图 1.7　19 世纪对"大秦景教流行中国碑"的墨迹拓片，石碑最初于 781 年建于长安
（左图）碑顶刻有"大秦景教流行中国碑"，高 45 厘米，宽 25 厘米
（中图）正文描述了景教的教义问题，阐述了景教的流传及其受到唐朝皇帝的保护，
高 182 厘米，宽 84.5 厘米
（右图）边栏处用叙利亚文和汉字列出了景教传教士的名字，高 62.5 厘米，宽 23 厘米
油墨拓片，纸张
宾夕法尼亚大学博物馆供图，图片编号：255596、255597 和 255602

在 5 世纪迁入河西地区，而后定居于原州西北边陲地区，即今固原附近。史
射勿（卒于 610 年[①]），该家族的第四代成员，成为隋朝的一名军官。他的长

[①]　根据墓志原文"五年三月廿四日遘疾薨于私第""六年太岁庚午正月癸亥朔廿二日甲申，葬于平凉郡之咸阳乡贤良里"，史射勿应
　　该是卒于 609 年，葬于 610 年。——译注

子史诃耽（卒于 669 年）作为隋朝的一名地方官员开始了他的职业生涯，但于 618 年前后投降唐朝，而后成为朝廷中书省的翻译（"中书译语人"）。在他作为朝廷翻译的 40 年里，住在宫城和西市附近的宅邸中（延寿坊）。退休后，他搬回原州直至去世，享年 86 岁。史姓家族墓中有几座已被洗劫一空，但在剩下的文物中有波斯币和东罗马币复制品，这些钱币证实了该家族先祖与西方的关联。①

与史姓家族一样，粟特人向东迁徙，背井离乡来到隋、唐王朝，只为谋求多种维持生活的方式。隋朝最著名的粟特人之一何稠（540—620），是一名隋朝的官员，同时也是手工艺大师，能够熟练地编织波斯风格的丝绸（"金绵锦袍"），还用陶瓷工艺中的绿瓷技术制造出了一种玻璃。② 前文中的史姓家族墓葬中有三座就曾出土六瓣绿色玻璃杯（或玻璃碗），这三座墓的墓主包括史诃耽和他的兄弟史道洛（葬于 658 年）。这些杯子引人注目之处不仅在于它们的形状，还在于玻璃中氧化铅的含量较高。③ 因含有高氧化铅而呈半透明颜色的表面，这样的形态是典型的源自波斯或东罗马手工吹制的玻璃器皿。从中亚迁徙来的工匠可能在 5 世纪把这些玻璃制造技术带到了中国。④ 史姓家族的杯子采用萨珊银器的造型，代表了外国匠人对当地工艺文化的影响。

就考古所出而言，最重要、最实质性的文化和技术交流的证据是在今西安郊区的何家村发现的。1970 年，当地考古学家挖出了包括两个陶瓷和一个银罐在内的 1000 余件文物。200 多件金银器皿和近 500 件金、银、铜钱被埋在

---

① 罗丰：《固原南郊隋唐墓地》，第 7–30、57–60 页。

② 《隋书》卷六八，第 1596–1598 页。

③ Taniichi, "Six-Lobed Tang Dynasty (AD 658) Glass Cups," 107-10.

④ An, "The Art of Glass Along the Silk Road," 57-65.

珍贵的宝石和药品旁。[1]但关于其年代和主人，学者们尚未达成一致意见。[2]还有一个不容忽视的问题，就是制造这些器皿的地点和工匠的身份。这批窖藏宝藏中的一部分，如7块蓝宝石、2块红宝石、1块黄精和6块玛瑙，都是进口的，因为这些宝石在唐朝境内并无出产。相比而言，此处出土的八棱杯、十四瓣纹镀金银碗和鎏金仕女狩猎纹八瓣银杯的设计，则不容易在风格和类型上进行识别。

这件鎏金仕女狩猎纹八瓣银杯的外壁由4个闲适的女性场景和4个狩猎的男性场景交替组成（图1.8）。与唐代帝王墓葬中发现的宫女壁画和狩猎场景惊人地相似。这只杯子符合8世纪唐朝上层人士的审美，并暗示出当地的生产现场。杯上描绘的女人徜徉在众多动植物中，还有她们匀称的身材、饰品和发型，进一步证明了其来自唐朝。然而，这种杯型使它与粟特或波斯银器有更密切的联系。杯腹呈八瓣花状，口沿外缘和足沿各点缀有一圈联珠。装饰性的花饰也出现在手柄上，柄上覆有三角形平錾（指垫），凸起处有鎏鹿的图案。八瓣凸起的莲花花瓣从杯底向上辐射，显示出工匠们精致的錾刻工艺和对技巧的追求。[3]八瓣杯和何家村窖藏的其他宝物组成了盛唐帝国的缩影：杂糅的材料、图案和不知来源的技巧混合在一起，集中在一个地点，这里是一个真正的大熔炉。

---

[1] 陕西省博物馆：《西安南郊何家村发现唐代窖藏文物》，第30–40页。参见齐东方对金银器皿的权威研究。齐东方：《唐代金银器研究》。Valerie Hansen 就这一发现发表了一篇短文，其中包括一张所有物品的表格。见 Hansen, "The Hejia Village Hoard," 14-19。

[2] 学界提出了两种假设。在最初的报告中，学界推测窖藏在公元731年以后的某个时间被埋藏在兴化坊，位于皇城的南部，靠近西部市场。窖藏最早的年代是由四块雕有税务信息的银锭推测的，一个是在722年，另外三个是在731年。由于金属锭在被收集后会被熔成更大的块状，学界相信这些财宝在731年以后不久就被埋了——也许是在安禄山起义时期。段鹏琦根据后来对长安坊市制度和银器风格特征的研究，认为该窖藏在780年被埋在亲仁坊。最近，齐东方提出了窖藏属于德宗（779—805年在位）时期尚书租庸使刘震的理论，783年泾原兵变，他在逃离前埋藏了这些财宝。参见陕西省博物馆编《西安南郊何家村发现唐代窖藏文物》，第34页；段鹏琦《西安南郊何家村唐代金银器小议》，第536–543页；齐东方《何家村遗宝埋藏地点和年代》，第71–74页。

[3] 齐东方：《唐代金银器研究》，第49页。

图 1.8　八瓣杯，珍珠镶边和拇指架，8 世纪
外壁是猎人在马背上和妇女跳舞、演奏乐器的交替场景
镀金银；高 4.5 厘米。1970 年出土于陕西西安南郊何家村
藏于陕西历史博物馆

唐朝的手工艺品，如八瓣杯和史诃耽的玻璃碗，或许无法透露其制造者或
主人的具体细节。但从这些物品中，我们可以窥见唐朝审美与技术交流的深远
空间。人们对奢侈品的渴望推动了当时金属制品、陶瓷，尤其是丝绸纺织品的
创新。①

　　无论是皇帝还是平民，在长安所感受到的国际化，都是通过物质欲望和身
体的感官体验来调节的。与八瓣杯上仕女的镀金图案不同，音乐和舞蹈让感官

---

① 在印度尼西亚勿里洞岛海岸发现的一艘 9 世纪沉船进一步证明了唐代中国商业网络的范围。这艘船被认为是一艘阿拉伯贸易船，装
载着来自湖南长沙窑、浙江越窑、河北或河南窑的白陶，以及铜镜和镀金银器。发掘于 1998 年和 1999 年的勿里洞岛沉船是西印度
洋和中国直接贸易的最早证据。见 Krahl et al., *Shipwrecked: Tang Treasures and Monsoon Winds*。

享受扩展到更广泛的群体，包括都城的居民和游客。在图像、文献和文学资料中，宫廷宴会和唐代文人精英聚会上的乐人和舞者的形象比比皆是。唐玄宗在兴庆宫的宴会是最奢靡的聚会之一。在勤政殿（勤政楼）举行的这些盛大庆祝活动中，玄宗招待异国首领观看了数百名宫女的表演。宫女身着彩色刺绣丝绸，佩戴着珠翠饰品，从珠帘帷幔后款款而来，伴着《破阵乐》《太平乐》《上元乐》等曲调翩翩起舞。而后，大象和犀牛入场表演。勤政楼也是皇帝在他统治期间庆祝元宵节之地。深夜，他让宫女们在大殿前唱歌跳舞，供城中的居民欣赏。[①] 在对唐朝都城的回忆中，充满了对这种景象和娱乐的描述，其中许多都与唐玄宗的统治有关。

承载记忆的物质材料

长安城棋盘式的布局，清晰划分的空间和封闭的市场，由街使和巡使管理，暗示着这座城市是一个有限制的娱乐场所。从关于酒铺、花园和妓女的传奇小说和诗歌中挑选出来的文学资料，呈现了一个不同的城市。整个唐朝，坊内都有商铺和夜市，邸店（仓库与食宿一体）旅舍和驿站分布在城市中的多个住宅区。[②] 在东西两市之外出现的其他受欢迎的生意是酒肆和卖饼的街边小摊，包括广受欢迎的胡饼或外来大饼。

酒肆，通常由粟特人经营，在城市东南部的曲江池附近大量出现。李白（701—762）是唐代经常光顾这些酒肆的诗人之一，他陶醉于胡姬的美酒。在他的诗《前有一樽酒行》中，李白描述了与朋友共饮时奏乐的情景：

---

① 郑处诲：《明皇杂录》卷二六，"又令宫女数百，饰以珠翠，衣以锦绣，自帷中出，击雷鼓为《破阵乐》、《太平乐》、《上元乐》。又引大象、犀牛入场，或拜舞，动中音律。每正月望夜，又御勤政楼，观乐作。贵臣戚里，官设看楼。夜阑，即遣宫女于楼前歌舞以娱之。"

② 见日野开三郎《续唐代邸店的研究》；另见 Xiong, *Sui-Tang Chang'an*, 183–192。

琴奏龙门之绿桐，玉壶美酒清若空。

催弦拂柱与君饮，看朱成碧颜始红。

胡姬貌如花，当垆笑春风。

笑春风，舞罗衣，君今不醉将安归？[1]

李白诗中描绘的场景——美丽的胡姬端上温热的酒，她们穿着半透明丝绸做的衣裳，伴着琴声舞蹈——将在长安所能寻获之种种迷人和醉人的诱惑浓缩在了一起。被朝廷流放的官员们，比如创作颇丰的白居易（772—846），渴望听到迷人的琵琶手弹奏起"京都声"（都城的音乐）。[2]朋友间的诗、书、画往来中抒发的对京城的怀念，留存下来便成为对长安这片乐土的珍贵记忆。愉悦是一种感官体验，一种通过对奢侈品的审美享受而产生的体验。

就像呼应城市节奏的鼓声一样，关于都城的感官体验中音乐和舞蹈至关重要。唐朝的精英们都拥有自己的乐师，在私宅中演出。706年，一项法令规定，中层官员不得拥有3名以上女乐，而那些身居高位的人则有权拥有整个乐团。[3]在玄宗统治的末期，这一限制被取消，所有的官员[4]、诸道节度使及太守等都被允许在家中拥有不限量的乐师"听当家畜丝竹，以展欢娱"。[5]政府对音乐之类

---

[1] 见薛平栓《论隋唐长安的商人》，第 74 页。薛还引用了李白的另外两首诗，其中都提到了胡姬。这首诗也被薛爱华引用和翻译，见其著作 *Golden Peaches of Samarkand*,21。

[2] 引自白居易著名诗歌《琵琶行》序言。《全唐诗》，见 Shields，"Remembering When: The Uses of Nostalgia," 321-361。

[3] 此句的来源是《旧唐书》卷二三，第 1830 页，"三品已上，得备女乐。五品女乐不得过三人。"原文中的翻译，将"女乐"理解为 female musicians，需要补充说明，古代的女乐不完全等于"女性乐人"，她们是较为特殊的群体，在唐史研究中与"乐籍"密切相关，程瑜晖在《"女乐"概念厘定：娼妓、女乐、女伶》一文中阐述了这一群体是官属贱民，既有乐舞职能，又有"声色兼营者"。——译注

[4] 此句的史料来源是《唐会要》卷三四，原文是"天宝十载九月二日敕：五品已上正员清官，诸道节度使及太守等，并听当家畜丝竹，以展欢娱，行乐盛时，覃及中外"。如此，对于官员群体是有一定限制的，不是作者所理解的"all officials"，并非所有官员都可以拥有不限量的乐人。——译注

[5] Bossler，"Vocabularies of Pleasure," 71-99.

娱乐的规定延伸到长安的娱乐场所，9世纪时，平康坊要求所有的娱乐人员登记。① 有了她们的登记，官员和初获职位的人就可以传唤她们参加宴会。平康坊也被称为北里，是一个居住区，在城市的东部，毗邻东市，聚集了大量的精英。② 诸妓聚居在平康坊东北角的三条巷子里，这个区域在娱乐、商业和两性关系等方面都有着举足轻重的地位，每年都吸引大批年轻考生来到长安。由此产生的表演文化，在9世纪被孙棨（生卒年不详，约889年前后在世）在《北里志》一书中草草记下，是了解妓女群体在男性文人群体身份形成过程中所扮演角色的关键。③

在宫殿内，两个独立的部门负责音乐和舞蹈表演：太乐署负责官方宴会、国家祭祀和其他仪式；同时，内教坊也为宫廷乐师提供住处和培训，使其从事更受大众欢迎的娱乐活动。④ 作为一个音乐和舞蹈的狂热爱好者，玄宗扩大了宫廷音乐机构，并在宫廷推广了新的风格，尤其是来自西域的曲调。⑤ 除了会跳舞的大象和犀牛，唐玄宗还养了一个舞马团。有一年，他下令训练400匹马跳舞。把马训练成功后，玄宗下令给马穿上刺绣的衣服，配备上金银马鞍，鬃毛和额发装饰着珍珠和玉器（图1.9）。每到千秋节（玄宗生日），玄宗就命令这些马匹在勤政殿下伴着《倾杯乐》的曲调跳舞。⑥ 这段著名的轶事记录在9

---

① 孙棨：《北里志》，第22页。

② 参见 Xiong, *Sui-Tang Chang'an*, 219–224，对长安城中东部精英居民的统计。

③ 见 Rouzer, *Articulated Ladies*, 249-283；Yao Ping, "The Status of Pleasure," 26-53。关于孙棨作品和文人妓女关系的最新研究，参见 Feng, *City of Marvel and Transformation*, 112–134。Feng 认为，"妓女很重要——即使她们的代表是由男性文人撰写并分享的。与非文人邻居们聊天和开玩笑的场很重要。宴会和娱乐的价值很重要，尽管它们很少被直接提及。最重要的是，这一切在长安城市社会和商业矩阵中的位置至关重要。到平康坊的旅人和住在那的妇女，都是社会空间的一部分，这个社会空间是长安文化精英转型新话语的产物。"（第114页）

④ Bossler, *Vocabularies of Pleasure*, 76–77.

⑤ 《新唐书》卷二二，第476–477页。

⑥ 《明皇杂录》，第45–46页，"因命衣以文绣，络以金银，饰其鬃鬣，间杂珠玉。"另见 Kroll, *The Dancing Horses of T'ang*, 240–268。

图 1.9 黑釉三彩马，8 世纪初
这匹马身系革带，披着精致的装饰和绿色的马鞍，表明它在庆典游行中使用。黑釉马十分罕见。最著名的拍品于 1989 年 12 月在伦敦苏富比拍卖行拍出 374 万英镑的天价
高 73 厘米。John Gardner Coolidge 的收藏
© 2019 Museum of Fine Arts, Boston

世纪的笔记史料《明皇杂录》中，既是对唐玄宗统治时期过度沉迷声色的诗意修辞，又是艺术与工艺品研究中的一个著名主题。

对所见、所闻和所感之物的留存记述，都依赖对词汇和材料的巧妙运用，使短暂的事物变得有意义。何家村窖藏的珍贵发现之一是一个银壶，其形状来源于通常绑在马鞍上的皮囊（图 1.10）。该壶的每一面都呈现了一匹

嘴叼杯子的舞马，指的是《倾杯乐》（前文中提到的曲子）。这个酒壶是一个例子，它说明了材料对于那些转瞬即逝的史料是多么重要——比如宫廷里关于唐玄宗的舞马团的传言——它曾经演出过，现在又能再次被人们所感受到。无论是以诗歌的形式记录在纸上，还是被镌刻于金属上，记忆本身都会被认为是物质实体。人与物相互构成是唐朝时尚的核心，从根本意义上说是"制造"或"塑形"，包括在这里以审美游戏的形式表现。[1] 尤其是衣服，它是意义和影响的持久载体，它作用于个人的身体和自我，协调社会关系，传递历史信息。

像银壶这样的珍品，以及在何家村发现的许多其他瑰宝，都是具有装饰作用和社会功能的物品。[2] 奢侈品的价值在于其生产的复杂性和材料的高成本，它们起到了愉悦感官的作用。这只银壶作为一个物质性的记忆载体，引发了人们对曾经辉煌的唐玄宗统治时期的深思。对奢侈之物的回忆——以及它们所携带的经历——是叙述中国唐代政治和社会变革的核心。

其实，唐玄宗时期最脍炙人口的曲调不是《倾杯乐》，而是《霓裳羽衣曲》，此曲在白居易的两首史诗中得以不朽。此曲及其伴舞的起源成为唐玄宗和杨贵妃之间浪漫故事的焦点。玄宗被认为是作曲人，杨贵妃则以表演了《霓裳羽衣舞》而闻名。[3] 在第一首诗《长恨歌》中，白居易将玄宗心爱的杨贵妃描绘为身着霓裳羽衣，并配以这样的诗句："渔阳鼙鼓动地来，惊破霓裳羽衣曲。"[4] 曾给玄宗带来无限满足感之物，却也正是他垮台的根源。当叛军席卷整

---

① 笔者引用了 Ann Rosalind Jones 和 Peter Stallybrass 在他们关于欧洲文艺复兴时期的时尚、布料和制作主题的开创性著作中提出的观点。Jones and Stallybrass, *Renaissance Clothing and the Materials of Memory.*

② 笔者在这里对奢侈品的讨论遵循了 Appadurai 的分析，他将奢侈品视为"具体化的标志"。Appadurai, *The Social Life of Thing*, 38-39.

③ 关于这首曲子创作的矛盾故事在原文中得到了体现。参见杨荫浏《杨荫浏音乐论文选集》，第 325–326 页。

④ 《全唐诗》卷四三五，第 4816–4818 页。

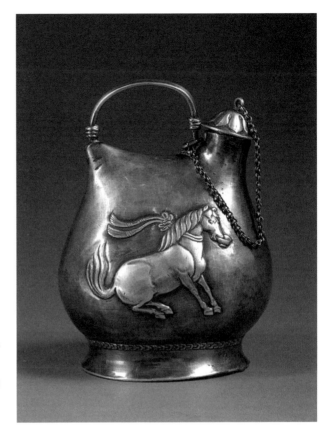

图1.10　鎏金舞马衔杯纹银壶
该壶仿照流行于8世纪的北方
游牧民族使用的皮囊壶制成
鎏金；高18.5厘米。1970年出
土于西安南郊何家村
藏于陕西历史博物馆

个帝国时，这首曲子以及随之起舞的女子，最终消逝在刀枪剑戟之下。

　　在收到元稹（779—831）的乐谱后，白居易写下了第二首诗《霓裳羽
衣舞歌》。白居易在诗的开头回忆道，这是他在唐宪宗时期（805—820年
在位）最喜欢的舞蹈之一。他严谨细致地再现了表演的经过，我们可以看到
这样一幅场景：

　　　　案前舞者颜如玉，不著人间俗衣服。

　　　　虹裳霞帔步摇冠，钿璎累累佩珊珊。

娉娉似不任罗绮，顾听乐悬行复止。①

043

舞女华丽的服饰和纤细的身材，不再激扬起昔日唐玄宗与杨贵妃爱情悲剧的旧影。甚至在舞女开始跳舞之前，宴会中就充满了她们的声音：装饰品碰撞的叮当声和丝绸衣服摩擦的沙沙声（图1.11）。

白居易对这段舞蹈的回忆因他对长安的渴望而变得鲜活起来，更深层的意思是，他希望再次回到宪宗的朝廷。该诗也暗示了人们对音乐和舞蹈的持续享受。《霓裳羽衣曲》及其伴舞，虽然以唐玄宗的皇位和杨贵妃的生命为代价，但此曲会在长安缭绕，继续给听众带来美的享受，直至王朝终结。

小 结

前文讲到唐玄宗心爱的舞马，在安禄山（703—757）发动的叛乱中被夺走。玄宗逃往四川（蜀）后，舞马们就分散流落了。安禄山在起兵反叛前，曾经作为客人多次参加唐玄宗的宴会，观看舞马表演。他一直渴望拥有这些马，就把其中几匹运送到了自己控制的范阳。安禄山死后，马匹落入他的副将田承嗣手中。田承嗣对舞马一无所知，以为是战马，就把它们放到了户外的马厩中，不久马儿们都死了。②

唐玄宗在位近50年，是唐朝所有皇帝中执政时间最长的一位。对于记录其统治历程且热衷于教化的士大夫而言，玄宗作为贤能的君主开启盛唐辉煌，但晚年的傲慢昏聩将昔日荣耀消磨殆尽。他对杨贵妃痴迷，将杨贵妃的几位亲戚

---

① 白居易：《霓裳羽衣舞歌》，《全唐诗》卷四四四，第4970–4971页。
② 《明皇杂录》，第45–46页。此处需要补充说明，舞马不是因为移居户外、身体较弱而死亡，而是被鞭打至死，文献中写道："其后转为田承嗣所得，不之知也，杂之战马，置之外枥。忽一日，军中享士，乐作，马舞不能已。厩养皆谓其为妖，拥彗以击之。马谓其舞不中节，抑扬顿挫，犹存故态。厩吏遽以马怪白承嗣，命棰之甚酷。马舞甚整，而鞭挞愈加，竟毙于枥下。"——译注

图 1.11　唐代宫廷站立女俑，7 世纪中叶

这个小雕像穿着一种独特的服装，它通常出现在 7 世纪和 8 世纪陪葬的舞者俑身上。白居易曾写下《霓裳羽衣舞歌》，描述霓裳舞的表演。"霓裳羽衣"被认为可能是一种服饰，但由于缺乏文字和图像史料证明，无法确定它的款式

彩色陶器；高 38.4 厘米。纪念 Loulse G.Dillingham 的匿名捐赠，1978 年

藏于纽约大都会艺术博物馆

委以高官，其中最具灾难性的就是杨国忠（卒于 756 年）。在玄宗统治的最后几年，问题进一步加剧，标志就是支出迅速增加且行政管理过度紧张。他的疏忽使得安禄山有机可乘，于 755 年 11 月从其河北老巢出发，并在这一年结束前占领了洛阳。756 年，玄宗皇帝逃离长安几周后，随行将士发生兵变，要求处死杨国忠和杨贵妃。玄宗被迫同意，此后继续前往四川，不久后又不得不放弃皇位。他被太子李亨（唐肃宗，756—762 年在位）夺取了皇位，并于 761 年在宫城中去世。在他去世时，安史之乱还未能平定。

至于唐玄宗的宠妃杨贵妃，其丰满的身体和华美的服饰成为她的遗产。在李肇（生卒年不详）所撰杂录开元至唐穆宗长庆时期（821—824）史事的《唐国史补》中，记录了马嵬驿（杨贵妃被处死的驿站）的一位老妇人如何从杨贵妃的悲剧结局中获利。老妇收得杨贵妃的彩绸长筒靴（鞡）一只，并向游客收取把玩此物每次 100 文的费用，她因此发了财。[1] 此类事物与记忆，更广泛地说是物体与主观体验的关系，正是唐代审美游戏与社会构建的基础。

对于唐史学者而言，安史之乱后的这段时期标志着中国历史进程进入一个结构性的转变。[2] 叛乱之后，朝廷被迫在行政管理上采取大范围的变革，并且放弃了曾经长期存在的政治和经济制度，比如均田制。9 世纪初期，政府管理和社会组织的旧支柱几乎崩塌，取而代之的是全面的体制、经济、社会变革。此番机构变化符合国家的总体模式，它已经失去了对资源和主体的控制，这是在日益商业化的背景下发生的。（魏晋以来）长期确立的等级制度趋于瓦解，这

---

[1] "马嵬店媪，收得锦鞡一只，相传过客每一借翫，必须百钱，前后获利极多，媪因至富。"李肇：《唐国史补》，第 19 页。

[2] Naito, "A Comprehensive Look at the T'ang-Sung Period," 88-99; 加藤繁：《支那经济史考证》; Hartwell, "Demographic, Political, and Social Transformations of China, 750–1550," 365-422; Skinner, *The City in Late Imperial China*。关于中国古代知识分子思想的发展，参见 Bol, *This Culture of Ours*; McMullen, *State and Scholars in T'ang China*; 陈弱水, *Liu Tsung-yüan and Intellectual Change in T'ang China, 773–819*; DeBlasi, *Reform in the Balance*。

促使旧秩序的衰落，门阀士族逐渐被通过科举考试选拔的专业精英取代。虽然上面的叙述最近经历了修订，但是按照安史之乱前后来划分唐史（的方法），仍然占据着主导地位。[1]

对于经历过此次叛乱及其后动荡余波的唐朝官员们而言，玄宗朝廷旧事和他执政期间的政策，构成了他们理解政治、社会、审美变化的主要推论框架。在他们的复述中，玄宗治理下的国际性国家不仅成为遥远的回忆，它也不再是王朝理想的典范。在他们看来，对享乐的渴望，尤其是玄宗与杨贵妃之爱的部分，导致国家趋于灭亡。然而，令道德高尚的儒家士大夫们大失所望的是，这场叛乱并没有遏制王朝对感官娱乐的追逐。安史之乱后，当朝廷务力控制整个国家的消费热情时，过度与奢侈被视为一个"无节制"国家的标志，它们会带来的危险引起了人们的担忧，这种观点牢固根植于限制女性裙摆的新法令。

---

① 见 Tackett，*The Destruction of the Medieval Chinese Aristocracy*。

第二章

话 语

从禁奢令看时尚机制

在一个以纺织品为主要价值衡量标准的国家，纺织品对于皇帝和臣民的权力表达都至关重要。作为政治合法性的织物，或朴素或繁复的纺织品体现着宫廷特权、地方生产结构和社会地位。作为物质财产，上好的丝织品代表了其拥有者的购买力。因此，布料的生产、交换和消费构成了政治话语与时尚体系的物质基础。

对奢华丝绸的需求是社会消费逻辑的一种表现，也支配着唐代的衣着实践。消费具有显著的社会性与关联性，它需要依托和操纵物品作为身份符号来标记一个人对某个特定阶层的从属或渴望（图2.1）。丝绸的价值——以设计的复杂性和色彩的华丽程度来衡量——被转移到了其穿着者身上，穿着者通过修剪服饰的边缘，比如袖子或者裙摆，将自己身上的织物与国家流通中不计其数的普通纺织品区分开来。正如男人和女人都希望用织物区分彼此，唐朝统治者试图限制装饰性丝绸的获取，从而"制造"和控制臣民。

为了与传统的仪式和礼节范式相一致，唐朝廷通过制定正式的官员服饰制度和颁布禁奢令来限制人们接触代表身份的象征性衣物。精致的丝绸与昂

图 2.1　内有龙形图案的团窠纹织物碎片
古人的社会、职官等级不同，其服装颜色、丝织结构和图案都要符合对应的规定。8 世纪的禁奢令一
再禁止生产像图中碎片这样带有复杂图案的华丽丝织物
单色团窠绫；长 29.7 厘米，宽 47 厘米
日本奈良正仓院宝藏

贵的装饰品区分出不同等级，从而将人们的社会地位与其服饰联系起来。如此政策之下，朝廷就建立起织物的等级制度，织物反映出人所处的社会与政治阶层，这也支持了服装与饰品是身份表达之基本要素的观点。挑战丝织品的等级制度，就是在攻击唐朝统治集团的合法性，及其作为时尚精英的特权。

如上所述，纺织生产既是皇权的根基之一，也是时尚的推动力。一再禁止织造和使用奢华丝绸的努力，显示出君主权力在支配对服饰的需求与管理当地市场两方面的局限性。这就是限奢制度的失败，法令的语言开始反映出纺织品生产与流通组织的诸多变化，暗示着有经济实力者获得奢侈丝绸的可能性激增。虽然唐代的律令对丝绸点缀与自我装饰的做法进行了批判，但它也证明：丝绸（在这一时期）无可争议地充当了皇权与时尚之源的角色。

049

限奢制度与时尚体系分享着相似的意义和社会分化过程：物品被赋予价值定位并被划入某个等级，消费活动从中衍生出意义。但是两者也有差别，前者依靠皇帝的权威来规范地位特权和物质占有；后者则相对独立于朝廷，依赖于购买力与商品知识。在唐朝，时尚通过维持社会对奢华丝绸的需求，促使精英阶层之间的地位竞争，来挑战理想化的服饰秩序。这种竞争侵蚀了传统服饰文化在维系政治和性别角色中的作用。因此，唐代的禁奢令揭示了大量奠定时尚基础的社会动态与经济变化。

丝绸与色彩的等级制度

唐朝在建立之初从经典礼仪文书《周礼》中继承了对社会地位的关注并对社会地位给予恰当的彰显。该书首次为帝王制定了一整套理想化的礼服着装规范。其中的服饰礼仪性规定阐明了一种"理想"的社会等级制度，并强调了作为统治工具的重要性，这随后成为历朝历代禁奢禁侈规定的典范。①《周礼》成书于汉代之前的几个世纪，它与所有朝代禁奢禁侈的规定一样，都秉持贵贱有别的理念，认为统治者和臣民的等级差异是绝对的。②诸如头饰和腰带等日常用品便是等级差异的体现，被分配给固定的群体。

624 年，中书省向唐朝的开国皇帝唐高祖递交了一套新的包含 30 卷的行政法令，即"武德令"，其中一卷概述了皇帝及其朝廷官员的官服和礼服。③唐律通过承认特权阶层 (皇族亲属和官员)、自由平民和贱民 (世袭仆役家庭、私人家仆、部曲奴隶) 三个社会阶层，强化了这种固定不变的社会阶层观。④"武德令""田令""赋役令"等文本，为唐朝的制度赋予了法律效力。

两部官修正史的编纂者将各朝的禁奢禁侈规定汇编成《舆服志》，以此作为皇帝、朝廷官员和百姓着装规范的主要文献依据。分别于 945 年和 1060 年完成的《旧唐书》和《新唐书》的编撰者据此进行推理，将唐朝衰落归咎于朝廷在政治和服饰领域的管理不力。某个朝代的史书的编撰，是在此王朝灭亡后完成，往往是一个旨在巩固标准政治叙述的整体工程，目的是对新建立的王朝进行肯定。有关服装规则与"服妖"轶事的编纂遵循着历史写作说教性和历时性 (diachronic)⑤原则，强调了这样一种观念：服饰像行政机构一样，与王朝衰亡的时间轮廓相吻合。《旧唐书》的《舆服志》开篇是一则有关黄帝的传奇故事：

050

---

① 参见阎步克《服周之冕——〈周礼〉六冕礼制的兴衰变异》；David McMullen 指出："尽管《周礼》并不是唐朝仪式的唯一权威，但它与其他儒家经典文本一起发挥作用，由注释传统来解释，为国家规定提供了重要的支持。唐朝的国家仪式在确定王朝的性质、职官等级和更大的社会问题中起到了不可或缺的作用。"Mcmullen, "The Role of the Zhouli in Seventh- and Eighth-Century Civil Administrative Traditions," 184.

② Appadurai, *The Social Life of Things*, 25. 另见 Vincent, *Dressing the Elite*, 143. Vincent 对符号性立法的讨论源于 Alan Hunt 对节制消费的法律和政治权力关系的研究, *Governance of the Consuming Passions*。

③ 这部法令被称为"武德令"，是效仿隋炀帝的服装法律而制定的。见原田淑人对唐代衣装的经典研究：《唐代的服饰》，第 18 页。

④ Johnson, tr., *The T'ang Code*, 1:23-29. 另见其 "Status and Liability for Punishment in the T'ang Code," 217-29。

⑤ "历时性"是语言学中的一个概念，指语言在一段比较长的时间范围内的演变，在这里表示史料的编纂和史书的书写是符合历史发展的时间顺序和逻辑的。——译注

黄帝发明了恰当的服饰，为国家带来了秩序。① 在刘昫 (887—947) 的指导下，《旧唐书》的编撰者通过援引有关得当着装起源的神话，试图强调礼服和交通工具恒久不变的道德和政治意义。②《新唐书》的编撰者欧阳修（1007—1072）和宋祁（998—1061）等，则略去了黄帝的故事，但仍强调服饰规范是朝廷的一项治理制度。因此，《舆服志》的两个版本从仪式美学的角度对唐代服饰实践进行了叙述，认为通过相应服饰对身份进行适当的规范，代表着宇宙和国家的秩序。

《舆服志》的编排顺序强化了等级制度。③ 其分为两个部分，一是交通工具，二是服饰，涵盖了符合社会等级制度的个人交通工具和着装的所有条目，从皇帝到最低级别的官员。统治者和臣民的等级依等级和性别，划分为皇帝、太子、官员和侍臣、皇后、太子妃和其他命妇（朝中有封号的妇女）。④ 书中为皇帝单独规定了 14 套在国家、礼仪及娱乐活动中的服饰。⑤ 其次是皇太子，共拥有 6 套服饰。皇后和太子妃则每人拥有 3 套礼仪用服饰。皇族和官员们的

---

① 《旧唐书》卷四五《舆服志》，第 1929 页，原文是："昔黄帝造车服，为之屏蔽，上古简俭，未立等威。"所以后面才提到了服饰与交通工具。——译注
② Francesca Bray 认为，在儒家的世界观中，服装标志着"文明"："服装不仅可以区分等级和作为装饰，而且通过血缘、赡养老人、抚养孩子以及两性之间的适当区分和互补，与人类社会的再生产联系在一起。"参见其 Technology and Gender: Fabrics of Power in Late Imperial China，190。
③ 孙机和原田淑人完成了关于这两部唐代文献的最为全面的研究。笔者对衣柜内容的讨论部分来源于他们的成果。见孙机《中国古舆服论丛》，原田淑人《唐代的服饰》。
④ 依详细介绍政府机构结构的《唐会要》（收集了唐朝的基本文件）来看，赋予宫廷女性的角色取决于她们的分类为"外"还是"内"。内命妇包括皇帝的妃子和继承人的妃子，而外命妇则包括皇帝的公主和皇子的妃子。"皇帝妃嫔及皇太子良娣以下。为内命妇。公主及王妃已下。为外命妇。"《唐会要》卷二六，第 573 页。
⑤ 高祖的继任者简化了对服饰的要求，只穿一套礼服，其余的都不穿。除了元旦、冬至、朝会和重大仪式之外，太宗皇帝在任何场合都随意穿着。在这 14 套衣服中，高宗皇帝穿着大裘冕进行封禅仪式，穿着衮冕进行登基仪式和出席重要场合。玄宗进一步简化了礼服的制度，只保留了用于朝廷和仪式场合的服装。"永徽二年，高宗亲享南郊用之。明庆年修礼，改用衮冕，事出《郊特牲》，取其文也。自则天已来用之。若遵古制，则应用大裘，若便于时，则衮冕为美。"令所司造二冕呈进，上以大裘朴略，冕又无旒，既不可通用于寒暑，乃废不用之。"参见《旧唐书》卷四五，第 1937 页。"显庆年间，高宗听取长孙无忌等修礼官的建议，在皇帝 12 等服饰中只保留了大裘冕和衮冕，其它全部废而不用，但令文并不做删改，到开元十一年（723），玄宗又废除了大裘冕。"见黄正建《唐代衣食住行研究》，第 54–55 页。

等级被分为九品，品级决定了他们在朝廷中拥有的地位和待遇。① 官员及其妻子、皇子、公主、妃嫔以及其余的朝廷成员都依照各自等级拥有特定的衣服和颜色。

对于精英官员而言，《舆服志》进一步记录了每一级的朝服（重要政治活动之用 ②）、公服（工作事务之用）、祭服（祭祀典礼之用）和常服的区别。③ 一个男性官员需要穿上衣下裤（袴褶）、马甲和一双靴子上朝。在日常服饰或普通服饰中，袍子的颜色和腰带上的饰物表明了官员的级别，以及自己属于文官还是武官。在唐太宗年间，为了明确对颜色的规定，朝廷对官服进行了修订：一至三品文武官员穿紫色，四至五品官员穿绯色，六至七品官员穿绿色，八至九品官员穿青色。④ 没有等级的官员（流外官）、平民（无官爵）、家仆、奴婢和雇工被允许穿普通粗丝和韧皮面料制成的白色和黄色服装，配铁和铜的装饰。⑤ 674 年，唐高宗发布法令，强调男子着装的规定，以应对无品官员和平民在他们的服装下面穿着红、紫、蓝、绿颜色的束腰外衣的逾矩行为。⑥ 692 年，周朝 (690—705) 皇帝武则天赐予新上任的都督和刺史刺绣长袍。每一

---

① 每个品级分为两个等级，从等级四到九的每个品级进一步分为两个等级。关于法典中给予高级文官的特权，见 Johnson, *The T'ang Code*, 1:25。

② 关于朝服、公服、祭服、常服的使用范围，较难一言以概括，在《旧唐书》的《舆服志》中有具体的要求，如朝服"陪祭、朝飨、拜表大事则服之"，公服则是"谒见东宫及余公事则服之"。——译注

③ 《唐会要》（收集了唐朝的基本文献）、《唐大诏令集》（收集了唐代的法令）、《全唐文》（收集了较为完整的唐代散文）、《资治通鉴》（收集了为统治提供帮助的典例）、《册府元龟》（收集了杰出的文献）等 10 部文献收录了历代皇帝颁布的关于服装色彩、裁剪、织物等方面的详细管理条例。《舆服志》概述了统治者及其臣民的仪式服饰和日常服饰类型，并记载了有关服装不端和异常行为的轶事。

④ "贞观四年八月十四日。诏曰。冠冕制度。以备令文。寻常服饰。未为差等。于是三品已上服紫。四品五品已上服绯。六品七品以绿。八品九品以青。"《唐会要》卷三一，第 663 页。

⑤ 所谓的"没有品级的官员"也可作"流外官"。"流外官、庶人、部曲、奴婢，则服绸绢絁布，色用黄白，饰以铁、铜。"《新唐书》卷二四，第 527 页。

⑥ 《全唐文》卷一三，第 159 页："如闻在外官人百姓，有不依令式，遂于袍衫之内，著朱紫青绿等色短小袄子，或于闾野，公然露服，贵贱莫辨，有亏彝伦。"另参见《旧唐书》卷五，第 99 页；《册府元龟》卷六十，第 296 页和卷六三，第 312 页（记载为咸亨五年）；《唐大诏令》卷一零八，第 515 页。

件袍子上都绣有回文①和山形。两年后的694年，她赐予所有一品至三品文武官员绣有动物图案和八章回文图案的长袍：诸王的图案是盘龙和鹿，宰相的图案是凤凰，尚书的图案是对雁，麒麟、鹰、牛、虎、豹等图案对应十六卫。②动物图案自此成为官方地位的额外象征——不过这方面并没有现存的材料或图案证据。

相比之下，女性服装只有仪式用服装（礼服）和日常服装（便服）两大类。但无论是礼服还是便服，女性服装都应包括衫或襦、裙和披帛。唐高祖在624年颁布的法令规定了皇室场合和仪式③上礼服的具体颜色，以及丝织品和个人物品的规格。日常服装指的是妇女在生活中穿着的衣服。和礼服一样，妇女日常服装的颜色和面料根据其丈夫或儿子品级来决定："妇人服从夫、子，五等以上亲及五品以上母、妻，服紫衣，腰襻褾缘用锦绣。九品以上母、妻，服朱衣。流外及庶人不服绫、罗、縠、五色线靴、履。凡裥色衣不过十二破，浑色衣不过六破。"④高祖的着装规定允许妇女穿低级别的衣服，但严格禁止她们穿着比自身品级高的衣服。⑤这项限制有助于巩固特权与地位之间的联系，保证高品级者的地位。像颜色和色度一样，丝织品也受到严格的规定。那些更为复杂、更为奢华的图案和编织只能由朝廷中地位最高的女性使用。

---

① 回文是指回文语法的铭文，这里指绣字，此事见《唐会要》卷三二："天授三年正月二十二日。内出绣袍。赐新除都督刺史。其袍皆刺绣作山形。绕山勒回文铭曰。德政惟明。职令思平。清慎忠勤。荣进躬亲。"——译注

② 参见《唐会要》卷三二，第680页："延载元年五月二十二日。出绣袍以赐文武官三品已上。其袍文仍各有训诫。诸王则饰以盘龙及鹿，宰相饰以凤池，尚书饰以对雁，左右卫将军，饰以对麒麟。左右武卫，饰以对虎。左右鹰扬卫，饰以对鹰。左右千牛卫，饰以对牛。左右豹韬卫，饰以对豹。左右玉铃卫，饰以对鹘。左右监门卫，饰以对狮子。左右金吾卫，饰以对豸。文铭皆各为八字回文。其辞曰：忠贞正直，崇庆荣职，文昌翊政，勋彰庆陟。懿冲顺彰，义忠慎光，廉正躬奉，谦感忠勇。"

③ 这些场合包括养蚕仪式、朝会、重要典礼和接待贵宾。

④ 《新唐书》卷二四，第530页。

⑤ 《旧唐书》卷四五，第1957页："妇人宴服，准令各依夫色，上得兼下，下不得僭上。"

从一开始，唐朝的着装规范，包括对丝绸和色彩的等级限定，就是一种只能在纸上实现的理想。调整法令去规范服装的裁剪方式、颜色和面料之所以成为必要，原因在于这些限令一直被违反（人们常常不严格依照品级着装）。这种不当行为通常出自特权阶层的女性，因为她们选择按照自己的喜好和品味着装，公然违抗（使用）丝绸的品级制度。女性对加入审美游戏的渴望——即亲自参与时尚体系——原因在于："既不在公庭，而风俗奢靡，不依格令，绮罗锦绣，随所好尚。上自宫掖，下至匹庶，递相仿效，贵贱无别。"[1] 能够接触有图案的丝绸、宝石和金属是朝廷精英（特权阶层）的一种特权，它强化了奢侈品在维持理想化的衣着规则（服饰等）方面的象征作用。此类关于特权阶层中的女性轻率穿搭服饰的记录，引起了人们对公然违背法令穿戴被禁奢侈丝绸品的关注，也凸显了染色、刺绣和装饰丝织品在时尚游戏中所扮演的重要角色。此处（在违规着装的情形下），特权阶级和平民之间的区别被打破了，这表明时尚要存在，能够适应着装变化的观众必不可少。在知识渊博的观众和模仿者的参与下，服装品味的竞争成为唐代社会在安史之乱前后整个时段持续的时尚动力。

以安乐公主的"百鸟翎"（百鸟裙）为例，对追赶时髦行为的批判是奢侈与浪费话语的中心。受安乐公主（约 685—710）的委托，尚方制作了一件"百鸟裙"，它"正视为一色，傍视为一色，日中为一色，影中为一色，而百鸟之状皆见"。[2] 安乐公主的裙子引起了人们的关注，"自作毛裙，贵臣富家多效之，江、岭奇禽异兽毛羽采之殆尽"。这种对服饰的记述不断地将人们的注意力吸引到（追求时髦的）模仿者们身上，这些模仿者既有特权阶层女性，也有富有

---

① 《旧唐书》卷四五，第 1957 页。
② 《新唐书》卷三四，第 878 页："安乐公主使尚方合百鸟毛织二裙，正视为一色，傍视为一色，日中为一色，影中为一色，而百鸟之状皆见，以其一献韦后。"

052

的平民，他们竞相模仿朝廷中的最新潮流。这种使用奢华面料和穿着新奇服装的模仿游戏，是个人差异和社会适应的标志，同时诱发了审美竞赛，它是唐代时装体系的关键特征之一。

通过相互模仿，女性不仅无视禁止奢侈的法令，而且无视社会等级制度。由于珍贵材料可以用于伪装或重建其使用者的社会地位，它们便有了与其所依据的经济或社会关系同等，甚至更大的象征性。然而，禁奢法令自身存在着内在的矛盾：相比维持社会地位的差别，它更鼓励人们去获得社会地位的象征，即为了象征性的差别而竞争，这对于唐代社会精英和非精英成员来说是更容易做到的。[①] 将名望升华为一种物质财富和明显可识别的象征，给上文中的"模仿游戏"增添了动力，并刺激了部分人群的时尚冲动，他们买得起奢侈丝绸，但无法获得其他形式国家认可的特权。由于女性被排除在政治等级体系之外，她们的社会声望更多地依赖于外在服饰。

虽然特权阶层女性作为明显的时尚宣传者和新样追随者在文献中占据主导地位，但皇帝和臣民——男人和女人——都极易受到服饰的诱惑。唐代随后修订的着装规范开始针对朝廷特权阶层和平民的奢侈消费，进一步限制了他们获得奢侈丝绸和珍贵饰品的途径。不符合社会地位的行为被视为犯罪行为，因此，人们如果穿着与品级不符的衣服将受到笞打四十下[②]的惩罚。[③] 新的规定以诏书或法令的形式颁布，除了对平民逾矩行为进行批驳，还阐明或修订了旧的规定。在朝廷对服饰实施的 25 项主要限制中，有 5 项针对未经批准的人

053

① Hunt，*Governance of the Consuming Passions*，105.

② "笞杖徒流死"是古代的五种刑罚，其中笞是较轻的处罚，杖、笞都是击打，但是杖重、笞轻，所以作者在原文中用英语"forty blows with a light stick"表示笞四十。——译注

③ 如唐律《杂律》第 449 条"违犯令式"所述，"诸违令者，笞五十；别式，减一等"。疏议曰，违反着装规定（例如穿着与品级不符的颜色）被视为违反"特别规定"，应受到"笞四十"的惩罚。"诸违令者，笞五十；谓令有禁制而律无罪名者。别式，减一等。""'别式，减一等'，谓礼部式'五品以上服紫，六品以下服朱'之类，违式文而著服色者，笞四十，是名'别式，减一等'。物仍没官。"参见《唐律疏议》卷二二，第 521 页。

员使用高级朝廷官员专用颜色的情况。① 这些规定正好与试图为文武官员特定官服立法所做的额外努力相吻合。② 随后历代皇帝颁布的法令都旨在遏制朝中特权阶级和平民在服装上的奢侈浪费，包括穿着精心编织和装饰奢华的袍服和鞋子。

　　唐朝廷的目的是保持其对官方和私人领域着装的控制。唐高祖最初的监管法令与身份原则捆绑——个人必须扮演社会或官方所赋予的特定角色。③ 通过官服，法律阐明了一种理想化的、与男性身体相关的禁奢制度。④ 从这里可以看出，服装是一种治理工具，它使社会差异显而易见，并确保了政治秩序。公共机构是一个以男性主导的官方机构，它借助服饰法规调节运转。虽然女性的服饰与她所属的男性家庭有关，但其服饰不受国家（官方标准）的约束，这使她们比同品级的男性更容易突破着装规定。⑤ 当女性未按自己的身份着装时，她们不会面临社会地位受损的危险，相反，还有助于提高自己的声望。但是那些不遵守着装规范的男人会面临被解职和受惩罚的风险。尽管如此，奢华的女性服饰还是引起了官方的警觉和监管，暴露出政府对政权稳定性日益增加的忧虑。

---

① 唐太宗时期通过了两道法令，第一道颁布于 630 年，第二道颁布于 631 年。高宗于 674 年颁布法令，宣宗于 716 年颁布法令，文宗于 832 年颁布法令（作为大臣王涯提出的改革建议的一部分）。

② 684 年唐睿宗时期，729 年唐玄宗时期，791 年唐德宗时期，都对朝廷服饰的规定进行了重大改革。《唐会要》记录了 630 年至 889 年通过的 15 条关于朝廷官员着装的法令。参见《唐会要》卷三一至卷三二，第 659–688 页。

③ Matthew Sommer 认为，"至少从唐朝到清朝初期，对性别相关行为进行规范的指导原则可以称为一种对身份的表现：一个人必须扮演某一特定法律地位所赋予的角色"。他将身份履行原则扩展到禁奢法，因为它们"对不同身份群体强加特定种类的服饰，而使用超过身份地位的装饰属于刑事犯罪"。Sommer, *Sex, Law, and Society in Late Imperial China*, 6.

④ John Zou 曾指出，"从汉末到清朝近两千年的朝代史中，有关'舆服志'的文字，证明了在中国过去的政治制度中，对男性服饰的关注有些夸张。关于颜色、种类、质量、图案、剪裁和材料组合的规格是这些文本中详细考虑的主题，并指出它们在儒家皇家秩序中的重要意义。"Zou, "Cross-Dressed Nation," 79-97.

⑤ Catherine K. Killerby 对中世纪意大利禁酒法规的研究提供了一个有趣的对比。她认为，"相比之下，男人从他们的公民、职业和军事身份中获得了公众的认可，他们精致的服装很容易被同样的公众角色所证明"（第 114 页）。然而，过度装饰女人的衣服，等同于不稳定的经济、婚姻和出生率的下降。Killerby, *Sumptuary Law in Italy, 1200–1500*, Chap.6.

奢侈品管制的持续存在，被认为意味着唐朝缺乏类似于时尚体系的东西，在这种体系中，"品味"起着消费调节装置的作用。[1] 在这种限奢管理框架下，隐含着一种长期存在的话语：它认为禁奢法令是前资本主义时代的产物，并坚持认为，由品味和个人选择驱动的时尚，与商业资本和现代自我认知同时出现。在近代早期的欧洲，此类限制法令被解释为社会和财政管理的工具。因为等级社会秩序存在的方式和有关权力的垄断受到了商业资本兴起的威胁，所以这些法令最初是对等级社会秩序的保守防御。[2] 服装的商业化逐渐侵蚀了"人靠衣装"的观念。因此，商业切断了内在自我与外在形象之间的连续关系，将权力从早期现代政权转移给了时尚主体。[3] 欧洲大部分禁奢法的历史，哪怕不是全部，也是政府未能抵制资本主义力量与时尚的历史。

然而，在中国唐代，禁奢法和时尚之间的关系并非商业化大获全胜的一个案例，它没有像欧洲那样战胜贵族秩序与他们最后的权力外衣。虽然商业活动的增加——特别是在 9 世纪——使秉持传统道德的儒家官员感到沮丧，但商业资本的兴起并没有像在欧洲中世纪晚期和近代早期那样引发奢侈品管制。在唐朝，并非所有的皇帝都颁布限制购买奢侈丝绸的法令，也不是所有的皇帝都试图限制丝绸的生产，其中颁布了相关法令的皇帝也有不同的目的。是什么将这些法律关联在一起的呢？实际上是朝廷长期以来对丝绸生产

054

[1] Arjun Appadurai 阐述的有关奢侈品立法的最常被引用的论点之一，强调了"品味"作为时尚体系中的社会规范机制的作用，这与中国这样致力于"稳定地位展示"的非时尚社会形成了对比。Appadurai, *The Social Life of Things*, 3-63.

[2] 相关著作包括：Frances E. Baldwin, *Sumptuary Legislation and Personal Regulation in England*; H. Freudenberger, "Fashion, Sumptuary Laws, and Business"; N. B. Harte, "State Control of Dress and Social Change in Pre-Industrial England"; Daniel Roche, *The Culture of Clothing: Dress and Fashion in the Ancien Regime*; Alan Hunt, *Governance of the Consuming Passions*。Eiko Ikegami 在她对日本德川 (1603–1868) 精英文化的研究中回应了 Hunt 和 Roche 的观点，禁奢法表明一个过渡时期，即金钱而不是遗产成为一个人社会地位的主要决定因素。她认为，禁止奢侈的法律可以被理解为一种来自贵族秩序的霸权抵抗，它试图冻结社会中正在发生的结构变化。Ikegami, *Bonds of Civility*, 258.

[3] 例如，Martha Howell 认为："禁奢法既为服装创造了新的含义，又催生了现代自我的话语"。在商业活动日益频繁的时代，它推动了一种新的自我意识，认为服装是内在"自我"的外在装饰。Howell, *Commerce before Capitalism in Europe*, 260.

的控制。

历代皇帝继承的监管制度都基于两种平行的统治模式：一种是对仪礼模式的捍卫，该模式强调通过展示精美物品和最重要的丝绸来体现等级社会秩序；另一种则是提倡对骄奢过度的国家进行警告的政治经济模式。对宏伟的建筑工程和华丽的宫廷进行装饰和展示，是皇帝表达权力的基础，但如此大量耗费国库资财也是导致统治走向灭亡的潜在威胁。唐朝的皇帝在这两种统治模式之间进行了探索和协调，形成了一套"禁奢理论"。它一方面体现出对如何恰当彰显皇帝及其朝廷至高无上地位的焦虑；另一方面也表现出对劳动力从素布生产转移到其他方面（如奢侈丝织品）的担忧。

社会性别分工

随着对如何彰显地位的担忧，朝廷对王朝开疆拓土的关注正在日益增加。疆域的拓展，也扩大了长途贸易的市场。在唐朝统治的第一个世纪，边境的开放将熟练的工匠和流动的商人及他们的货物带了进来，刺激了当地市场和长途贸易市场的发展。这类贸易刺激了手工艺的创新，特别是在织造方面，新颖且富有想象力的设计推动着特权阶级对物质的渴望。如此情况之下，8—9 世纪的奢侈丝绸生产出现复杂性和多样性的特点，这很大程度上是因为国家的扩张且受到朝廷的保护。

为了支付拓展边疆的费用，朝廷向每个前哨投入了大量的税收和贡布，以丝绸和麻布为王朝的扩张提供补给与推力。随着 8 世纪军费开支的迅速增加，素布的需求也随之飙升。作为应对（措施），朝廷颁布禁止织造装饰性丝绸的法令以增加素布和麻布的流通。随着纺织品税收对于国家生存的重要性与日俱增，唐朝廷将关注点转向了有关限奢的经典观念，将其作为支撑朝廷监管政策的基本依据。

自汉代以来，儒家官员一直强调节俭是和谐社会的典范，将服饰、装扮的变迁视为社会动荡的征兆，他们认为这是轻浮的欲望、增长的贸易和腐朽的王朝造成的结果。这种观念反对生产不适合日常使用的商品和消费型奢侈品，它深深植根于将农业作为国家财富基础的传统文化之中。在这种理论下，蚕业属于农业活动领域，对人民的生计和政府收入都至关重要。非必需纺织品的生产被认为是一种多余的工作。[1]在唐朝，对奢侈品消费的担忧并不鲜见。反对生产奢侈浪费的非必需品的言论常常引用编撰于西汉末年批判汉武帝（前141—前87年在位）扩张主义政策的《盐铁论》。[2]

《盐铁论》为桓宽（前81—前60)所编纂，书中描述了公元前81年针对汉武帝时期所实施盐铁垄断政策的一场重要朝廷辩论。文中刻画了御史大夫——通常被认为是武帝的御史桑弘羊（前152[3]—前80)——与"贤良文学"（传统的儒生）的对立。借用"农业为本、商业为末"的比喻，御史与"贤良文学"[4]们之间进行激烈辩论，展开了一场关于国家与财富基础关系的观念之争。"本"和"末"两个词成为道德隐喻，它们颂扬农业（耕作和织布）是基本职业（本业），而所有其他生计仅仅是辅助性的。[5]

在其中一轮对话中，这位御史大夫辩称，商业对于国家经济至关重要：

[1] Dieter Kuhn 指出："农业是国家财富的基础的想法可能源于对歉收和饥荒的既正当又永久的恐惧，这是统治者和政府面临危险的根源。也许正是对人民福祉的关心，使他们产生了这样一种理想主义的观点，他们认为农产品的生产和消费应该受到鼓励。纺纱、缲丝和农民织布当然也应有同样的待遇，这些被认为属于农业活动。当'自然'的平衡因为不重视'本业'，或因奢侈浪费而打乱时，一切都注定会陷入混乱。"Kuhn，*Textile Technology:Spinning and reel*，5.

[2] Tamara Chin 将《盐铁论》描述为"公元前1世纪阶级主义的宣言，以及反帝国主义、反市场的呼吁，对回归传统的等级制度的要求。"Chin，*Savage Exchange*，21.

[3] 桑弘羊的生年并无定论，学术界有三种基本观点，即汉景帝二年（前155）、汉景帝四年（前153）和汉景帝五年（前152），可参见晋文的《桑弘羊生年考》。——译注

[4] 贤良文学的本义是汉代选官的科目之一，此处的"贤良文学"是指汉昭帝时期盐铁之议中辩论双方中的儒生群体，他们坚持儒家的基本观念。——译注

[5] 参见 Tamara Chin 关于使用"本"和"末"的研究，见 *Debates on Salt Iron in Savage Exchange*，48-58; 她对"妇女工作"的解释，见本书第206–213 页。

御史大夫："《管子》曰：'不饰宫室，则材木不可胜用，不充庖厨，则禽兽不损其寿。无末利，则本业无所出，无黼黻，则女工不施。'故工商梓匠，邦国之用，器械之备也。自古有之，非独于此……农商交易，以利本末。"①

通过引用春秋时期（前771—前476）哲学家管仲（前720—前645）思想的集结之作《管子》，这位御史告诫人们不要过度节俭，主张商业有助于满足普遍需求（农民和纺织工人），并保持了自然（树木和禽鸟）的适当平衡。对他而言，农业（"本"）和商业（"末"）之间的关系是一个相互依存的关系，这种关系可以实现货品的有效流通。"贤良文学"们引用孟子的观点，认为在非本业上的劳动浪费是对自然平衡的一种威胁："男子去本为末，虽雕文刻镂，以象禽兽，穷物究变，则谷不足食也。妇女饰微治细，以成文章，极伎尽巧，则丝布不足衣也。"②争辩的论点十分明确：装饰与奢侈、浪费同义，会导致经济衰退。通过将商业与物质匮乏联系起来，"贤良文学"们直接挑战了御史关于"无末利，则本业无所出"与"农商交易，以利本末"就能够确保秩序和财富的说法。御史试图将"本"与"末"的关系重塑为一种只需要政府的干预就能保持和谐的关系，而儒生们则坚持把自给自足的农业视为一种道德价值观。实际上，尽管讨论中没有明确说明，对于他们而言"本"（本业）是具有性别特征的。

"男耕女织"的说法强调了粮食种植和织布对于维系人民福祉和国家力量不可或缺的观念。按照这个经典公理，织造包括了从养蚕、捻苎麻纤维到织造和

---

① 桓宽:《盐铁论》，第24-25页。
② 桓宽:《盐铁论》，第25-26页。

缝纫的整个布帛生产过程。与这种传统生产劳动的两性模式相对立的是工匠的装饰雕刻与女性织工的丝绸刺绣和图案设计。与塑像和雕刻不同，纺织品生产同时占据了社会生产的"本"和"末"。制作素布（女红）作为一种"本业"，是治国之道的核心。而装饰丝绸、工艺（贡）品同样是国家管理的中心。工匠们在作坊里织出了贡品、官员的薪俸赏赐、外交礼物以及作为华丽服饰材料的丝绸，他们辛勤劳作，生产出一切象征帝王权力的装饰品。[①] 与装饰雕刻或金属制品相似，织出多色图案的丝绸需要专门化的技艺和相关工艺的训练，而不依赖于工匠的性别。[②] 唐代文献模糊化了妇女工作和丝绸工匠工作的根本区别，消除了家庭和作坊之间的区别，并将织机和梭子的所有产品具体化为"女红"。这种性别分工的影响是如此普遍，以至于即使丝绸作坊内有许多男性织工，唐代文人也会坚持描述，坐在织布机前的是一位辛勤工作的妇女，她不知疲倦地为宫廷生产精美的丝绸（见第5章）。

唐朝的行政法规和法典显示，虽然女性作为织工和穿戴者，在反对装饰和奢侈的话语中占主导地位，但在实践中，政府会对违反禁奢令的工匠们进行追责。例如，工匠会比其他违反着装规定的人受到更严厉的惩罚。为防止非法制造、销售商品，唐律规定："诸营造舍宅、车服、器物及坟茔、石兽之属，于令有违者，杖一百。"[③] 随后颁布的禁令对违规商品的生产实施了更严厉的处罚。虽然禁奢法令的具体内容针对的是个人的违法行为，但国家却寄希望于通过控制供应来规范生产，以遏制时尚潮流。换言之，国家旨在通过限制工匠的工作

---

① 关于朝廷权力与工艺的关系，参见 Helms，*Craft and the Kingly Ideal*。感谢 Jacob Eyferth 向我介绍了这部作品。

② 唐代规范了对官方作坊招募的工匠的培训。培训时间长短由工作量决定，工作量大概是指涉及特定工艺的任务数量和难易程度。最多四年，最少四十天。金属制品在工艺品中是最上等的。"凡教诸杂作，计其功之众寡与其难易而均平之，功多而难者限四年、三年成，其次二年，最少四十日，作为等差，而均其劳逸焉。"《唐六典》卷二二"少府监"条。

③ 见杂项法规第 403 条"违反住宅、车辆、服装、器具和货物的法规"，"诸营造舍宅、车服、器物及坟茔、石兽之属，于令有违者，杖一百。虽会赦，皆令改去之；坟则不改。"长孙无忌：《唐律疏议》，第 488 页。

来控制丝绸的流通、囤积和展示。

  根据705—707年颁布的"散颁刑部格"[①]记载，该项政策也传达至边疆，敦煌所出两部文书残卷可以佐证这一观点。[②]依据该散颁格规定："私造违样绫锦，勘当得实，先决杖一百。造意者徒三年，同造及挑文客织，并居停主人，并徒二年半，总不得官当、荫赎。踏锥人及村正、坊正、里正各决杖八十。"其中，图案设计者作为主犯被追究责任，表明唐朝法庭认为在官方作坊之外传播（官方禁止传播的）工艺知识是一种严重的犯罪行为。事实上，唐代朝廷对专业丝绸的控制依赖于对技术的限制，这一点在管理工匠上得到了很好的体现。

  时尚体系甚至威胁到了政府对支撑其统治的社会生产关系的原有主张。想要知道在时尚游戏中应该穿什么，就必须接触制造者和材料。正如安乐公主的"百鸟裙"一案所暗示的那样，这些模仿者大概不得不首先购买羽毛，更重要的是，要找到并雇用能够复制裙子设计和工艺的工匠。此类消费行为明确展示出某些人具有获得工匠去生产法律禁止生产的商品的能力，从而暴露出唐代法令、朝廷道德指导思想和控制工匠劳动力力度的不足。

从道德与军事层面看禁奢法的必要性

  违反相关服饰规定的未必都是女性，也并非只有男性对奢侈和浪费提出批评。在众多记载在案要求限制奢侈浪费的声音中，就有一则来自唐太宗的妃子徐惠。[③]在其传记中，相比于外貌（根本没有提及），徐惠的文学才能显得更为

[①] 唐格是唐代诏令的汇编，不同时期有不同的侧重，如武德格、贞观—永徽年间的留司格，和这里提到的散颁格，自唐高宗以后历代皇帝都有修散颁格的活动，其内容不仅具有律的性质，还是各项制度随时变通的综合。参见马小红《"格"的演变及其历史》。——译注

[②] 该文件以文书 P.3078 和 S.4637 的形式存在。《敦煌和吐鲁番文书》，山本书店印刷，1:35。

[③] 《旧唐书》卷五一《后妃上》，第 2167–2169 页。Kroll, "The Life and Writings of Xu Hui (627–650)," 35–64。

突出，她自小便十分擅长写作诗文。在 648 年，她向太宗谏言，请皇帝限制军事行动和宫殿工事以减少开销，并且在面对地方进贡上等丝绸时树立节俭的典范。她请求道："夫珍玩伎巧，乃丧国之斧斤，珠玉锦绣，实迷心之酖毒。窃见服玩织靡，如变化于自然；织贡真气，若神仙之所制。虽驰华于季俗，实败素于淳风。"[①] 如徐惠所言，对珍奇异宝的渴望，例如珠玉锦绣之类，是迷心丧国的。在经典话语中流传的所谓"季俗"华服与"淳风"素布间的差异，更多强调其不变而非变化。在儒士们眼中，追求珍稀之物是舍本逐末之举。徐惠在对皇帝的劝告中更进一步，通过引经据典，将皇室的奢侈无度与国家的灭亡清晰地联系起来。徐惠的批评并非孤掌，当唐太宗征高句丽未能成功，以及在修建大明宫花费过多时，朝野上下物议沸腾，皆对太宗行为有所批评。虽然，出于道德和政治责任感的共鸣，史官们在传抄徐惠的谏言时可能包含一些自己的意愿，但毫无疑问，徐惠有关宫廷奢侈浪费与帝国衰亡关系的谏言是具有先见之明的。[②]

随着人口的增长以及唐朝边境的向西拓展，政府需要更多的布帛和粮食来供给军队、支付官员薪俸，以及作为维持朝贡关系所需的贡品与外交礼物。自 8 世纪玄宗统治时起，有关根基（"本"）与枝叶（"末"）的措辞就在其所颁布的禁奢令中反复出现，这些法令或要求关闭相应的生产作坊，或禁止相关商品在国家范围内流通。唐玄宗于 712 年继承皇位，这同时也意味着他接手了此前遗留下来的严峻的经济问题，包括长期的税收短缺。政府决定节流，然而户口登记的不一致导致了大量潜在的税户被遗漏。由于上户（富裕之家）的赋税经常被保留以用作皇室宗亲以及勋贵之家食实封的收入，因此朝廷特

---

① 《旧唐书》卷五一《后妃上》，第 2168 页。
② Paul W. Kroll 对正史中包含徐惠谏言内容也提出了相同的主张。Kroll，"The Life and Writings of Xu Hui (627-650)，" 62.

权阶层的存在实际上也加剧了国家的财政负担。① 在即位初期，唐玄宗就曾十分迫切地出台了严苛的禁奢令（针对奢侈和不必要的开支）以减轻国家的财政负担。

前面所述《盐铁论》中的争议焦点和内容，特别是其中将"女红"视作国家扩张与奢侈浪费标志的修辞表达，对 8 世纪以后唐朝禁奢令及财政政策的言语措辞有着极大的影响。在 714 年 7 月，唐玄宗发布了三个新的禁奢令，分别禁止锦的生产以及刺绣衣物和珠玉首饰的穿戴。第一道敕令《禁珠玉锦绣敕》使人回想起汉代有关饰物不足的言论："朕闻珠玉者，饥不可食，寒不可衣。故汉文云：'雕文刻镂，伤农事者也；锦绣纂组，害女红者也。农事伤则饥之本也，女红害则寒之原也。'"② 通过引用这段转述自汉景帝（前 157—前 141 年在位）在公元前 142 年所颁布的致力于促进农业生产的敕令，玄宗使其所颁布的禁奢令符合长期以来的传统，即将非必需品的生产视为对国家经济的损害。③ 与汉景帝所颁敕令不同的是，玄宗并非仅仅要求人们避免奢侈浪费，重归简朴的生活方式。他首先规定衣物和车马饰品中的金银饰物须全部上交给官府，由官府统一将其熔化铸铤以供给军费（统军和治国之用）。其后玄宗又要求在殿前焚烧珠玉制品。最后他要求妃嫔们穿戴旧裳并禁止她们佩戴珠翠。

另外两道禁奢令《禁用珠玉锦绣诏》《禁断锦绣珠玉制》则增加了限制规

---

① 709 年韦嗣立（654–719）曾上言，请求唐中宗（705–710 年在位）减少贵族封地规模（《请减滥食封邑疏》）。他称有超过 60 万丁被分配到封地。以每丁每年生产两匹绢布计算，则封地每年可征收到 1200 万匹布，这大大超过了一府可征收的庸布数量。参见《全唐文》卷二三六《请减滥食封邑疏》，第 2383 页。

② 内容参见《禁珠玉锦绣敕》，《全唐文》卷二五四《禁珠玉锦绣敕》，第 2572 页。其他出处见《册府元龟》卷五六《帝王部·节俭》，第 625–626 页。《文苑英华》卷四六五《翰林制诏四六》，第 2375–2376 页；《新唐书·本纪》卷五，第 123 页；宋敏求编《唐大诏令集》卷一〇八《政事·禁约上》，第 562–563 页；《资治通鉴》卷二，"唐纪二七玄宗开元二年丙寅"，第 6702 页。

③ 唐玄宗的诏书错误地将这一法令归于汉文帝（前 180– 前 157 年在位）。根据《汉书》的记载，是汉景帝在公元前 142 年的第四个月颁布了禁止黄金珠玉的法令。具体参见《汉书》卷五《景宗纪第五》，第 151 页。

定以及更严厉的惩罚。① 诏令中规定，臣民们不被允许拥有珠玉制品或精雕细琢的饰物和器皿（"珠玉锦绣，概令禁断"）；家中已经获得的锦绣衣物，按要求染成黑色（"其已有锦绣衣服，听染为皂"）；若拥有丝绸尚未裁剪，人们须将其重新卖还给官府（"成段者官为市取"）；位于长安与洛阳（以及各州）的官营锦绣织坊都被关停（"两京及诸州旧有官织锦坊悉停"）；手工业者们如若生产锦绣织品、彩绣腰带，以及绣有珍禽异兽的锦缎与罗绮等物将受到一百下杖刑的惩罚（"造作锦绣珠绳、织成帖绢二色绮绫、罗作龙凤禽兽等、异文字及坚栏锦文者，违者决一百"）；受雇的工匠和工人若违反法令将被降一级。在 726 年，唐玄宗又发布了一条禁奢令（《禁断奢侈敕》）②，通过又一次援引汉朝皇帝的言论，他再度强调禁止用珍宝装饰衣物、车马以及器皿。玄宗对禁止奢侈品的制作与生产坚持不懈的努力恰好证明了这些禁奢令的失败。

唐高祖李渊五世孙李倕（卒于 736 年）墓的发掘向我们展示了玄宗统治时期衣物装饰中黄金、珍珠等珠宝的使用情况（图 2.2、2.3、2.4）。③ 李倕墓中的随葬品包含多种形式的金饰：如织金丝绸衣物、金框花钿、镀金青铜发卡，以及一些金线等。珍珠、绿松石、珠母、宝石、紫水晶也被固定、镶嵌于金冠间。腰带部分由珍珠串编而成，金框花钿缀饰其间。考古学家发现其余的金制花钿镶嵌于绿松石、珍珠以及珠母间，位于李倕的下半身附近，推测其可能为垂直

---

① 《禁用珠玉锦绣诏》，参见《全唐文》卷二六，第 300 页；《册府元龟》卷五六《帝王部·节俭》，第 627 页；《册府元龟》卷六〇《帝王部·立制度一》，第 671 页；《唐会要》卷三一《舆服上》，第 575 页；《唐大诏令集》卷一〇八《政事·约约上》，第 562–563 页；《资治通鉴》卷二"唐纪二七玄宗开元二年丙寅"，第 6702 页。《禁断锦绣珠玉制》参见《文苑英华》卷四六五《翰林制诏四六》，第 2375–2376 页；《唐大诏令集》卷一〇九《政事·禁约上》，第 564–565 页；《全唐文》卷二五三，第 2558 页。

② 《禁断奢侈敕》见于《全唐文》卷三五，第 383–384 页。其内容为："雕文刻镂伤农事，锦绣纂组害女红。粟帛之本或亏，饥寒之患斯及。朕故编诸格令，且列刑章，冀以返淳，庶皆知禁。如闻三公以下，爰及百姓等，罕闻节俭，尚纵骄奢。器玩犹擅珍华，车服未捐珠翠，此非法之不著，皆由吏之不举也。宜令所司，申明格令禁断。"——译注

③ 唐李倕墓未被盗掘，是极少数未受干扰的唐代墓葬之一。陕西省考古研究院：《唐李倕墓发掘简报》，《考古与文物》，2015 年第 6 期，第 3–22 页；Greiff et al., *The Tomb of Li Chui*。

图 2.2　冠饰
所用黄金数量惊人，包括一个冠冕、12 个大
饰品和 251 朵花
高 39 厘米（重建后）；李倕墓出土
陕西考古研究所供图

图 2.3　腰带
四叶金花的花瓣上镶嵌着绿松石，边上点缀
着颗粒，每朵花的中央都有一颗珍珠
高 11.6 厘米，宽 27.5 厘米；李倕墓出土
陕西考古研究所供图

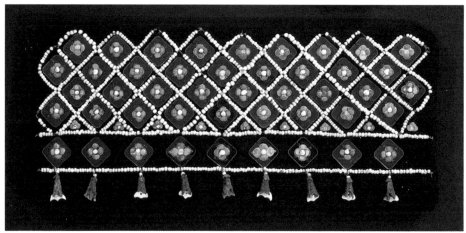

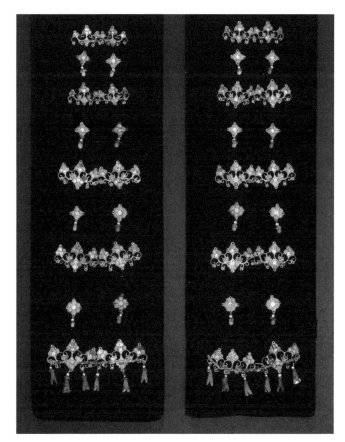

图2.4 双佩（下衣饰物）
每一组装饰物都有相似的
金制花钿和绿松石镶嵌。
这些装饰品据推测是直接
缝于裙面，或缝在两条不
同长度的布上，然后再贴
合在她的裙上
李倕墓出土
陕西考古研究所供图

佩戴于腰部以下被称为"双佩"的垂饰组合。[1] 这些金银珠宝可能来自新开拓或再占领的西南边陲，也可能来自唐朝的朝贡贸易体系。[2] 唐朝不仅通过这些方式将丝绸推广至新建立统治的区域，同样也将珍贵稀有的宝石和贵金属带入贵族阶层的生活时尚中。

　　虽然李倕是皇室血脉之一，但她并未获得公主的头衔，之后又嫁给了一

---

① 纽约大都会艺术博物馆收藏有唐代装饰品，这些饰品可能也被用来制作这些垂饰。见第 20.38.1-20.38.3、20.38.6 号检索。

② 唐代金银器皿和装饰品的规模空前，这是岭南地区和安南藩属国（今广东、广西以及云南）开采金银和粟特工匠迁徙的结果。见 Schafer, *Golden Peaches of Samarkand*, 222–49 (Jewels) and 250–57 (Metals)。关于金银部分内容，参见杨远《唐代的矿产》。

位品级仅为正七品①的官员。其墓中奢华的随葬品反映的应是她贵族出身的内廷妇女地位，而非其丈夫在文官中的序列。按照规定，在腰部以下悬挂饰物是正五品及以上官员的特权，但是在李倕的墓中却发现了悬挂于腰部以下的双佩饰物，这种品级与财产的不一致反映出唐代《禁珠玉锦绣敕》在实际施行中的失败。②李倕墓志铭中最引人注目的一点是其所引发的对服饰礼仪和女性美德的广泛讨论。年仅 25 岁即去世的李倕，墓志铭相对简短。除了其家传、婚姻、在长安的住所以及逝世之事外，我们还可以从中了解到李倕熟练掌握纺织技术，身处罗绮等奢华丝织品中，对于老旧的织料也毫不忌讳。③与纺织物生产及时尚的性别特性相一致，她的美德也表现在其既是丝绸的生产者也是使用者上。④其不避老旧织物的态度（"无忌瀚濯之色"）使人回想起唐玄宗在 714 年颁布的"宫掖之内后妃以下咸服浣濯之衣，永除珠翠之饰"的敕令，虽然金珠头冠暗示了李倕并未严格遵守禁奢令，但是从墓志铭的记载来看，她毫无疑问会被认为是一个崇尚节俭的女人。李倕墓可谓唐代时尚的一个缩影：对时尚性别观念的讨论永久存在于人们的话语中，但这些观念却很少与实际行为相一致。

　　唐玄宗在《禁珠玉锦绣敕》中引用了根（"本"）与枝（"末"）的比喻，

---

① 根据李倕墓志"大唐宣德郎兼直弘文馆侯莫陈故夫人李氏墓志铭并序"，其丈夫的散官是宣德郎，同时在弘文馆工作，品级应是正七品下。——译注

② 墓俑的大小也受规定的限制。代表超自然生物的雕像不能超过一尺（约 30 厘米），而侍从、神职人员和音乐家则被限制在七寸（约 20 厘米）之内。李倕墓出土的墓俑表明，这些规定一直被违反。参见《唐六典》卷二三，第 18b–19a 页。

③ 墓志铭参见中国陕西省考古研究院、德国美因茨罗马 - 日耳曼中央博物馆编著《唐李倕墓——考古发掘、保护修复研究报告》，科学出版社，2018 年 3 月。相同内容可参见李明《砖墓志与金花冠——〈唐李倕墓志〉读后》，第 64–67 页。此句对应的墓志文字是"组紃之功，处罗绮之荣，无忌瀚濯之色"。对于这一句的理解，"组紃"根据《礼记》"执麻枲，治丝茧，织纴组紃，学女事，以共衣服"可以理解为李倕掌握一定的织造技巧。——译注

④ 以最近出土的上官婉儿墓志铭为例，她凭文学之长受武则天的器重，并在之后卷入宫廷阴谋而闻名于世。在其墓志铭中，她的文才是通过"翰墨为机杼，组织成其锦绣"的比喻来歌颂的。全文的英文翻译，见 Rothchild, "Her Influence Great, Her Merit beyond Measure," 131–148。

力图表明国家管理对国家道义经济和财政偿付能力的根本性作用。而将这一行为置于唐代政治经济危机的背景下进行考察，则最早颁行于714年的《禁珠玉锦绣敕》显然是唐中央重振皇权与财政权力行为的一部分。为了恢复中央官署的效率，玄宗在714年到720年进行了一系列旨在强化皇帝与朝廷间密切关系的制度改革。在这一时期，朝廷内部的机关被重组，选官程序进一步完善，行政法规也得到了编纂和整理。到8世纪30年代，地方行政管理的改善、人口的增长，以及稳定的农业生产为唐朝廷带来了前所未有的收入。

然而在财政收入激增的同时，军费开支也在不断攀升。玄宗统治的一大特点是频繁的开拓疆土，这也导致军队的大幅度调整和重组。从710年开始，"节度使"领兵代替了原先的边军"总管"，旨在以此建立起协调的指挥作战体系。到8世纪20年代，唐朝的西北边界区域被划分为9个主要军镇。每个军镇的节度使麾下都有数量和规模可观的官员和军队。他们对一定的边境州县拥有绝对和完全的控制权，对其统领的军队和驻军也有着绝对的指挥权。军镇的支度使则负责管理朝廷所发放的军费，为军队提供粮食和武备。除军费保障外，边军所需开支大部分都依赖地方的军屯，这一部分工作是军队耕作，并由朝廷委任的营田使监管完成。①

边疆军镇的指挥体系逐渐发展，直到737年，一个由财政支持的兵民合一的固定机构建立起来，而原有的民兵体系则被废弃。同年，边军也转变为由雇佣军组成的职业军队（募兵制）。随着职业雇佣军队的出现，国家需要大量的资源来支撑边境的粮食、衣物和军备运输。开元年间，边军的军费开支增加到原来的5倍。玄宗在《禁珠玉锦绣敕》中要求将金银器熔铸以充军费的内容即

063

---

① Twitchett，"Lands under State Cultivation under the T'ang，" 162-203.

为唐朝大规模军事化而导致国家资财耗尽的表征。①

　　钱币供应的持续不足，使得布料成为国家更重要的财产。8 世纪 30 年代，唐玄宗政府在颁行的一系列法令中鼓励将布帛作为优先选择的货币形式。先是在 732 年颁行法令允许使用绫、罗、绢、布和杂物以折庸调，这使它们（上述丝织品）得以在帝国范围内广泛流通。②734 年，政府规定，所有涉及财产、奴隶和马匹的交易都必须（优先选择）用绢、布、绫罗、丝绵等支付。超过一千文的商品交换应以布帛支付。为了支持这一措施，诏令称布帛为本，钱刀（钱币）为末，并谴责使用钱币的行为，宣称"贱本贵末，为弊则深"。③通过使用这个经典的训诫，政府使布帛的货币用途具有了道义。738 年，政府再次采取行动，规定所有市场交易都须选择布帛为货币形式。④

　　边境驻军数量的增长同样导致布料供应需求的扩大，布料不仅被制成军装，也作为货币流通以购买粮食。在 742 年至 755 年，军费开支又增加了 40%—50%。到了 755 年，在籍户数增长至 900 万户，包含了大约 5300 万的人口。⑤税户的大幅增加以及随之而来的收入增长支撑起新型职业军队（募兵制）的运转。杜佑曾对天宝年间的国家财政情况有如下记载："自开元中及于天宝，开拓边境，多立功勋，每岁军用日增其费。"⑥大约有 360 万匹布被用于

---

① 在 720 年至 732 年，玄宗还向契丹人和奚人族群支付了大量丝绸，作为对突厥边防和军事服务的补偿。最高的金额记录是 720 年付给契丹人的 71 万匹丝绸。见 Skaff, *Sui-Tang China and Its Turko- Mongol Neighbors*, 256–258。关于奚人族群的研究，可参见刘迎胜《西北民族史与察合台汉国史研究》，中国国际广播出版社，2012 年。——译注

② 《唐六典》卷三，第 42–46 页。

③ 《全唐文》卷三五《命钱物兼用敕》，第 387 页。亦可用《唐会要》的记载："货物兼通，将以利用。而布帛为本，钱刀是末。贱本贵末，为弊则深。法教之闲，宜有变革，自今已后，所有庄宅、以马交易，并先用绢布绫罗丝绵等其余。市价至一千以上，亦令钱物兼用。违者科罪。"——译注

④ 《唐六典》卷三，第 48 页。

⑤ 与贞观时期（627–649）相比，639 年的总户数为 300 万户，人口约为 1300 万，参见费省《唐代人口地理》，西北大学出版社，1996 年，第 39 页。

⑥ 参见杜佑《通典》卷六《赋税下》，第 111 页。

购买粮食，其余 520 万匹布则被运送至军队用于制作军装。职业军队的出现也使勋赏相应增加。比如，杜佑记录，有额外的 200 万匹布被单独用于军功赏赐。①

以河西军节度使为例，其曾上报的军队消耗有 180 万匹丝麻：其中 100 万匹用于支付士兵的军饷，80 万匹用于购买粮饷。② 在 1900 年初发现的敦煌文书中有一份文件记载了河西豆卢军粮食及布料的总花销（图 2.5）。③ 据该文献记载，截止到 745 年，一共有 2 万匹布料被下旨从凉州转运至豆卢军内。然而，豆卢军却只收到了 14678 匹各种各样的布帛：5600 匹大生绢，550 匹绌，270 匹缦绯，270 匹缦绿，1927 屯十铢大绵④，1700 匹陕郡绌，以及 4361 匹大练。上述布帛同样也出现在 742 年吐鲁番市场的交易记录中，向我们展示了内地所征缴的布帛如何被运往边军用于军服制作以及与当地居民的粮食交易，并由此进入当地的市场被再次售卖（图 2.6）。

由于河北、河南的人口较其他产丝地多，因此唐玄宗政府大多通过向这两道内的诸州征收"庸""调"来满足其所需大部分赋税。⑤ 根据《通典》记载，在玄宗统治后期，度支部处理的 2700 万匹布绢绵中，有 1300 万匹用于支付军功奖赏以及粮食和籴。⑥ 对用于军费供应、贸易以及朝贡回礼布帛需求的急速

① 参见杜佑《通典》卷六《赋税下》，第 111 页。
② "其费綵米粟则三百六十万匹段，朔方、河西各八十万，陇右百万，伊西、北庭八万，安西十二万，河东节度及群牧使各四十万。给衣则五百二十万，朔方百二十万，陇右百五十万，河西百万，伊西北庭四十万，安西五十万，河东节度四十万，群牧二十万。"参见杜佑《通典》卷六《赋税下》，第 111 页。
③ Pelliot chinois no.3348，法国国家图书馆。这份文件记录了每一种丝绸的价格，包括单价和总价。例如：一匹素绢价值 465 文，5600 匹值 2604 贯（一串钱，一贯等于一千钱）；河南的罗纹绸一匹约 620 文，550 匹折合 341 贯；染红绸一匹 550 文，270 匹则有 148 贯 500 文。另见池田温：《中国古代籍帐研究》，中华书局，2007 年，第 463–466 页。
④ 此处"屯"为绵的计量单位，唐制六两为一屯，"铢"为钱的计量单位，本句意思为 1927 屯大绵等价于十铢钱。——译注
⑤ 参见高桥泰郎《唐代织物工业杂考》，第 341–359 页；左藤武敏《唐代绢织物产地》，第 57–87 页。
⑥ 还有部分用于支付官员薪俸以及边远州城的驿递费用。参见杜佑《通典》卷六《赋税下》，第 111 页。"其度支岁计……布绢绵则二千七百余万端屯匹，千三百万入西京，一百万入东京，千三百万诸道兵赐及和籴，并远小州使充官料邮驿等费。"

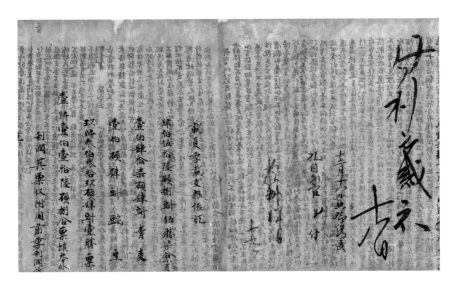

图 2.5　豆卢军纺织品买卖文书（745）

一卷 25 张；高 27.3 厘米，长 808 厘米

藏于法国国家图书馆手稿部，Pelliot chinois no. 3348

图 2.6　《豆卢军防人官给衣服原簿残卷》（天宝年间）

一卷 20 张；高 27.2—28 厘米，长 666.6 厘米。所列的内容有河南道产的绝制成的外袍

藏于法国国家图书馆手稿部，Pelliot chinois no. 3274

增加导致了整个国家布帛生产的扩大。而在军事扩张时期政府对军费供给需求的不断增长又导致布帛在境内更大范围的流通，例如，河南道的绝，是用当地蚕茧纺成的纱线织就，而后作为赋税被州府征收，又被收至中央的度支部，最后支付给河西军。宏观上看，正如禁奢令所揭示的，纺织品流通的加强扩大了纺织技术与时尚体系的影响范围。

女红与素布生产的负担

唐玄宗统治时期军事化的一个主要后果是东北军镇将领的集权，这为之后的安史之乱埋下了伏笔。在 755 年冬，安禄山攻入东都洛阳，唐王朝由此陷入长达 8 年的混乱状态。虽然安禄山于 757 年被刺身亡，两都（长安与洛阳）也被收复，但反叛余波仍持续了 6 年之久。当 763 年叛乱终于走向尾声时，唐朝经济结构的崩溃，再加上人口的大量迁徙以及河南道与河北道的割据自立，已经完全改变了国家的地理格局。自 8 世纪末到 10 世纪初，叛乱之后的军事化、边境不稳定形势，以及行政低效能持续影响和塑造着国家经济政策。时尚系统同样也受到叛乱的影响。布帛核心产地河北道与河南道的割据，使朝廷失去了对该区域的绝对控制力，导致生产地转移至长江以南地区。而布料生产集中于更少的州县则加重了织工们的负担，对"女红"的讨论也增加了。

在安史之乱之后，朝廷没能成功重建大唐的权威。国家蓄积的大部分布帛在叛乱中被毁坏。地方分权阻止了唐朝重现往日辉煌的一再尝试，同时也使得大范围的结构变化在根本上改变了国家的社会和经济领域。在叛乱后的年代里，军事化持续进行，军事将领们控制了战略地区，拥有超越地方政府的权力。地方割据自立促使政府放弃通行的行政管理模式，包括（对应区域内）规范户口登记、土地、税收、赋役、文官及武官（任免）的全部法令。

为了适应这些改变，朝廷不得不接受财政管理方面的变化。由于河北道与部分河南道地区的割据自立，国家已不能从这两个主要丝绸产区征收赋税。[1]大规模的人口迁徙，尤其是南迁江淮的人群，使得国家最后废除了均田制。由于无法限制土地兼并，国家不得不接受普遍的土地私有化。人口大量流入江南，使得江淮诸道成为国家的主要税源地。财政结构的崩解促使国家采取新的征税方式，最终导致征收专营税的盐铁使（制度）被确立起来。虽然被称作"盐铁使"，但其所征赋税仅限于食盐，名称中的"铁"并非实指而是遵照汉朝的先例。[2]

如此社会经济背景之下，布帛，例如绢之类，作为主要的货币形式，在国家财政管理和整体经济中起着甚为关键的作用。朝廷面对多重危机，先是安史之乱期间庸布蓄积的丧失，绢帛主要产地河北道和河南道的割据自立，随后是直接税收系统的崩溃，这些状况促使朝廷努力保障布料基础生产以及稳定其价值。自760年起，朝廷的布料储量在与回纥（后改名回鹘）的绢马贸易中被进一步耗尽。回纥想以1匹马换取40匹绢，且动辄以万匹马与唐廷交换，但处于叛乱后期的唐朝廷并不愿与其全部交换。[3]再加上此间国家本身的税收困难，绢马贸易加剧了朝廷对布料基础生产的依赖，进一步巩固了丝织业在国民经济中的基础性作用。[4]然而，奢华丝绸如绫锦或纱罗的织造会将宝贵的劳动力资源从生产（赋税）庸布中转移出来，这给正在试图继续按照传统农业社会的理

---

[1] Twitchett, "Merchant, Trade, and Government in Late T'ang," 75-76.

[2] 盐铁专营税的征收最早始于汉武帝。

[3] 参见《旧唐书》卷一九五，第5207页。另见 Beckwith, "The Impact of the Horse and Silk Trade on the Economies of T'ang China and the Uighur Empire," 187；Mackerras, "Sino-Uighur diplomatic and trade contacts (744 to 840)," 215-240。

[4] 809年，在唐宪宗的授意下，白居易给回鹘可汗写了一封信，抱怨双方最近进行的一次绢马贸易：唐用50万匹平纹绸换取了回鹘2万匹马。白居易在信中说，政府已经为6500匹马支付了25万匹丝绸（每匹马约为38.5匹），因此无法再支付剩余的25万匹。见 Mackerras, "Sino-Uighur diplomatic and trade contacts (744 to 840)," 219；《全唐文》卷六六五，第6759–6760页。

想控制经济的朝廷带来了重大问题。771年，唐代宗（762—779年在位）发布了一道敕令，禁止绸布上织有华丽珍奇的图案：

> 纂组文秀，正害女红。今师旅未息，黎元空虚，岂可使淫巧之风，有亏常制。其绫锦花文所织盘龙、对凤、麒麟、狮子、天马、辟邪、孔雀、仙鹤、芝草、万字、双胜、透背，及大䙡绵、竭凿、六破已上，并宜禁断。其长行高丽白锦，大小花绫锦，任依旧例织造。有司明行晓谕。①

与敕令中依旧允许生产的"大小花绫锦"不同，上文所述被禁止的图案清单，极其详尽地记载了被认为影响"女红"和"有亏常制"的例子。对比来看，与唐玄宗时禁止的纹饰种类相比，这份由唐代宗颁布的绣织纹样的禁令清单，其范围之广同样引人注目，它显示出50年来丝绸技术的创新。当8世纪早期的禁奢令还在关注锦缎的生产时，771年的禁奢令已经聚焦在更为精细的绫，它是当时流行的编织式样。查看地方土贡的记录，会发现细绫一再出现，这表明具备机械轴的复杂织机已经从官营作坊传播普及至私营作坊。②颇具讽刺意味的是，在政府促进用于税收、贡品以及货币的布料生产的推动下产生的技术创新，竟然促进了时尚体系的发展。与政治体制类似，时尚界也是以纺织品为基础的。在安史之乱后的时代，政治与时尚对于丝绸生产相互竞争的需求使得二者间的关系持续紧张，并且这种紧张不断加剧。

整体而言，唐代宗的诏书与玄宗714年的禁奢令相似，他再次重申了对奢

068

---

① 《旧唐书》卷一一，第298页。另见《全唐文》卷四七，第518页；《唐大诏令集》卷一〇九，第566页；《册府元龟》卷六四，第717页。

② 机轴通过机械方式提升经线以形成图案，减少了生产复杂织物的劳动时间。见盛余韵，"Determining the Value of Textiles，" 184-188。

侈行为的经典批判，认为这是对国家布料资源的浪费。刺绣是一项极其耗时的劳动，对它的批判表明朝廷禁止奢侈浪费的行为与人们对将生产性劳动力用于奢侈品丝绸上的担忧相关。[1] 然而，代宗诏令中最大的一个不同在于，其将刺绣丝绸与传统的性别化装饰分离开来。女红，或者说女性的工作，被定义为织造素布，已经超脱了作为基本职业的农业。通过强调复杂图案编织所带来的不良影响以作为禁奢令的理由，代宗希望能使生产力和原材料向素布织造转移。[2] 著名唐代诗人白居易和元稹描写女织工的诗词（详见第五章）反映出政府需要生产素布以支付军费以及与回纥的绢马贸易，这同样也是对女性生产力的损害。继代宗 771 年颁布法令后，针对奢侈丝绸生产的法规也随之减少。在其继任者唐德宗（779—805 年在位）的领导下，朝廷把精力主要集中在财政制度的整顿上。

货币、市场和流动性

安史之乱后，朝廷的官员们认为安禄山叛乱给国家的社会结构和道德体系造成了巨大的创伤。这种紧迫感源于国家财政管理的巨大变化，将经济与社会由"本"（农业）转向了"末"（商业）。该变化在两个方面表现得最为明显：其一，一年两次的税收制度（两税法）建立；其二，本地和长途市场贸易的持续发展。随着中央政府影响力的减弱，地方长官的自治权越来越大，他们在商人的帮助下

---

[1] 目前尚未有数据记载唐代织工生产普通和复杂织布所花费的时间。在宋代，一个在润州（今江苏镇江）官营工坊里工作的织工生产 1 匹罗布大约需要花费 12 天的时间。参见盛余韵，"Textile Use, Technology, and Change in Rural Textile Production in Song China (960–1279)," 61。另一个对织布熟练工生产力的估计可见于公元前 7 世纪的《算经十书》，这本书于 656 年由李淳风（602–670）呈献给皇帝。其中，成书于公元 5 世纪的《张丘建算经》记载，一个好的织工一个月能织出九匹三丈平纹绢。参见赵丰编著《唐代丝绸与丝绸之路》，三秦出版社，1992 年，第 19 页；甄鸾撰，李淳风注《张丘建算经》，中华书局，1985 年，第 201—240 页。

[2] Twichett 认为，代宗 771 年颁布法令是由于叛乱后的政府无法调控丝绸价格以及维持丝绸作为货币媒介的稳定价值。他声称："正是丝布的货币功能，才使得政府不断努力保证布料的标准尺寸、编织方法和质量以便征收赋税。"Twitchett, "Provincial Autonomy and Central Finance in Late T'ang," 228，cf.62.

加强了对当地的财政管理。在唐朝统治的最后一个世纪，各道的治所所在城市繁荣起来，吸引了大大小小的商人、工匠和无地的劳动者。这些群体的财产与劳动力不断投入，特别是在丝绸业和其他手工艺领域的投入，大力推动了商业的发展。

原有的旧税制（租庸调制）维持困难，农业发展不尽如人意，以耕地养家糊口难以为继，每户家庭都获得了更大的自主权，可将劳动力转移到其他行业。由于缺少对安史之乱前应纳税人口数量的统计，加之租庸调税制所必需的行政体系问题无法解决，国家开始对土地和财产征税。唐代宗大历时期（766—779），登记户数降至130万户，应税户约占该数量的60%，而这仅占755年所估计的应税户总数的一小部分。① 从760年到780年，国家只能通过征收土地税和各种附加税，以及对用谷物或钱支付的盐采取垄断来增加收入。地方长官们也巧立名目，征收未经批准的各种杂税，以达到增加税收的目的。② 这一时期，通过盐铁使征收的间接税构成了朝廷积累的大部分收入。与叛乱发生前相比，财政收入严重减少，国家不得不重新考虑其与商业的关系，并采取了一系列措施，依靠代理商贾维持朝廷粮食和布料的供应。

780年，唐德宗最终废除了租庸调制以及代宗时期颁布的临时附加税，采用一年两征的新赋税制度，包括以粮食支付地税和以钱币支付户税。③ 新税制在夏季、秋季分两次征收，这标志着国家财政和地方权力的重要转变。根据对纳税人的财产规模和生产能力的评估，这两项税收归属于州县指标，并由地方

---

① 根据杜佑的估计，到大历统治中期，仅有130万户登记在册的家庭。《通典》卷七，第157页。另见池田温，"T'ang Household Registers and Related Documents，" 121–150. 。

② 附加税包括青苗钱、地头钱、户税。Twitchett, *Financial Administration*, 37-39.

③ 《旧唐书》卷一八，第3420–3422页；《唐会要》卷八三，第1819–1820页；《册府元龟》卷四八八，第2568–2569页。关于"赦宥"（780），见《册府元龟》卷八九，第466页；卷四八八，第2568页；《旧唐书》卷十二，第324页；《唐会要》卷七八，第1679–1680页；卷八三，第1818–1819页；780年记载的法令，《册府元龟》卷一六二，第353页；《唐大诏令》卷一〇四，第488页；Twitchett, *Financial Administration*, 24–48。

政府负责。采用定额税制，各地长官负责向都城输送固定数额的资金，但其很大程度上可以自由处置来自各州的大部分收入。不同区域的赋税额度的分配差异很大，"天下贡赋根本既出江淮，时江淮人甚困，而聚敛不息"。①

作为将税收置于中央直接控制之下的方法，两税法给普通纳税人带来了难以忍受的苦难。究其原因，首先应注意参照标准的设定问题。780年根据货币条款对税收额度的初步评估，是在高度通货膨胀时期完成的，而预期税收也会以商品的形式支付，比如布帛，被固定在同样的虚高价格上。但是，从785年开始国家经济经历了长期的通货紧缩，商品的市场价格逐步下降，这种情况一直持续到821年朝廷决定重新评估商品税率和税收额度。②那么，在785—821年商品价格的下降意味着要达到此前固定的税额就必须征收更多的商品，换言之，就是要用通货紧缩时期价格变低的布帛来完成通货膨胀时期设立的税收额度。由于流通中的铜钱短缺而且铜资源有限，国家无力控制商品价格的波动。794年，陆贽（754—805）向唐德宗上疏《均节赋税恤百姓六条》，反对两税法。奏疏中称，据估计，自780年开征以来，每年用丝绸支付的税额已然翻了一番。③面对通货紧缩的危机与铜资源的短缺，政府恢复了唐玄宗时期的政策，提倡使用丝绸作为辅助性货币，并与铜币结合（钱布两用），大量用于支付。④

陆贽认为，两税法打破了国家传统的经济原则。与旧税制（租庸调制）不同的是，新税制（两税法）以财产为基础，而不是以丁身（成年男性）或农民

070

---

① 《册府元龟》卷一六九，第895页。

② 《唐会要》卷八四，第1830–1833页；《册府元龟》卷五〇一，第2644–2645页。

③ 陆贽陈述道："往者纳绢一匹，当钱三千二百三百文，今者纳绢一匹，当钱一千五百六百文，往输其一者，今过于二矣。"参见陆贽奏疏《均节赋税恤百姓六条》，《陆宣公集》卷三，第22页。

④ 804年、811年和830年分别颁布的三条新法令。Twitchett, *Financial Administration*, 46-47; 另见其 "Provincial Autonomy and Central Finance in Late T'ang," 228-230。

为基础。他认为，简单地将不同类型的财产转换成统一的现金税率，只会导致实际税收的严重不平等。该制度使那些从事商业的人获利，使流民摆脱了赋税的负担，而拥有固定住房的农民却为满足日益提高的税收额而辛勤劳作。[1] 鉴于对农业生产者的特殊需求，陆贽的奏疏表达了秉持儒家思想的政治家长期以来的担忧，即"本业"（农业）将逐渐被其他形式的生计所取代。

到了 8 世纪 80 年代前后，许多官员已经开始"与民争利"，他们把自己的财富投入各种商业、手工艺活动。到代宗统治的末年，扬州出现了大量的官办"肆"（商铺）与"邸"（货栈）[2]。朝廷对此的反应是禁止这些官办商业组织，但并未成功。[3] 禁军队伍中也有违背坊市制度之人，在都城主要街道开设店铺。[4]

9 世纪，唐朝社会和经济状况的特点是：城镇市场的激增与城市地区人口的集中。人口迁移到各地，特别是南方地区，推动了当地经济的发展，并使茶叶、水稻和大麦的生产范围扩大。[5] 地方财政获得朝廷赋予的部分经济自由，收入得以投入当地，促进了区域贸易和手工业的蓬勃发展。与吐蕃的冲突中断了部分区域的贸易路线，进而改变了商人的来源构成。唐初，大商贾或者本地店主，以粟特、波斯以及后来的回纥商人为主。西北边疆的政治冲突导致异域商贾在唐朝境内商业中的影响力下降，而当地的商业资本有所发展。[6] 经济和政治结构的巨大变化使地方商业精英得以崛起，他们日益受到朝廷倚重，扮演着不可或缺的角色。这种情况引起了士大夫们的愤慨。

---

[1] 陆贽坚持认为，在两税法下，"由是务轻费而乐转徙者，恒脱于徭税，敦本业而树居产者，每困于征求。此乃诱之为奸，驱之避役，力用不得不弛，风俗不得不讹，阊井不得不残，赋入不得不阙"。《陆宣公集》卷三，第 22 页。

[2] 唐代的"邸"（邸店）一般具有存货、交易和居住的作用。——译注

[3] 参见《册府元龟》卷五〇四，第 2665 页；《唐会要》卷八六，第 1874 页。

[4] Twitchett，"Merchant, Trade and Government in Late T'ang，" 94.

[5] 参见黄正建《中晚唐代社会与政治研究》，第 268–335 页。

[6] Twitchett ed.，*The Cambridge History of China*，3:28–31.

商业在唐末的繁荣，在一定程度上得益于封闭市场的逐渐开放。①7—8世纪，除西京长安、东都洛阳的官方市场外，边境多地也建立了大大小小的市场，与周边各族群商人进行互市。府州及其下辖区域，草市与官方市场并存，但这并不意味着地方市场可随意设置，朝廷对此有明确的规定和禁令。②从8世纪开始，城墙和渡口之外的农村市场在多地出现。③以安史之乱平定后担任杭州司户参军的李华（715—766）为例，任职期间他记录下城市中"万商所聚，百货所殖"之景象。④杭州位于京杭大运河的南端终点，在安史之乱后成为繁荣的商业中心。随着商业活动的增多，城镇市场和农村市场成为必要的贸易场所，而商业发展所需的贸易场所数量，远超于国家所准之数。8世纪末到9世纪，这些市场在唐朝全境大量涌现，尤其是在江南地区。⑤

到9世纪中叶，官方市场体系已不复存在，但它仍具有法律效力，直至唐末。851年，朝廷通过系列措施试图恢复官府对贸易的控制，包括强制执行旧的官方市场法律，以及禁止在人口少于3000户的县内设立市场——作为重要的信息交流枢纽并拥有完善市场设施之地可特别设置。⑥两年后，朝廷放弃了这些规定，并不再试图恢复过去受管制的市场体系。⑦随着国家限

---

① Twitchett 强调，封建市场体系的崩溃"在中国财政制度和经济理论史上也具有重要意义。政府放弃了对价格和市场的严格与直接的控制，这与放宽政策不约而同。在8世纪末和9世纪，重农学派的极端理论导致政府对工商业采取普遍压制和敌对的态度"。Twitchett, "The T'ang Market System," 205.

② 707年，中央政府禁止在地区和各州以外的地方建立市场。参见《唐会要》卷八六，第1874页。"景龙元年十一月敕，诸非州县之所，不得置市。"包伟民认为，707年的法令旨在控制市场官员的数量，而不是市场的数量，他的进一步观点是唐朝没有严格控制市场。参见包伟民《唐代市制再议》，第179–189页。

③ 参见武建国《唐代市场管理制度研究》，第72–79页；加藤繁《唐宋时代的草市及其发展》，第310–336页。

④ 摘自李华《杭州刺史厅壁记》，765年。《文苑英华》卷800，第4233页。

⑤ Twitchett 认为，"草市"一词仅在北部和中部使用，而"圩市"一词在南方使用更为普遍。Twitchett, "The T'ang Market System," 234.

⑥ "宣宗大中五年八月敕，中县户满三千以上，置市令一人、史二人，不满三千户以上者，并不得置市官。若要路须置，旧来交易繁者，听依三千户法置，仍申省，诸县在州郭下，并置市官。"见《册府元龟》卷五〇四，第2665页。

⑦ Twitchett, "The T'ang Market System," 232-233.

制性市场体系的瓦解，旨在维持商人低下社会地位的律令与政策也趋于放宽，包括禁止奢靡的规定，比如对人们衣着、房屋和交通工具的限制。实际上，8世纪中叶前后，朝廷对商业贸易和商人的态度已经发生了转变，在唐晚期，比起保持对商业的直接控制，朝廷更倾向于将其作为一种收入来源并加以利用。

755年以前，国家直接从商人手中获得的税收很少，因为无土地的商人只被要求提供徭役和色役。在安史之乱期间，朝廷实施了一系列紧急措施，其中有专门针对商人和工匠的部分，旨在实现利益最大化。淮河、长江流域的大家族和富商被勒令向政府缴纳财产税。到了769年，一种新形式的土地税开始实行，目的在于将商人、工匠群体纳入直接税之中。[1] 朝廷也开始对商业征税，并参与生产和垄断销售重要商品，如盐、酒、茶。唐朝统治阶层对商人的看法和管理策略经历了动态变化的过程。唐德宗时期的官员们已经建议从商人处收钱，"货利所聚，皆在富商，请括富商钱，出万缗者，借其余以供军。计天下不过借一二千商，则数年之用足矣"。[2] 此后，在唐朝剩余的时间里，政府依靠"括商""借商"或向商人贷款（"贷商"）等途径以渡过危机。

越来越多的大小商人开始占据城市和繁荣的诸道，通过参与丝绸业，他们在时尚体系中发挥了关键作用。此处所定义的"大""小"商人，"小"是指主要从事小商品生产的商人，包括个体手工业者和小作坊主，以及弃农从商的农民；"大"则是指参与生产和销售生活必需品与奢侈品的商人，他们涉及的商品包括粮食、丝绸、茶叶和贵金属等。一部分富商会提供高利贷，经营典当行，

---

① 率贷是一种杂税，对富商富户的财产征收20%的税。《旧唐书》卷四八，第2087页："肃宗建号于灵武，后用云间郑叔清为御史，于江淮间豪族富商率贷及卖官爵，以裨国用。"《通典》卷一一，第250页："豪商富户，皆籍其家资，所有财货资产，或五分纳一，谓之'率贷'，所收巨万计。"《新唐书》卷六，第175页："三月，遣御史税商钱。"另见张泽咸《唐代工商业》，第405–406页。
② 《资治通鉴》卷二二七，第7325–7326页。

在货币危机时期通过货币投机活动寻求利润。^①

关于商人们如何处置所积累的资金，《太平广记》、宋人笔记和唐传奇中皆有记载。如唐德宗时期的商人窦乂，他把自己的资金投入"窦家店"，用积累的财富转售商品，以实现利润最大化。^②而有些商人则把他们的金钱囤积起来，或浪费在奢侈品上，比如开元年间的商人杨崇义就将其财富挥霍于享受，"长安城中有豪民杨崇义者，家富数世，服玩之属，僭于王公"；^③相似的例子，还有天宝年间的富商王元宝，他"务于华侈，器玩服用，僭于王公"。^④商人资本的其他去向，还包括放高利贷（外来和当地的商人皆涉足高利贷）和购买土地。

最终，少数商人选择投资手工业生产，特别是丝绸织造。河北定州的富商何明远有 500 台织绫机。^⑤他应该会雇用大量工人来操作这些织机。^⑥在 8 世纪中叶以前，工匠主要作为短期劳工受雇于官营作坊。773 年，随着唐代宗纳资代役政策的实施，缴纳一定量的货币可以代替服役，受雇于私人手工业的工人数量激增，其劳动受朝廷的控制减弱。^⑦私人资产对丝织品作坊的投资，促进了唐后期丝绸业的发展。越来越多的雇佣工人的参与，进一步提高了私人作坊的数量与生产力。这些私人作坊为商业市场生产出多种多样的产品。

到 9 世纪中叶，唐王朝的社会面貌发生了翻天覆地的变化。江南地区"非官方"精英的人数不断增长，该群体主要由商人、地主和参与区域生产的家庭

① 参见张泽咸《唐代工商业》，第 409–417 页。另见薛平拴《论隋唐长安商人》，第 69–75 页。

② 《太平广记》卷二四三，第 1875–1879 页。另见宁欣《论唐代长安另类商人与市场发育——以〈窦乂传〉为中心》，第 71–78 页。

③ 王仁裕：《开元天宝遗事》卷上，《鹦鹉告事》篇，第 17 页，有对杨崇义的描述。

④ 王仁裕：《开元天宝遗事》卷下，《床畔香童》篇，第 37 页，有对王元宝的描述。

⑤ "唐定州何明远大富，主官中三驿。每于驿边起店停商，专以袭胡为业，资财巨万。家有绫机五百张。远年老，或不从戎，即家贫破。及如故，即复盛。"见《太平广记》卷二四三，第 1875 页。

⑥ 张泽咸：《唐代工商业》第 105、208 页。另见杜文玉《论唐代雇佣劳动》，第 40–45 页。

⑦ "八年正月，诏诸色丁匠，如有情愿纳赀课代役者，每月每人任纳钱二千文。"《册府元龟》卷四八七，第 2568 页。另见薛平拴《论隋唐长安商人》，第 69 页。

组成。这是非传统精英阶层在社会和经济层面具有流动性的有力证据。①富商也教育子孙为科举考试做准备，从而踏上追求精英特权之路。朝廷收入一定程度上需要商业资本支持，这有助于放宽对商人子弟教育与科举考试的限制。②安史之乱后，士人群体仍然对商业贸易持批评态度，并通过诗词表达他们对掠夺成性的商人的不满。实际上，士人群体对商业贸易挥之不去的保守态度并不奇怪，因为商业的发展缩小了富商与他们之间的社会差距，这无疑使传统的精英人群感到危机。

最后一幕：禁止新样

唐德宗于 791 年颁布的有关官员服饰修正的敕令是 8 世纪最后的禁奢令。德宗为节度使和观察使规定了新的服饰纹样，并且要求所有上朝官员都须穿戴本色绫袍与金玉带。③这个禁奢令的发布，标志着唐代禁奢实践的最后转变。与之前的禁令不同，此时恰当地展示国家所认可的地位重新成为皇帝关注的焦点。贞元初年（785—805），杜佑曾上奏皇帝，希望皇帝能将"营缮归之将作，木炭归之司农，染练归之少府"，④意在改变当时机构、官员职权混乱的状况，整顿朝纲，恢复秩序，其中提到的"染练"就与布帛相关。但德宗并未将注意力集中在官营丝织物生产上，而是颁布新的官员着装规范，试图通

---

① Nicolas Tackett 的研究表明，在晚唐地方社会，积累地产和商业财富相当于获得官职。他还指出，在河北南部、长江下游和永济渠及京杭大运河的沿线城镇，由于政府与军事力量的减弱，个人可以积累大量财富。与督查和边境地区相比，在这些地区，很少有府州代表能够强行获取当地资源并为己所用。Tackett，"Great Clansmen, Bureaucrats, and Local Magnates，"113–114.

② 韩愈在 803 年撰文，称科举考试和国子监的学生都是富商和工匠的儿子。引自 Twitchett，"Merchant, Trade and Government in Late T'ang，"92–93.

③ 《旧唐书》卷一三《德宗下》，第 370、372 页。《唐会要》中，此条法令可追溯到贞元三年（787），"贞元三年三月，初赐节度使等新制时服。上曰：'顷来赐衣，文采不常，非制也。朕今思之，节度使文，以鹖衔绶带，取其武毅，以靖封内。观察使以雁衔仪委，取其行列有序，冀人人有威仪也。'七年十一月九日，令常参官服衣绫袍、金玉带。至八年十一月三日，赐文武常参官大绫袍"。参见《唐会要》卷三二，第 582 页。

④ 《唐会要》卷五九，第 1016 页。

过行使皇帝规定官员服饰的权力来维护自己的最高权威。然而，直到其统治末期，大部分官僚机构还是没能恢复正常运转，德宗对官员着装行为的管理也宣告失败。

下一位对禁奢保持极大关注的皇帝是唐文宗（826—840 年在位）。他在即位后不久，就颁布敕令，要求官员的衣着、车辆和饰物必须与其官阶相符合，以此劝诫官员节俭行事，如此才能维护其被国家认可的精英地位。[1]829 年，文宗颁布了一条反对"新样"的敕令。他宣布："四方不得以新样织成非常之物为献，机杼织丽若花丝布缭绫之类，并宜禁断。敕到一月，机杼一切焚弃。"[2] 令文中的缭绫是唐代典型的复杂且耗时的华丽丝织品。唐文宗并非首位禁止奢华丝绸的织造、流通以及使用并采取强制措施的皇帝，但他却是将"新样"（新样式）单独列出作为法令禁止对象的第一人。与代宗的禁奢令相比，文宗只针对"新样"。而这个比较模糊的术语凸显出中央对地方丝绸生产控制的丧失。

文宗对新样的打击表明，他的朝廷不仅未能有效控制丝织作坊，还失去了作为时尚权威的特权地位。对新样的模糊分类指向了一个显而易见的事实，即朝廷已不再能跟上最新的设计与式样。产生新样的驱动力可能来自织工群体，他们随叛乱迁移到地方纺织作坊工作，在那里他们得以采用新方式、新技术来"以新样织成非常之物"。文宗禁令中对销毁织机的要求凸显出纺织技术、创新与需求间不可分割的关系。丝织业扩大化的工艺基础设施支撑并推动了人们对展现美以及新风格的渴求。

朝廷对权力及时尚的控制力日趋衰弱，面对如此惨淡局面，唐文宗并未停止行动，他于 832 年命右仆射王涯（卒于 835 年）修订了舆服制度。其目的在

---

① 这一敕令开篇即提到其实施背景："衣服车乘，器用宫室，侈俭之制，近日颇差。"参见《全唐文》卷七〇，第 323 页。另见《唐会要》卷三一，第 573 页。
② 《旧唐书》卷一七，第 545 页。

于重建严格的禁奢制度，类似于开国皇帝唐高祖所创设的一整套规定。① 在详览现有规定后，王涯向文宗递交了一份关于改革的建议。② 王涯的奏文第一部分是官员常服，其后分别为命妇、部曲、客女、奴婢等所穿衣物、袍袄、衫布、妆梳及鞋履。以官阶定服装及饰品类型和颜色的规定再次得以实施：亲王及三品以上官员穿紫色，佩戴玉饰；四品至五品官员穿红色，佩戴金饰；六品至七品官员穿绿色，佩戴银饰；八品至九品官员穿青色，佩戴铜饰；③ 流外官和平民则只能穿黄色，佩戴铜铁类饰物。④

　　时至 9 世纪上半叶，华丽服饰惊人的比例使得唐文宗批准了王涯所递交的关于规定袍袄、裙子和袖子长度的奏文。男子的长袍下摆垂坠至地，不得超过 6 厘米，袖宽不得超过 39 厘米。⑤ 妇女裙摆不得超过五幅（周长约 2.65 米），裙子拖曳于地面的长度被限制在 10 厘米以内，袖宽也只能在 50 厘米左右。⑥ 该奏文还试图限制流行装扮，如高髻、险妆、去眉和开额，以及因虚荣而产生的浪费性开支。其中有一项改革内容是禁止新产品的制造，目的在于限制吴越地区所产的高头草履（鞋子的类型）。⑦ 据说"织如绫縠"的吴越高头草履，是 9 世纪的创新（前朝并未有见）。由于制作这些鞋履"费时害功""颇为奢巧"，王涯提议立即禁止其生产。

---

① 参见《旧唐书》卷一七，第 546 页；《全唐文》卷四四八，第 4579–4581 页。

② 参见《册府元龟》卷六一，第 299 页；《全唐文》卷七二，第 757 页；《全唐文》卷四四八，第 4579–4581 页；《唐会要》卷三一，第 668–672 页。

③ 原文为"亲王及三品已上，若二王后，服色用紫，饰以玉。五品已上，服色用朱，饰以金。七品已上，服色用绿，饰以银。九品已上，服色用青，饰以鍮石。"参见《唐会要》卷三一，第 668 页。

④ 原文为"流外官及庶人服色用黄，饰以铜铁。"参见《唐会要》卷三一，第 669 页。

⑤ 原文为"又袍袄衫等曳地不得长二寸已上，衣袖不得广一尺三寸已上。"参见《唐会要》卷三一，第 669 页。

⑥ 原文为"妇人制裙，不得阔五幅已上。裙条曳地不得长三寸已上，襦袖不得广一尺五寸已上。"参见《唐会要》卷三一，第 669 页。相关数据参考自孙机。他的估算来自《旧唐书·食货志》中所载一匹布的尺寸。孙机还曾提到阔及七幅和八幅的裙子，周长分别达 3.71 米和 4.24 米。参见孙机《唐代妇女的服装与化妆》，《中国古舆服论丛》，第 226 页。

⑦ 参见《全唐文》卷四四八，第 2028 页。

王涯的奏文只是用符合 9 世纪服装潮流的建议，重新表述了礼部所规定的理想化服装制度。由于百姓对此怨声载道，王涯所提出的舆服制度未能得到执行。① 然而，文宗仍然决定继续他的监管计划。839 年的元宵节之夜，延安公主入宫，与文宗、三宫太后和众公主们一起在威泰殿观灯作乐。按照 9 世纪盛行的风格——宽大的袖子以及曳地长裙，延安公主衣裾宽大，整个人如同淹没在丝绸织成的波浪之中。文宗被公主的奢华服饰所激怒，当即将其斥归。延安公主被赶回了家，驸马窦澣也因此被罚俸两个月。② 同年，淮南观察使李德裕也上奏皇帝，要求限制妇女服饰的长度和宽度。③ 尽管皇帝批准了这项请求，但并没有证据表明有相关措施得到执行。④ 与之前的唐玄宗和唐代宗一样，文宗也努力管理着大量布帛，它们作为金钱、礼物和时尚物品在王朝境内流通。

小 结

唐代的精英们利用各种各样的材料来装饰身体，让人们观看、审视和铭记：以丝绸做衣，用纸记录书信和手稿，凿石刻墓志。⑤ 其中，最为吸引禁奢制度设计者关注的就是个人对奢华丝织物的占有与展示。布帛作为一种无处不在的价值储存手段，在社会、经济和文学交流中都扮演着核心角色。逐个分析其角色和功能，作为中国古代的一种货币，丝绸和麻布是处理大大小小交易的主要支付方式之一；作为礼物，它既协调了统治者之间的外交关系，还维持了皇帝

---

① 参见《新唐书》卷二四，第 532 页。

② 文宗下诏："公主入参，衣服逾制，从夫之义，过有所归。澣宜夺两月俸钱。"参见《旧唐书》卷一七，第 567 页。

③ "开成四年二月，淮南观察使李德裕奏：'臣管内妇人，衣袖献阔四尺，今令阔一尺五寸。裙先曳地四五寸，今令减五寸。'从之。"参见《唐会要》卷三一，第 673 页。

④ 黄正建认为，唐文宗所实行的车服制度显示出晚唐社会结构的变化，即从贵族社会逐渐演变为官僚社会。唐文宗 832 年的改革是其欲以规范服制来恢复君臣间纵向关系的最后尝试。参见黄正建《王涯奏文与唐后期车服制度的变化》，第 297–327 页；《中晚唐社会与政治研究》，第 370–411 页。

⑤ 参见 Ditter, "The Commerce of Commemoration," 21-46；Ditter, "Civil Examinations and Cover Letters in the Mid-Tang," 642-674；Nugent, *Manifest in Words, Written on Paper*; Shi Jie, "My Tomb Will Be Opened in Eight Hundred Years," 217-257.

与臣民之间的朝贡关系，并巩固了朋友之间的情感纽带；作为服饰，丝织物传递出穿戴者的社会地位；作为一种隐喻，丝绸象征着王朝的奢靡。更重要的是，丝绸或者更广泛的——布料，被用于实现社会角色、性别关系和政治等级制度。因此，这种宝贵的资源（和隐喻）受到朝廷的严格控制。

　　然而，限奢制度旨在限制所有的主体沉醉于审美游戏的乐趣，包括最高统治者皇帝本人。一方面朝廷倡导禁奢，另一方面唐代的皇帝们在建造宫殿时表现出的挥霍无度，对举行盛大宴会、观看舞马表演的热衷，特别是面对极致奢华丝织品时无法掩饰的渴望，都削弱了大众对节俭和礼仪之风的认同。以唐敬宗为例，在他短暂的统治时期（824—826），曾下令官员监督越州（今属浙江）的作坊织造"可幅盘绦缭绫一千匹"。敬宗的诏令显然是他作为皇帝特权的行使。[1] 这件事的后续如何？敬宗是否立刻得到了美丽的缭绫？接到命令的浙西观察使李德裕当即恳请皇帝收回成命，并强调此举过于奢靡："况玄鹅天马，椆豹盘绦，文彩珍奇，只合圣躬自服。今所织千匹，费用至多，在臣愚诚，亦所未谕。"[2] 李德裕在最后乞求皇帝考虑天下民生，如果能取消千匹缭绫的命令就可以"海隅苍生，无不受赐"，即老百姓都能从皇帝的节俭中获益。这个事件反映出，无论是皇帝还是他的臣民，在参与审美游戏、追逐时尚的过程中，都无法抗拒华丽丝绸的诱惑。

076

---

[1] Dagmar Schäfer 曾对明朝宫廷与手工艺品生产的关系提出了类似的论点："在明朝时期，皇帝和士大夫对自己拥有丝绸的权利和对丝绸的了解充满信心。当他们把先辈的服饰符号与风格作为社会地位和政治权力的象征时，他们感到与文化传统保持了一致。明朝统治者依靠他们的权力对南方省份的手工生产施加压力。" Schäfer, "Silken Strands: Making Technology Work in China," 50.
[2] 《旧唐书》卷一七四，第 4513–4514 页；《新唐书》卷一八〇，第 5329 页。

第二部分

表象：吉光片羽

第三章

风 格

形塑唐美人

和其他地方一样，在中国，时尚也以着装风格的变化为标志。1913年，《纽约时报》上发表了一篇题为《中国的时尚也在发生变化》的文章，作者宣称，新的时尚风格"像凤凰一样，伴随着星光闪烁，正在中国兴起"。[①] 其配图是穿着传统服饰的女性与穿着"新式""最新款"服装——短外套，高领衣，棉手套，以及各种深浅颜色、宽裙摆的裙子的女性的对比。行文中，作者将时尚精神定义为西洋装扮与观念对上海女性服饰欲望的深刻影响，并指出："在中国，有时尚，有令人眼花缭乱的橱窗，满载着女装的新观念，及时地告别了停留在'昨日'的旧裳。如此种种向中国女性展示着非凡的吸引力，正如让西方女性心心念念而又转瞬即逝的时尚。"作者由此概括出塑造时尚史的长期假设：无论在哪儿，当昨天的衣服看起来和今日不同时，我们就知道时尚发生了。到了20世纪，人们将时尚理解为对服饰风格变化的偏爱，这种源于西方的观点，已经成为强有力的普遍真理。

---

① "The Fashions Change in China Just as They Do Here," *New York Times*, Aug. 3, 1913, SM9.

长久以来，欧洲人一直认为中国缺乏时尚。18世纪，法国耶稣会士、历史学家让-巴普蒂斯特·杜赫德（Jean-Baptiste du Halde，1674–1743）将服饰认定为中国与欧洲之间差异的一个关键点，他声称："这里（中国）所说的时尚，完全不像我们在欧洲所讨论的那样，因为在欧洲，人们的着装方式有着丰富的变化。"① 为了证明自己的观点，他还在书中加入展现中国服饰的图画，以使其对中国人习俗特质的描摹更加形象生动。就效果而言，图像史料配上详尽描述中国习俗的文字，增加了杜赫德观点的真实性，或者说可信度。实际上，杜赫德从未到过中国，是通过耶稣教会传教士的叙述撰写了四部插图丰富的著作。他强调这些插图的准确性，并且坚称是艺术家安托万·亨布罗（Antoine Humblot，1700–1758）根据自己提供的中国绘画图像绘制了这些插图（图3.1）。② 然而，他所认为的"仕女图"中的服饰，无论形状还是剪裁都与17—18世纪清朝宫廷画所见的女性形象不同，比如为年轻时（身份为皇子）的雍正皇帝（1722—1735年在位）绘制的《胤禛美人图》（即"雍正十二美人屏风"）（图3.2）。

与杜赫德的说法不同，安托万·亨布罗的中国题材绘画作品与阿塔纳修斯·基歇尔（Athanasius Kircher）于1667年出版的《中国图说》和切萨雷·韦切利奥（Cesare Vecellio）的《来自世界不同地区的古代和现代习俗》（1590），以及威廉·亚历山大（William Alexander）的后期作品，都有着更为紧密的关联。尽管如此，杜赫德的观点、描述还是伴随着这些关于中国的插图文本一起流传，在欧洲人的想象中勾勒出穿着长袍、非时尚的中国人物形象（图3.3）。

① du Halde, *Description géographique, historique, chronologique, politique, et physique de l'empire de la Chine et la Tartarie chinoise*（1735）.

② 从序言到法文原版，Ann Waltner 推测，Antoine Humblot 的绘画来源是在广东制作的出口插图。Waltner, "Les Noces Chinoises: An Eighteenth-Century French Representation," 21-40.

图 3.1　手绘彩色雕刻
出自让 – 巴普蒂斯特·杜赫德，*Habit of a lady of China in 1700. Autre Dame Chinoise*（1700 年的中国女性）；高 34 厘米
纽约公共图书馆数字馆藏

图 3.2　雍正十二美人屏风，身份不明的宫廷画家，18 世纪
一组十二幅画像，画着十二位美女，每一位都穿着汉族妇女的服装：包括高领长袍、长裙等。她们的
丝绸服饰颜色、图案和装饰边都有区别
未装轴绢画，墨彩；高 184 厘米，宽 98 厘米
藏于故宫博物院

"仕女图"版画之所以能对欧洲观众产生吸引力，是因为它与杜赫德著作出版前后的绘画风格和形式一致，而这些欧洲观众正是通过类似的文本和图像来接触中国服饰的。两个世纪后，费尔南·布罗代尔（Fernand Braudel）重复了杜赫德的观点——中国缺乏时尚，他从当时的绘画版刻中提取出能体现一致性的证

图 3.3　木刻画《中国贵妇人》(*Donna nobile della China*)，切萨雷·韦切利奥绘制，1590 年
宽大的袖子，饰以精致镶边，以及隆重的长裙，与图 3.1 的"Chinoise 夫人"一致
高 16.7 厘米，宽 12.5 厘米，深 5.2 厘米（整体）
藏于法国国家图书馆摄影与艺术部

据，即："1626 年拉斯·科尔特斯（Adriano de Las Cortes）神父绘制的带有金色刺绣的丝绸服装，与许多 18 世纪的版画作品所展示的图像相同。"[1] 对于布罗代尔和杜赫德而言，中国服饰和文化的连续性已经通过他们个人对视觉证据的感知得到了充分验证。图像化的风格赋予视觉和物质形式以变化，通过对作品整体审美特质的修改，能够让观看者感知事物的新颖之处。进一步而言，时尚

---

[1]　Braudel，*The Structures of Everyday Life*，312.

的存在依赖于图像的历史记录，以前面提到的《纽约时报》为例，美国读者可以在阅读它时翻阅上海女性的照片，从而认同作者的观点，即新的裙子风格确实与旧时不同。这种对风格变化作为时尚标志的依赖，使得服装与风格的长期融合，进而与时尚"混为一谈"。

082

　　20 世纪，时尚成为变化的代名词，完全属于服装领域，更确切地说，属于女装领域。这种对时尚的狭隘理解是由于研究者们对衣服与配饰演变历程所产生的依赖性，因为服饰以印刷品和图像的形式记录和流传下来，可以帮助人们确认个人品味和社会竞争的发展。按照这种方法来记录服饰变迁，书写时尚的历史就像艺术史学家亚历山大·纳格尔（Alexander Nagel）所描述的那样："对于过去风格的无休止的引用依赖于对视觉记录的不断搜刮。"[1] 不断更替的服装成为时尚变化的标志，而停滞不变的服装则表明人们缺乏对改变的渴望，从定义上看，这也意味着时尚的缺失。上述的理论和方法，缺少对图像风格和服饰风格之间历史关系的考察，也缺少对图案风格和时尚之间历史关系的思考。[2]

　　图像风格是一种与特定时间和地点相联系的视觉形式，它不仅记录了服饰风格，而且促进了时尚在唐朝的传播。[3] 对图像风格的认识表明一种对时间和空

083

间的意识，这对唐代的男性与女性如何塑造自己至关重要。纵观整个唐朝，不同时期服装造型、轮廓线、纹样的变化都通过绘画、装饰品、丧葬用品以及雕塑的视觉表达呈现给大众。早在 9 世纪，文人张彦远就在其杰作《历代名画记》

---

① Nagel, "Fashion and the Now-Time of Renaissance Art," 32–52.

② Anne Hollander 强调：当观看艺术作品了解服装的建构，就必须考虑到其描述的"正式属性"，理由是"正式属性提供了不同但更重要的证据，说明实际观看的假设和习惯发生了变化，以及视觉上的自我意识。这些正式的元素展示的不是衣服是如何制作的，而是它们和其中的身体是如何被假定和相信的。Hollander, *Seeing through Clothes Xii*.

③ 认为图画资料可以作为服饰史料的学者有：沈从文（《中国古代服饰研究》），周汛、高春明（《中国历代服饰》），周锡保（《中国古代服饰史》），以及纳春英（《唐代服饰时尚》）。

中指出，人们对服饰变迁的认识主要是通过与艺术作品中旧有表现形式的接触来实现的。在发现旧艺术品与当下差异的过程中，唐朝人必然会感觉到：他们生活在并属于一个新的、不同的世界。这种关于服饰及其表现的历史意识在 8 世纪初"丰满唐美人"形象的创造过程中变得性感，其标志性的姿容和曳地长裙是性感、奢华和帝国的象征。唐美人的形象是如此普遍，以至于丰腴之美成了唐朝的象征。当人们在观察唐美人被丝绸包裹、发髻高耸的形象时可以敏锐地意识到时间的细微变化，也就对绘画作品所表现的历史性有了新的认识。总体而言，艺术作品，通过它们的创造、传播和流通介入时尚体系。

陪葬俑、壁画和手卷画等形式和媒介，揭示了画家和工匠如何以时尚作为审美游戏的原则，描绘服装与女性身体之间的关系。[1] 具体而言，从精英阶层墓葬中出土的壁画和雕像提供了最为丰富的视觉证据档案，记录了唐朝的服饰文化。[2] 陵墓被认为是死者灵魂的居所，因此被建造成一个仪式空间和虚拟空间，宇宙和世俗都居于其中。[3] 而作为可以居住的空间，按照死者灵魂的需求来建造，坟墓中的墙壁、壁龛上往往"居住"着仆人、乐师、舞者、马夫以及马匹。[4] 相比之下，那些男性的侍卫、仆从、乐师的形象和描绘方式几乎是千篇一律的，而穿着服装的女性形象则得到了唐代画家、工匠们的着力塑造。一个彩绘、雕刻、盛装的人物通过她的身体装饰而变得个性

---

[1] 唐代著名画家的宫女名画有：阎立本《步辇图》；张萱（约710—748）《虢国夫人游春图》和《捣练图》；周昉（约730—800）《簪花仕女图》《挥扇仕女图》《内人双陆图》；周文矩（活跃于 10 世纪末）《宫中图》。关于敦煌壁画，见段文杰主编《中国美术全集14：绘画编，敦煌壁画（上）》和《中国美术全集15：绘画编，敦煌壁画（下）》。

[2] 相关唐代墓葬遗址众多，如：唐昭陵新城长公主墓（643）、唐永泰公主墓（651）、唐新城长公土墓（663）、唐郑仁泰墓（664）、唐房龄公主墓（673）、唐阿史那忠墓（675）、唐薛行超墓（685）、唐懿德太子墓（706）、唐章怀太子墓（706）、唐节愍太子墓（710）、唐惠庄太子墓（724）、唐金乡县主墓（724）、唐安公主墓（784）、唐李倕墓、唐李宪墓、唐薛儆墓、唐昭陵长乐公主墓、唐昭陵段简璧墓、五代王处直墓（924）等，请查看参考文献中的唐墓发掘简报。

[3] Hay, "Seeing through the dead eyes," 16-54.

[4] 巫鸿认为，用雕像代替人祭，也催生了在墓穴中画壁画的做法。参见巫鸿，*The Art of the Yellow Springs*，100。

鲜明，而该人物的描绘风格将她与特定的时间联系起来。按照前文的论述，服饰的革新与审美形式的创新共同推动了风格的改变。所以，对支配着装形象表现的形式属性进行分析，是揭示制造者如何参与艺术形象塑造过程的关键。

形象塑造与时尚有着根深蒂固的联系，因为两者都具有极高的符号学意义。在图像化的表达中，唐代的画家和工匠还原了绘画从观察到获取信息的过程，并以便于理解的方式转换为视觉材料呈现给观众。通过从物质世界提取不同的装饰形式，艺术形象的制作者用妆容、服饰、发型等造型技巧来体现作品所塑造的形象。这一过程中，他们参与了自己试图表达的审美游戏。举例来说，一名画师以一系列的图案、形状和身体姿态描绘出一个宫廷侍女的形象，这与一个真实的宫廷女性从她的"衣橱"（一种比喻）中取出服装塑造某种时尚外观，某种程度上是一致的，目的都是向观看者传达人物的"地位"信息：社会地位、所处时代和地理位置。这种形象塑造和造型的交互过程，与丝织业相辅相成，在审美游戏的指导下成为推动时尚向前发展的动力。

女性衣橱的风格化

要了解唐朝的绘画风格和服饰风格是如何被呈现出来并为唐朝人所接受的，必须首先抛弃我们的现代时尚观念，即把时尚史与服饰史视为一体。图像表现构成了与禁奢令平行的一套话语体系，画家、工匠与朝廷对于时尚的重视和焦点在于服装的点缀和制作。墓葬中的图像设计借鉴了当时流行服饰的视觉符号，将穿着衣服的身体置于社会、仪式和历史的背景之中。

一项对上述档案的研究显示，唐朝女性的服饰主要由以下几部分组成：衫、襦、裙、披帛。除了这些"基本款"，还可以与袄、袍、半臂进行搭配。根据颜色和纹样分类的各式裙，款式通常是高腰的，穿着时用带子系在胸部下方。每一套服装的穿搭往往开始于必备单品"衫"，它通常由丝织布料裁剪而成；或者是以"襦"作为基础，形象塑造者在服装、配饰中叠加更多层次（图3.4）。上述服饰的多功能性使形象塑造者能设计出多元化的造型。尤其是披帛，可以披在肩头，可以缠绕在手臂上，还可以掖在裙子下，或是松散地裹在胸前，一块布料就在如此丰富的穿搭方式中得到多样化应用。

唐朝的绘画、雕塑、陶俑等视觉材料，刻画出了官员、侍从、异邦人、演艺人等不同社会阶层的人物，展现出画家和工匠当时如何认知衣着在身上的效

图 3.4　侍女立俑，7世纪末—8世纪初
人物身穿一套基础款服饰：低领修身长袖长袍一件，高腰裙一件，金边半臂一件，披帛一条
木质、彩绘；高 49.5 厘米。伊尼德·A. 豪普特（Enid A. Haupt）1997 年捐赠
藏于纽约大都会艺术博物馆

果。画师和制陶工在作品中展现了时人装束的变化，它们反映出布料的物理特性，还突出了服饰塑造身形的方式。唐代贵族墓葬常常将绘有侍女、太监、官员的壁画作为墓中的重要部分。与佛教壁画作品不同，墓葬的画师在创作时并没有按照打草稿、构图、绘制线稿（白画）、彩绘，最后渲染或勾边[1] 这样的标准流程进行。在 7 世纪的壁画中，服饰首先以潮湿的黑色墨水勾勒出来，然后用色彩均匀地填涂上色。色彩部分完成后，工匠们在此基础上继续渲染或者添加笔触，以进一步完善服装的细节。[2]7 世纪墓室壁画中有一种 A 字型条纹裙随处可见，通过画面可以推断出裙子是由彩色布料交替拼接缝制而成的。[3] 早期壁画中均匀、流畅的黑色墨线展现了画师对于制作裙子的相关知识（图 3.5）。这件单色裙的突出特点是以自上而下的均匀轮廓线条勾勒出裙子的结构款式。人物上臂袖口的金色描边表明半臂一般穿在长袖上衣外面，并将下摆掖进裙子里。披帛无论是包裹在人物肩膀上还是缠绕在手臂上，都以同样的流畅线条绘制，布料材质的体现倒在其次，重点是要突出其飘逸的形态。细看之下，壁画师正是通过披帛的百变搭配提供的无限可能性凸显每个人物都拥有独特的造型。

在 8 世纪的前 10 年，红色、赭色和紫红色的单色裙取代了以黑线绘制为主的条纹裙。例如永泰公主墓及懿德太子墓壁画中的女性人物形象，就呈现出一种以简化装饰为特色的新绘画方向（图 3.6）。在 706 年奉唐中宗之命完工的三座墓葬中，壁画师使用了丰富的线条来表现服饰造型，并凸显布料的褶皱。这些工匠不是用等宽的线条来表现服饰的结构和形式，而是用不断扩大的轮廓和

085

087

---

① Fraser, *Performing the Visual*, 104n73.

② 李星明：《唐代墓室壁画研究》，第 253 页。关于新城公主墓的发掘报告也对这种壁画仪制做了简要的描述。陕西省考古研究所：《唐新城长公主墓发掘报告》，第 74 页。

③ 在甘肃一墓葬中发现的壁画表明，条纹裙可以追溯到公元前 4 或 5 世纪，这些早期壁画中的条纹或镶板比唐代壁画中发现的要宽。见孙机《中国古舆服论丛》，第 224 页。

图 3.5 侍女图，663 年

两组侍女，四人为一组，手持礼仪和日常用品，立于柱子之间。每组中，三名女子穿条纹裙，一名穿
单色裙。对于画师来说，相较于发型和姿势，半臂和披帛才是区别不同人物的关键所在。画师们努力
地抓住了披帛的半透明特性，使其覆盖下的半臂花边得以在画中呈现

高 185 厘米。新城公主墓主墓室西墙壁画

周天游主编《新城、房陵、永泰公主墓壁画》，北京：文物出版社，2002 年，第 34–35 页

长短及厚度不一的锥形线来强调人物肘部和脚周围衣物的松散褶皱。与新画法
相伴而生的是人们对明暗效果的关注，光与影越来越多地被壁画师作为突出服
饰外观的工具。与 7 世纪的女性形象相比，8 世纪早期的人物服饰有所简化，
常以稀疏的线条和清淡的色彩描绘。宫廷妇女的衣物也在剪裁和形状上有所变
化。她们穿着襦，搭配半臂和飘逸的裙子，柔软的褶皱显出她们优美的曲线。
宽大的披帛包裹住女子的肩膀，其一端掖在上襦里面，另一端缠在手臂上。许
多女性形象身上的开襟上襦并未牢牢系紧，而是隐约露出乳沟。腰线的起点则

图 3.6　侍女图，706 年
与新城公主墓壁画不同，这两个人
物的服饰主要以色彩而非图案区分
高 166 厘米。懿德太子墓第三墓道
西墙壁画
藏于陕西历史博物馆

从原来的胸前降到了胸部以下。

088　　与平面绘画不同，墓葬俑作为三维立体的艺术表现形式，让工匠们能够通过一系列多样化的视觉策略，再现服装的触感和褶皱感。这些陪葬俑作为墓主死后社会地位和礼仪身份的象征被保存于地下，代表着他（或她）在死后也会永远享受同样的尊荣。① 得益于低温陶瓷和釉料烧制方面的技术进步，陶俑制

---

① Robert Thorp 认为，女性和侍从的形象是"与他人身份联系在一起的装饰品，标志着死者在家庭和社会中的等级地位"。Thorp et al., *Chinese Art and Culture*, 195. 巫鸿也提出："中国古代墓葬艺术中的人物形象不多，如果有的话，代表的也是有名的个人；他们充当着时人理想中来世必不可少的一般角色。"（第 102 页）巫鸿提出了两种"拟态表现"，指出"与中国传统艺术形式相比，墓俑与拟态的概念紧密相连"，这两种"拟态表现"决定了墓俑的制作。首先是一个造型方案，在这个方案中，工匠们将注意力全部集中在人物的外观上，如身体特征、服装和饰品，以表明人物的性别、地位和社会角色。第二种表现形式是制作具有可活动肢体和可拆卸衣服的人形娃娃，焦点在于下面的身体。大量的唐代陶俑属于第一类。巫鸿，*The Art of the Yellow Springs*，117-22。

118　唐风拂槛：织物与时尚的审美游戏

作在唐朝达到了鼎盛。[1] 其一般的制作步骤是：工匠先分别塑造俑的头和身体，然后将两部分连接在一起，接着对面部和身体表面进行精心的手工装饰，最后再上釉或漆。[2] 如此，工匠就可以赋予同为陶质的头部和身体各异的形态与特征，从而塑造出一组不同的个体形象。

第一章中曾论及张雄及其夫人麴氏合葬墓中出土的木人俑穿着 7 世纪晚期服装的微缩版本，工匠们是按照真实的穿衣步骤来组装俑人的（图 3.7）。以麴夫人舞者俑为例，它是由四个独立的部分组装而成：用黏土塑造并施以彩绘的头部、木质框架的躯干、纸卷成的手臂，以及身上的服装。制作时应该是先为木质躯干穿上衫，再穿上半臂，接着把半臂的下摆包进裙子里，系紧腰带，最后将披帛裹在肩膀上——如此复刻了真实生活中的穿衣步骤。[3] 这个（舞者俑）女性人物全身穿着 7 世纪的奢华丝绸：一件锦半臂、一条缂丝带，搭配花纹丝织披帛以及间色 A 字裙。查看其细节处，上身的锦半臂，便是小窠联珠对鸟纹锦，此类纹样是唐代著名锦样之一。而披帛上重复出现的圆形图案是缬技术（包括绞缬、夹缬和蜡缬）的案例，釉面陶俑的服装也常使用这种技术来装饰。

唐朝工匠在制作陶俑的过程中探索出了一系列配套技术，包括彩绘和上铅釉等。手绘俑身的方式使工匠可以描画重复的花卉纹样，也反映出丝织和染色技术的进步。当时装饰单色长袍或上襦最常用的方式，就是在它们的袖带、领子、前开襟等处缝上花纹布料。这种流行风格亦体现在这一时期的陶俑上，且

---

[1] 公元 712 年，唐睿宗试图限制奢侈的丧仪，称用逼真的陶俑陪葬有违儒家礼法。《旧唐书》卷四五，第 1958 页。《旧唐书》原文为"太极元年，左司郎中唐绍上疏曰：臣闻王公已下，送终明器等物，具标甲令，品秩高下，各有节文。孔子曰，明器者，备物而不可用，以刍灵者善，为俑者不仁。传曰，俑者，谓有面目机发，似于生人也。以此而葬，殆将于殉，故曰不仁。近者王公百官，竞为厚葬，偶人像马，雕饰如生，徒以眩耀路人，本不因心致礼。更相扇慕，破产倾资，风俗流行，遂下兼士庶。若无禁制，奢侈日增。望诸王公已下，送葬明器，皆依令式，并陈于墓所，不得衢路行。"——译注

[2] Medley, *T'ang Pottery and Porcelain and The Chinese Potter*; Eckfeld, *Imperial Tombs in Tang China*, 44-49.

[3] 此外，张雄及其夫人麴氏合葬墓中还出土了一些由木质身体、缩微服饰、陶制头部组成的俑人。参见曹者祉、孙秉根主编《中国古代俑》，第 264–267 页。收藏于新疆维吾尔自治区博物馆的"宦官俑"等，《古代西域服饰撷萃》，第 93 页；新疆维吾尔自治区博物馆 [目录]，参见盘号 119-121。

图 3.7 女舞俑(局部),公元 688 年
张雄及其夫人麹氏合葬墓出土
藏于新疆维吾尔自治区博物馆

常生活中热门的纺织图案被用于装饰俑人之袍、带、披帛等衣物(图 3.8)。[1]
陶俑表面的装饰技术有时与纺织品装饰方法一致。其中,有一种以热蜡等防染
剂装饰纺织品或墓葬俑表面的方法最受欢迎。[2] 使用这种技术的陶俑在烧制完
成后,表面会形成斑点或碎花图案,与当时的多色编织、染色和印花丝绸的样
式非常相似。[3] 在唐代"三彩"陪葬俑身上就可以直观地看到这种效果,工匠
们用抗蚀剂来控制釉面流动,从而做出重复的图案(图 3.9)。[4]

090

---

[1] 齐东方对陶俑的装饰处理也做了同样的观察。参见齐东方《唐俑与妇女生活》,第 333 页。

[2] 热蜡可以通过图案印章或尖头工具作为抗蚀剂涂在纺织品上,以使蜡汁覆盖的区域保持织物的原始颜色,而裸露的区域则吸收染
料。这样的"蜡染"工艺是一种印制基础花卉和几何图案的简单技术。

[3] 见 Medley, *The Chinese Potter*, 34。S.J.Vainker 的 *Chinese Pottery and Porcelain* 一书中完美再现了三彩釉和抗蚀纹饰的
例子。

[4] 关于三彩与中亚金属加工技术的关系,参见 Rawson, "Inside Out," 25-45。

工匠也使用模印贴花为俑人服装添加装饰纹理的技术（图 3.10）。图片所示三彩梳妆女坐俑的下裙所修饰的花朵纹饰就是该技术的应用实例，目的在于模仿市面上流行的各类丝织品上的柿蒂花纹。与这件坐俑的高腰绿裙有相似性的是新疆阿斯塔那 187 号墓出土的绿地平纹印花绢裙（图 3.11）。分析这条裙子，其裙摆上点缀的宝相花与柿蒂花（四瓣花）图案，采用与三彩陶瓷类似的防染技术制作而成：工匠们先用蜡汁在布料上印制图案，待蜡冷却凝固后，再把布料染成绿色。有些地方的图案稍有错位，显然是因为裙子由多片布条拼接缝制造成的。回到三彩梳妆女坐俑，为了形象模拟现实中唐代裙子上的布料接缝，工匠在制作陶俑时，在其裙摆上凿刻了自上而下的平行线。以艺术手法反映衣物实际构造的案例众多，上述陶俑裙子颇为典型，它们表明工匠们竭尽全力使作品在视觉和触觉效果上尽可能地贴近真实服装。

除了基本的裙、衫、襦、披帛以外，还有一系列通过丝绸之路从西域传入中原的衣物，比如翻领胡服、条纹紧口裤、马靴和胡帽等。这些异域服饰被归类为胡服（化外之人的服装），以表明其起源于外国。它们在 3 世纪前后传入中原地区，并在南北朝（420—589）时期获得广泛流行。不过，与奢华的丝绸和珍贵的饰品不同，胡服在传统的服饰等级制度中并非社会地位的标志，也不受限奢令的约束。[①]

这里的"胡"指非汉族群，包括居住在唐朝北部与西部地区的突厥人、回纥（或称回鹘）人、吐蕃人和契丹人等。在用"胡"字形容胡服、器物或是舞蹈时，它既是异域风情的标志，又体现着对其外来性质的评判。[②] 唐朝早

---

① 一些中国学者认为，这在很大程度上是因为唐朝的创始家族有胡人血统，所以崇尚武力，因此更喜欢胡服。Kate Lingley 驳斥了这种说法，她认为到了唐朝，胡服的异域属性已经不再重要，而性别属性更为凸显。荣新江：《女扮男装——唐代前期妇女的性别意识》，见于邓小南主编《唐宋女性与社会》，第 740 页；Lingley，"Naturalizing the Exotic，"50-80。

② 同胡服一起传入的还有胡舞、胡笛、胡饭、家具等。参见向达《唐代长安与西域文明》。

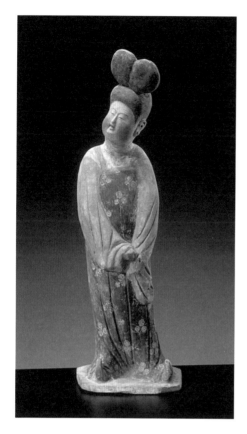

图 3.8　双髻女立俑，8 世纪中期
人物身穿齐胸蓝色印花裙，上着广袖的宽松长袍。施有浓重腮红的脸颊说明她与阿斯塔那 187 号墓出
土的屏风画上的女性形象有着密切关系
釉面彩绘陶器，高 54 厘米
法国国家博物馆联合会（RMN）- 巴黎大皇宫 / Roger Asselberghs（70231762），巴黎吉美国立亚洲艺
术博物馆

图 3.9　三彩侍女坐持鸟俑，8 世纪上半叶
人物所穿半臂上的花卉图案模仿了丝绸上的编织或蜡染图案
铅釉三彩陶器；高 40.6 厘米，宽 17.9 厘米，深 15.6 厘米
弗瑞尔美术馆（Freer Gallery of Art）和亚瑟·M. 萨克勒画廊（Arthur M. Sackler Gallery），史密斯
索尼亚学会（Smithsonian Institution），华盛顿特区。购买资金由弗瑞尔和萨克勒画廊的朋友们提供，
F2001.8a–d

图 3.10　三彩梳妆女坐俑，8 世纪早期
人物上身穿一件修身低胸衫，外套半臂和高腰裙
三彩铅釉陶器；高 47.3 厘米。王家坟村第 90 号唐墓
出土
藏于陕西历史博物馆

图 3.11　绿地平纹印花绢裙
绿地印重蕊柿蒂花图案
长 25 厘米，宽 41 厘米（下摆）。吐鲁番阿斯塔那
187 号墓出土
藏于新疆维吾尔自治区博物馆

期，服饰中的胡风很大程度上来自突厥、回纥、粟特以及萨珊波斯服饰风格的混合。① 这一时期的流行款式包括前开襟或翻领的长袍，条纹锥形裤、编织靴子和帷帽——一种宽边的帽子，帽檐四周垂一层薄纱（图 3.12）。另一种流行于 7、8 世纪的时尚单品是一种类似卡夫坦的长袍，称"袴袍"，它前面开襟，紧身袖，两侧有翻领（图 3.13）。与圆领长袍类似，袴袍可以在前开襟、袖口和翻领上饰以花边。从 8 世纪的陶俑身上可以看出，袴袍是一种多功能的衣服，既可以作为女扮男装时的主要服饰，也可以像斗篷一样披在女子肩膀上（图 3.14）。在整个唐朝上半叶，这类陶俑的形象几乎形成了一种模板，其服饰的版型和设计基本没有太大变化。②

唐人对胡服的迷恋，与骑马郊游、马球比赛以及西域乐、舞、物品的流行有关，而这些事物都是宫廷所沉迷的。史官在《舆服志》中记载了一些关于朝廷崇尚胡风的轶事，认为胡风过分深入是造成唐朝毁灭的一大原因。这种因对外过分开放而导致国家衰落的观点，在对汉朝扩张的讨论中就已经出现。正史中把"服妖"视为王朝崩溃的预兆，它是跨越文本类型的暗喻，从断代史到志怪小说都曾透露出这样的理念。在 4 世纪的志怪小说集《搜神记》③ 中，毛毡的穿戴就被认为是王朝衰落之兆。④

虽然游牧民族服饰文化的影响可以追溯到前几个世纪，但《旧唐书》史官们认定胡服的盛行顶峰是玄宗时期。此书写于安史之乱后，将唐玄宗与胡服联系在一起，是对历史反思和"修正"的著作，这种思想谴责"尚胡"和对异域

① 荣新江认为，在隋唐时期，"胡"主要指波斯人，他们定居在中亚的商路沿线。参见荣新江《女扮男装——唐代前期妇女的性别意识》，第 740 页。

② 参见齐东方对唐代墓葬人物性别的探讨。齐东方、张静：《唐墓壁画与高松冢古坟壁画的比较研究》，第 458 页。

③ 《搜神记》卷七，"太康中，天下以毡为绲头，及络带裤口。于是百姓咸相戏曰：'中国其必为胡所破也。夫毡，胡之所产者也，而天下以为绲头，带身，裤口，胡既三制之矣，能无败乎？'"——译注

④ Cahill，"Ominous Dress"，221-222.

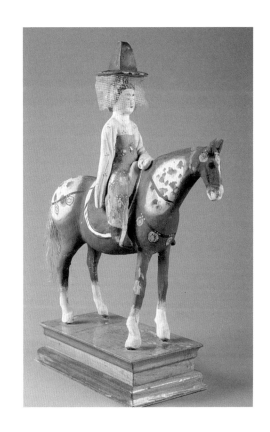

图 3.12　戴帷帽骑马女俑
人物戴着一顶宽檐、带面纱的"帷帽"
泥塑，饰以彩绘、绸、丝线；高 39 厘米
吐鲁番阿斯塔那 187 号墓出土
藏于新疆维吾尔自治区博物馆

之物的消费，并认为它是唐朝险些亡于叛军领袖安禄山与史思明之手的预兆。
该观点最明显的例子莫过于对玄宗朝宫人引领胡风的记载：

> 开元（713—741）初，从驾宫人骑马者，皆著胡帽，靓妆露面，无复障蔽。
> 士庶之家，又相仿效，帷帽之制，绝不行用。俄又露髻驰骋，或有著丈夫
> 衣服靴衫，而尊卑内外，斯一贯矣。[①]

---

① 《旧唐书》卷四十五，第 1958 页。《新唐书》为这类发髻、靴子和男装的流行提供了不同的日期，史官反而将这一趋势与另一位影
响政治而遭古代史家批判的女性——武则天联系起来："武后时，帷帽益盛，中宗后乃无复幂䍦矣。宫人从驾，皆胡冒乘马，海内
效之，至露髻驰骋，而帷冒亦废，有衣男子衣而靴，如奚、契丹之服。"（《新唐书》卷二十四，第 529 页）。

图 3.13 彩绘胡服女立俑
人物身穿一件有图案的翻领袴袍
彩绘陶俑；高 52 厘米。杨谏臣墓出土，714 年
藏于陕西历史博物馆

图 3.14 三彩披衣女陶俑，723 年
袴袍在此被当作一件装饰披在身上
三彩铅釉陶器；高 46 厘米。鲜于庭诲墓出土
藏于中国国家博物馆

分析上述文献，史官们并不认为胡帽本身具有威胁性，但是与之相关的
"胡风""胡化"的发展令朝廷官员感到十分不安，比如胡服的流行背后是社会
和性别差异的模糊化，胡帽也因此被视为混乱的迹象。史官进一步强调"士女

皆竟衣胡服，故有范阳羯胡之乱，兆于好尚远矣。"[1] 范阳的"羯胡"指的就是发动叛乱的安禄山及其部下。[2] 此后，欧阳修及其跟随者在编纂《新唐书》时坚持了这样一种论调：安史之乱之后，时人都把穿着胡服当作这场叛乱的不祥之兆（服妖）。[3]

上述由保守的儒家士大夫所纂史书中关于胡服的观点，在直观视觉档案的衬托下显得不那么客观。早在 7 世纪中叶的大量壁画中，就描绘有穿着及膝长袍、系腰带、穿条纹裤的侍女（图 3.15）。以唐太宗和高宗时期的杰出边疆将领郑仁泰（601—663）为例，他的豪华墓葬出土了 466 尊彩绘釉陶俑，包括图中这个侍女，她身着修身圆领袍，领子直至下摆都饰以花卉纹样，腰带系在腰以下，袍下穿一条紧口浅色裤。她的头发向上盘起，包裹着黑色头巾或"幞头"，至此呈现出一个标准的女扮男装造型。[4] 在 7 世纪长乐公主墓、新城公主墓和 8 世纪初的章怀太子、懿德太子、节愍太子、永泰公主墓中，保存了大量的胡服形象人物，这证明胡服早在玄宗朝以前就已经广泛流行了（图 3.16）。[5] 它们出现在各种各样的场景中：马背上的猎人、演艺人、与其他侍女走在一起的侍从（图 3.17）。同样，安史之乱结束后，宫廷女性的男装形象并未从视觉档案中消失。

现代史学家往往把唐朝女性中胡服的盛行解释为世界主义和时尚的典范，并且将注意力集中于唐代鼎盛时期宫廷对异域风格的热爱。[6] 实际上，胡服并

095

---

[1] 《旧唐书》卷四十五，第 1958 页。

[2] Abramson, *Ethnic Identity in Tang China*, 3–4.

[3] 《新唐书》卷二十四，529 页："奴婢服襕衫，而士女衣胡服，其后安禄山反，当时以为服妖之应。"

[4] 郑仁泰被陪葬在昭陵，即唐太宗的皇家墓地。因为唐高宗下令在昭陵修建他的墓，所以这些陶俑和其他器具很可能就是在帝国官方作坊里完成的。陕西省博物馆等：《唐郑仁泰墓发掘简报》，第 33–42 页。

[5] 荣新江对唐代墓葬中的壁画和变装女性形象进行了分类，她们大多出现在 643—745 年。参见荣新江《女扮男装——唐代前期妇女的性别意识》，第 729–730 页的统计图表。

[6] 除了 Suzanne Cahill 开创性的文章之外，还有中美学者认为唐朝是"时尚"的。然而这种学术研究并没有提出一个批判性的视角来观察唐朝服饰是如何超越服饰变化的范式而成为"时尚"的。参见 Cahill, "Our Women Are Acting Like Foreigners' Wives！"; Schafer, *Golden Peaches of Samarkand*; 黄正建《唐代衣食住行研究》。

图 3.15　幞头袍服男装侍女俑，664 年
侍女的长袍系在臀部上方，内穿红边紧口裤。
其面部特征与同一座墓葬中另一个穿女装的侍
女俑几乎一模一样
釉面彩绘陶器；高 31 厘米。郑仁泰墓出土
藏于昭陵博物馆

没有使唐朝女性变得"时髦"，进一步说，也没有使唐朝变得"时尚"。这种跨性别、跨文化的着装习惯之所以流行，有一个更深层次的根源：它标志着一种新观念的肇兴，即把服装作为一种与身体的视觉表现相联系的技术来看待。穿上胡服的唐朝女性，无论贵族还是平民、宫内还是宫外，都利用了这种服饰不被着装规范的"内在身份"限制之特征。女性参与胡服的热潮，显示了她们自己关于最新潮流的特权知识、复制潮流的手段，并通过着装来表达与宫廷之间真实或期望的联系。通过一套胡服，例如靴子、男装长袍和头饰，宫廷外的女子们打造出时尚的自我，与其所处的时代背景相呼应。

安史之乱后令儒家士大夫颇为苦恼的，不仅仅是宫廷女性与异邦人、精英群体与普通百姓、男性与女性之间外在的相似性，而是胡服导致的跨越社会、

图 3.16　侍女图，651 年
最右侧的侍女身穿圆领长袍，腰间系带，
下穿条纹裤子
高 195 厘米，宽 108 厘米。段简璧墓第五
壁龛东壁壁画
藏于昭陵博物馆

文化和性别差异的行为模仿。变装使性别化的身体、社会关系、外来文化达成
共生和相互妥协，允许个人构建复合的自我，而不是在仪式和禁奢令的限制下
维护统一和稳定的身份。这些女性坚持审美游戏的态度：她们的外表与她们作
为唐朝汉人臣民的地位不符，但反映了她们与唐朝国际化物质文化的接触。因
此，时尚与不稳定的自我、不断变化的价值体系以及时间的流逝联系在一起，
在那些试图保护至高无上皇权地位的人（包括贵族、官僚）眼中，变成了一种
可鄙的行为。而唐代女性和艺术家运用视觉策略，他们没有遵循传统正确和得
体的穿着规则，而是打破了原有的以服饰构造社会连贯性的世界，把时尚变成
一种独特的知识模式。打扮自己和打扮"身体"构成了一个身体和自我容易被
观看者所识别的关键模式。

图 3.17　彩绘骑马伎乐女俑，724 年
每尊陶俑的人物和马匹的穿着都不一样：
女子的长袍、帽子、乐器各不相同，马
鞍也花色各异
彩绘陶俑；高 35.5—37.5 厘米，金乡县
主墓
藏于西安博物院

一种范本诞生了

服装既蕴含意义又具有功能性，因为它传达了关于个体、地点和时间的信息。在绘画中，当结合景物或建筑形式共同构筑一个场景时，人物形象的穿着被归类为艺术创作者对视觉形象的塑造。观看者得以从自己对世界的感性体验，如对相貌特征、地域风俗与服饰风格的认知中，将叙事的连贯性带入整体构图。张彦远认为，这种积极主动的观察是读懂一幅画的唯一方式。[1] 他所撰写的《历代名画记》(成书于 847 年 [2]) 被认为是中国第一部书画通史著作。张彦远在书中告诉世人："若论衣服车舆，土风人物，年代各异，南北有殊，观画之宜，在乎详审。"[3] 绘画作为对现实世界中真实存在的事物的记录，往往被视为某个特定历史时刻和地域的产物。例如："只如吴道子画仲由，便戴木剑；阎令公画昭君，已著帷帽。殊不知木剑创于晋代，帷帽兴于国朝。"张彦远试图强调，画面中这些不符合时代特点的表现是"画之一病也"。[4] 为了论证人像画中历史真实性的必要，他进一步阐述，并建议：

> 胡服靴衫，岂可辄施于古象？衣冠组绶，不宜长用于今人。芒屦非塞北所宜，牛车非岭南所有。详辩古今之物，商较土风之宜，指事绘形，可验时代。[5]

---

[1] 张彦远的《历代名画记》分为十个部分（卷），三个部分讨论绘画的起源、绘画风格、师徒之间的技法传承、收藏鉴赏、签名和印章、寺院壁画等问题。接下来的七个部分是从黄帝时代到唐朝的有记录的艺术家的简短传记。

[2] 关于《历代名画记》的成书年代，一些学者认为是大中元年（847），张彦远只是完成了初稿，此后经过十余年的修改和补充，很可能是大中十三年（859）最终成书。参见许祖良《张彦远评传》，2001 年，第 83 页。——译注

[3] 张彦远：《历代名画记》，第 65 页。

[4] 张彦远：《历代名画记》，第 65 页；William Acker, *Some T'ang and pre-T'ang Texts*, 170。

[5] 张彦远：《历代名画记》，第 66 页；William Acke, *Some T'ang and pre-T'ang Texts*, 173。

张彦远关注以服饰为缩影的历史时间与地域的差异，并且在绘画中坚持奉行服饰的精确描摹。这表明他所秉持的一种基础认知：将装饰视为受特定时间、空间约束的行为。① 因此，历史意识是忠实地再现过去的基础。对于张彦远来说，使作品有形似的特点，取决于画家的感性经验。比如，北方的画家从未见过江南的山川、河流，限制其绘画（题材、内容广度）的是他们的知识，而不是技巧。（"习熟塞北，不识江南山川；游处江东，不知京洛之盛。"②）因此，绘画是符号化和认知的对象，传递着文化意义和实践经历。它在画中所展现的内容与观者所持有的信念之间建立起联系。

然而，张彦远在《历代名画记》中对真实性意义的判断又是前后矛盾的。在卷一《论画六法》的开篇部分，张彦远指出："夫象物必在于形似，形似须全其骨气。"③ 对事物的再现取决于笔力与气韵，而不是形貌的精确复现。④ 他接着得出结论："故古画非独变态有奇意也，抑亦物象殊也。"⑤ 张彦远在绘画笔法与"形似"实物两要素孰重孰轻间犹豫、摇摆，反映在他的基本观念上，认为合格的画家务必做到"指事绘形，可验时代"，试图将绘画风格与历史变迁调和一致。与之同时，张彦远在评述古今绘画范式时透露出的谨慎、紧张感，暗示他对此的矛盾心理，因为画作对事物的感知及表现，就像事物本身一样，是受到

---

① 6世纪的学者评论家姚最（535—602）表达过同样的看法，他在《续画品录》中评论谢赫(479—502)的人物画时，早于张彦远，强调了精准性对绘画作品的意义，"丽服靓妆，随时变改，直眉曲鬓，与世事新"。Alexander Nagel 强调了文艺复兴时期绘画中对服饰的认知和对艺术风格的关注之间的类似关系。在关于世俗"现世"(jetztzeit)对宗教艺术的渗透的讨论中，他指出，文艺复兴时期的绘画专著，包括 Filanete、Lodovico Dolce、Leonardo da Vinci 的作品，同样建议宗教人物的服装应该"与他们的时代保持一致"。Nagel, "Fashion and the Now-Time of Renaissance Art," 2004, 32-52.

② 参见张彦远《历代名画记》，第66页。——译注

③ 张彦远：《历代名画记》，第43页。Acker, *Some T'ang and pre-T'ang Texts*, 149-150.

④ 《历代名画记》中张彦远的原话是："骨气形似，皆本于立意，而归乎用笔，故工画者多善书。"对于这一句的理解，学界有不同的思路，如朱和平注译的《历代名画记》(中州古籍出版社，2016年，第36页)对此句的理解是：绘画作品应着眼于物体的外形，必须将骨气展现出来，这一过程从画家的构思开始，直到用笔结束。——译注

⑤ Acker, *Some T'ang and pre-T'ang Texts*, 149-150.

社会和历史的制约的。

　　张彦远生活在晚唐，就当时的唐代而言，丰腴之美是描绘宫廷女子的流行风格，这导致他鲜明地评论："古之嫔擘纤而胸束。"我们一起来看阎立本创作的《步辇图》（图 3.18），细致观察唐太宗的侍女们，我们就会认同张彦远的上述观点。再举一例，《簪花仕女图》（图 3.19）中的宫廷女性，她们形象丰满、姿态沉稳，是张彦远所处时代宫廷女性的典型。当张彦远及其同时代之人将阎立本的绘画与更晚近的作品，比如周昉的宫廷女子画进行比较时，他们就能进一步去思考绘画风格随着时尚变化而改变的现象。

　　对这些女性及其着装的处理——换而言之，描摹她们所用的绘画风格——成为（画作）叙事连贯性的关键。尽管悠闲且美艳的宫廷女性是 8 世纪占主导地位的绘画题材之一，但她们有多种修辞表达。简单来说，并不是所有丰满的女性都被呈现得一模一样。正如张彦远强调的那样，通过近距离的观察，我们可以看到绘画风格和着装方式上的差异，以及它们是如何反映艺术家的创作年代与技巧的。对于艺术形象创作者而言，唐美人是审美游戏和时尚的终极对象，因为"她"提供了凝结风格问题与阐述感官世界的载体和形式。作为人物形象的模板，唐美人直截了当地给出表现意图：她既是一种认识世界的模式，也可以作为阐发评论的工具。究其原理，图画的风格而非内容，将画作与某个历史时间段联系在一起。

　　在 7—8 世纪，随着画作摹本从都城到边疆各地区之间的传播，一种普遍的人物形象和图式便产生了。唐美人的范式还沿着广阔的丝绸之路走向远方，形成了从吐鲁番到日本奈良的人物画的风俗。如此广泛的传播给了画家改编的自由。以多维度的思路去分析，衣物及其装饰作为灵活的符号空间向画家开放，而不仅是展示礼仪的场所，在更广阔的范围里，观念与人物特性的表达经由风俗和服饰呈现。唐美人的范式挑战了以往服饰习俗的空间限制，将个人的文化

101

图 3.18 《步辇图》，宋代摹本，传统上认为是阎立本所作

围绕着皇帝的九名女子被统一描绘出来，露出里面的条纹裤子

用腰带围束在臀部周围，她们苗条身体穿着条纹长衫，

画卷，绢本，设色，宽 38.5 厘米，长 129.6 厘米

藏于北京故宫博物院

图 3.19 《簪花仕女图》，传统上认为是周昉所作

5 个宫廷女子中的每一个都被表现为中心主题的变体：女人如花

画卷，绢本，设色，宽 46 厘米，长 180 厘米

藏于辽宁省博物馆

身份与外观的认知联系分裂开来。服饰仍然具有意义和功能，因为它持续地传达着关于特定地点和时代的信息，但在唐美人题材的作品中，它更有目的性地传达着画家的审美情趣。判断一幅画的创作时间，不再依赖图像中记录的事物，而是依赖对画家风格的了解。因此，服饰成为由画家设计的更为重要的空间。

对物质世界的感悟有助于对画作的认识。绘画风格的改变正如服装潮流的改变一样，这一理念并没有打破认知的壁垒。唐美人的范式所假定的是风格与事物的共时性观点（即同时发生，没有因果关系）。如此，世界呈现方式的变化可以被视为对世界的具体看法，而不是以线性方式发展。8—10世纪幸存下来的作品表明，艺术家们对习俗和"形似"的追求仍在继续。唐美人及其服饰之间差异性的处理方法的共存，鼓励了审美实践的共时观点。这样，范式就加强了绘画风格和时尚之间的关联。

与美人游戏

后来的学者把唐代美人像的发展归因于唐玄宗丰腴的妃子杨贵妃。[1] 像胡服热一样，在8世纪初的墓葬中已经找到呈现女子性感的新范式，即用丝绸包裹柔软丰满的身体。因此，"以胖为美"的现象应该是早于杨贵妃在宫廷中兴起的。从图像史料的角度，标志性的丰满宫廷女子的早期典型，可以追溯到皇太子李贤 (654—684) 的墓室壁画中，上面出现了宫廷女子的丰满

---

[1] 在《旧唐书》中的杨贵妃传记中，她被描述为"姿质丰艳"。见《旧唐书》卷五二，第 2178 页。巫鸿也坚称："从 745 年到 756 年，中国最有权势的人物是杨贵妃，她是唐明皇的宠妃，也是中国历史上最著名的美女。据说，塑造胖女人的时尚很大程度上归功于杨贵妃众所周知的丰满。虽然这种说法是值得怀疑的，因为这样的人物形象在 8 世纪早期，甚至在那之前就已经出现，杨贵妃确实体现了这个意象的精髓，并且标志着它的高潮。由于她不仅主宰了长安的上流社会，而且主宰了同时代男性的幻想，一个刻板的宫廷女子的形象发展成了一个文化偶像。" Barnhart et al., *Three Thousand Years of Chinese Painting*, 75.

身体（图3.20）。作为唐高宗的第六个儿子，也是他与武则天生下的第二个儿子，李贤一直被认为是皇位的继承人，直到680年他因谋逆罪被流放。4年后，李贤去世，被葬在一个普通的坟墓里。时至706年，李贤与懿德太子、永泰公主一起，被重新安葬在乾陵附近的一个墓葬群中。乾陵正是唐高宗和武则天最后的安息之地。711年，李贤的坟墓被重新修缮，妻子房氏被安葬在后方的墓室。① 同年，朝廷下令追赠李贤，"册命为章怀太子"。恢复了其皇室的身份，李贤之妻房氏的安葬也得到了礼遇，墓室前、后廊的树木与岩石之间的女子画像，以及前厅和后室的壁画都被重新绘制一番。②

此处对服装细节的柔和处理引入了新的女性装扮形象，这种形象在8世纪中叶的陵墓壁画中占据主导地位，在都城周围的墓葬中还出现了类型相似的陶俑。③ 这些壁画所用笔法稀疏但有力，其对人物、服饰的处理与此前表现太子宫廷生活的画作中对朝廷官员、外国使节的描绘有很大不同，这是一个显著的差异。它放弃了一丝不苟的细节描摹，墨线主要勾勒出各个人物及其服饰的结构。

然而，仔细观察8世纪早期的陵墓壁画，可以发现，画家用轮廓线代替了装饰性的纹理来吸引观察者们的目光，而轮廓线强调了身体的质量（图3.21）。④ 风格向干净简练的线条转变，其基础是艺术家将三维空间观念引入。以描绘身体

① 陕西省博物馆等：《唐章怀太子墓发掘简报》，《文物》1972年第7期，第13—25页。

② Eckfeld解释说，女人在院子里闲逛的场景是为了反映房氏的生活而量身定制的，他认为，"它通过重建当时被认为是理想的中国宫殿布局强调'女性美德'"。Eckfeld, *Imperial Tombs in Tang China, 618-907*，44-49.

③ 李星明：《唐代墓室壁画研究》，第282页。修建于710年的节愍太子墓是个例外。装饰墙壁的壁画上的女子身着细致精美的黑白和黑绿相间的裙子，以及有图案的披肩和短衫。参见95、96.1、105、118、120.1、128、129号板，韩伟、张建林《陕西新出土唐墓壁画》，1998年；陕西省考古研究所《唐节愍太子墓发掘报告》，2004年。

④ Susan Vincent批判性地解读服装历史的变化时提出了一个重要的理由，他认为："服装的结构及其搭配和装扮的技术对于内在的身体、它与其他身体的关系以及与空间的关系都有一定的影响。仅仅说明马裤是丰满的，或者紧身胸衣是紧身的，是不够的。膨胀和收缩对穿着者来说意味着某种东西，不仅影响着身体行为，而且影响诸如对美丽、优雅和健康的感知等无形的东西。"Vincent, *Dressing the Elite*，29.

图 3.20 《观鸟捕蝉图》
三个仕女中,一个穿圆领对襟衫,袒胸,肩披红巾,腰束绿色曳地长裙,做仰视飞鸟状;一个着男装,脚穿尖头软鞋,腰束帛带,做捉蝉状;一个肩披墨绿长巾,腰束黄色曳地长裙,做目视前方状。服装用粗线描边,运用了一致的颜色
宽 175 厘米,长 180 厘米。章怀太子(李贤)墓西墙壁上的壁画、处于前厅南段
周天佑主编《章怀太子墓壁画》,北京:文物出版社,2002 年,第 64 页

轮廓为目的的粗体墨水线被替换为流畅的、更具风格化的笔触可以佐证这一改变,后者旨在阐释身体与私人空间上的接触。8 世纪早期的壁画创作者,用女性的穿着和静态姿势做区分,把重点从人物的社会及礼仪角色转移到该形象在自然空间中的存在。含蓄且有意蕴的笔法在这个时期流行,也是绘画实践发展

105

的标志。①

女子在庭院树下闲坐休憩或是观鸟的场景（图3.22与图3.23）首次出现于章怀太子墓，这标志着一种绘画范式的兴起，即画家们越来越偏爱描绘私人生活的景象，而不是展示宫廷生活的华丽。纵观8世纪的画作，最受欢迎的题材是描绘身体丰满、穿着宽松长袍的女性，她们衣料垂坠层叠，透出惬意，在树下或站或坐，闲庭信步，抑或演奏乐曲。②通过将模板化的唐美人置于风景中，艺术创作者在女性与周围环境之间建立起一种类似的关系。图像的连贯性和可读性是通过外表与形式之间的循环关联构建的，也因此影响画家在绘画风格上的修辞运用。

在西安、吐鲁番和日本奈良，考古学家都发现了"树下美人"这一主题的画作及其变体，形式多种多样。比如，武惠妃（卒于737年）是唐玄宗在杨贵妃之前最喜爱的妃子，在其雕刻精美的石椁内壁上有10幅宫廷女子及其侍女的画像（图3.24）。在岩石、蝴蝶以及各种各样的动植物的衬托下，石椁中的21个女性几乎都穿着类似的繁花图样长袍。就像《簪花仕女图》一样，武惠妃墓中雕刻的女性人物也与她们所处的环境融为一体。

我们从8世纪墓葬的遗存作品中，可以清晰地察觉到其主题具有连续性，这表明唐代美人广泛的题材可能性和修辞手法。8世纪中叶的韦家墓③中，一面

---

① 张彦远在《历代名画记》中区分了细致和粗略的笔法，使用术语"疏"和"密"。在《历代名画记》第二卷中，张彦远回忆起他与顾恺之、陆探微、张僧繇、吴道子关于绘画笔法的一次谈话，在这次谈话中，他认为"疏"优于"密"的绘画风格："顾、陆之神，不可见其盼际，所谓笔迹周密也。张、吴之妙，笔才一二，象已应焉，离披点画，时见缺落，此虽笔不周而意周也。若知画有疏密二体，方可议乎画。"参见张彦远《历代名画记》，第71页；Acker, *Some T'ang and pre-T'ang Texts*, 183-184；Bush and Shih, *Early Chinese Texts on Painting*, 62. 还可参看 Sarah Fraser 关于唐代艺术绘画实践和吴道子画风影响的讨论。Fraser, *Performing the Visual*, 197-206.

② 巫鸿认为，"仕女画屏"的发展是一个从叙事到肖像绘制的转变，从而允许外部观众与美建立起直接的关系。巫鸿，*The Double Screen: Medium and Representation in Chinese Painting*, 99.

③ 《唐树下侍女图》（屏风六合）出土于长安县南里王村一座唐代竖井砖墓中，在《长安县南里王村唐壁画墓》简报中做出的推论是：该墓主很可能是韦氏家族成员，墓葬年代在盛唐之后、中唐前期。——译注

图 3.21 《女侍图（宫女图）》
与懿德太子和章怀太子墓中的女性形象相似，这里的女性形象用强烈的笔触和浓烈的颜色涂抹。8 世
纪早期的壁画家并没有花时间在装饰细节上，比如袖口的图案
宽 176 厘米，长 196.5 厘米。永泰公主李仙蕙墓前厅东壁南段壁画，706 年修筑
藏于陕西历史博物馆

墙上画着六幅相连的屏风画，画中的女性形象都被安置在树下（图 3.25）。① 这
些人物像和树木，都用稀疏的笔法所画，最后加上少量颜色以增强色调和纹理。
在日本奈良，一组同时期的六扇屏风画，被称为"鸟毛立女屏风"，由日本正

---

① 赵力光、王九刚：《长安县南里王村唐壁画墓》，《文博》1989 年第 4 期，第 3–9 页。

图 3.22 《游园图》，章怀太子墓后室东墙北侧壁画
周天佑主编《章怀太子墓壁画》，北京：文物出版社，2002 年，第 76 页

图 3.23 《小憩图》，章怀太子墓后室东墙南侧壁画
周天佑主编《章怀太子墓壁画》，北京：文物出版社，2002 年，第 78 页

（A）　　　　　　　　　　　（B）　　　　　　　　　　　（C）

图 3.24　《石椁仕女图》，737 年绘
女性服装上的花卉图案与身体周围花卉之间的连续性创造了一个沉浸式的环境，在这个环境中，女性与景观融为一体
(A) 石板 B1b，长 165 厘米，宽 77 厘米；(B) 石板 B7b，长 165 厘米，宽 88 厘米；(C) 石板 B10b，长 165 厘米，宽 70 厘米
武惠妃（谥号贞顺皇后）墓
程旭等：《唐贞顺皇后敬陵石椁》，《文物》2012 年第 5 期，第 74—97 页

仓院收藏并保存至今（图 3.26）。这些屏风的年代可追溯到 752 年，屏风中的女性形象与武惠妃墓中的人物非常相似。其绘制方式，是以干笔蘸取墨水，用有限的颜色、羽毛来装饰女子的长袍，有别于韦家墓屏风画中描绘的女性形象。

　　关于唐代闲适女性题材的作品，吐鲁番的阿斯塔那墓葬曾出土过两件。第一件是被大谷探险队带到日本，现存于日本静冈县 MOA 美术院的《树下美人图》，它最初与另一幅主角为男性的《树下人物图》（存于东京国立

106

图 3.25 《树下仕女图》（六扇中的两扇），8 世纪中叶

壁画；每一扇长 1.44 米，宽 45–50 厘米，出土于韦氏家族墓葬，长安县南里王村

藏于陕西历史博物馆

图 3.26　鸟毛立女屏风，约 752—756 年
纸，用白色颜料上色，残留着铜雉羽毛的痕迹。从左到右：(A) 长 135.9 厘米，宽 56.4 厘米；(B) 长 136.2 厘米，宽 56.2 厘米；(C) 长 135.8 厘米，宽 56 厘米；(D) 长 136.2 厘米，宽 56.2 厘米；(E) 长 136.2 厘米，宽 56.5 厘米；(F) 长 136.1 厘米，宽 56.4 厘米
藏于日本正仓院

博物馆）相呼应（图 3.27 和图 3.28）。另一件发现于阿斯塔那 187 号墓，它的时代可以追溯到天宝年间，作为系列屏风绘画中的残片而存在（图 3.29）。在原作中，站立的女子很可能是围棋比赛的观众。这两幅作品对女装的处理有很大差异。前一幅作品中，宫廷女子和她的侍从都穿着单色长袍。画家只用起伏的墨线描绘布料，来强调人物宽大的袍子，以吸引观者注意。另一幅画则是对色彩和图案的华丽展示。人物被画在丝绸上，以蜿蜒和精细的黑色墨线描绘。她们圆圆的脸上涂着白色的颜料，两颊用鲜艳的红粉妆突出。

与《树下美人图》的画家不同，这些屏风画中女性服饰的纹样类型表明，创作者非常注重颜色和图案。三条裙子中，有两条在红色的表面上装饰以风格化的花卉纹样，使人们感知到锦缎的华美。而最左端的人物穿着的一件宽松蓝衫，上面的层层图案以暗色调勾勒，使人联想到暗花绫。画面中间的人物穿着一套 8 世纪流行的胡服，这套服装已经根据女性美的新范式进行了修改。她宽大的圆领束腰外衣垂至脚背，侧面开衩处露出了带条纹的裤子，裤脚宽松。屏风画中层叠的袖子、拖曳的裙摆以及用白色突出的透明薄纱披帛，表明画家对华丽而丰富的外表装饰欣然接受。

此类风格作品中最华贵的例子当数绢本画《簪花仕女图》，它描绘了五个衣着奢华的女子与她们的侍从和小狗，周围有白鹤和一株开花的植物（图 3.19 和图 3.30）。① 这些女性人物装扮精致，其服饰表明在这幅绢画被创作的时代，

---

① Jonathan Hay 提出了中国绘画的另一条时间线，他认为，从 765 年到 970 年这两个世纪是中国绘画发展的一个独特阶段，在这个阶段中，绘画的形式和流派都发生了重大的变化。他说："在 765 年到 970 年之间，画家逐渐将他们的注意力从分层次的经验分类转移到使世界经验连续不断的相互联系的清晰表达。"（第 303 页）这种图画表现的转变可以在主题的合并中看到，就像《簪花仕女图》一样。对他来说，这些 9 世纪的作品表明了一种认知上的转变："对世界秩序的一种新的理解，其中基本单位不再是属于不同类别的碎片化元素，而是属于不同类别的元素之间的关系，同时也是不同类别之间的关系。"（第 305 页）参见 Hay, "Tenth-Century Painting before Song Taizong's Reign", 285-318。

图 3.27 《树下美人图》，8 世纪
纸本设色；长 139.1 厘米，宽 53.3 厘米
吐鲁番阿斯塔那墓出土
藏于日本静冈县 MOA 美术馆

图 3.28 《树下男子图》，8 世纪
纸本设色；长 138.6 厘米，宽 53.2 厘米
吐鲁番阿斯塔那墓出土
藏于东京国立博物馆
照片由 TNM 图像档案提供

第三章 风格 **145**

图 3.29　阿斯塔那墓 187 号墓葬中修复的屏风画（《弈棋仕女图》），可追溯到 8 世纪中叶
11 幅女性和儿童的画像幸存下来。中央屏风上描绘了一个坐着下棋的贵妇，周围有仕女、女侍从和孩子。从左到右：长 89.8 厘米，宽 74.4 厘米；长 83.4 厘米，宽 69 厘米；长 67.3 厘米，宽 71.5 厘米
阿斯塔那墓 187 号墓出土
藏于新疆维吾尔自治区博物馆

丝网薄纱制成的袍和透明披帛对于女性穿搭整体性而言是必不可少的。每一套搭配基本都是用无袖、垂坠的裙打底，外穿宽袖开襟长袍，再配一条披帛。这六名女子（五名贵妇与一名侍女）中的三名都穿着两条裙子。聚焦画中左右两端的女子，细致观察她们的裙边，会发现里层的衬裙从较短的罩裙底部露出来。构图上，侍女的位置处于前景，身材被描绘得比其他人物小一些，穿着也不同：身上裹着薄纱开襟长袍，腰带系在臀部。整体而言，几乎每件衣服上都有精心设计的图案。轻纱飘逸处展示了菱形的编织图案和淡淡染色的小花，为女性裸露的肩膀增添了装饰性的纹理。

　　《簪花仕女图》通常被认为是周昉的作品。张彦远在《历代名画记》中

图 3.30 《簪花仕女图》（局部）
画卷，绢本设色
藏于辽宁省博物馆

描述周昉"颇极风姿，全法衣冠，不近闾里，衣裳劲简，采色柔丽"[1]。这幅画也有可能是 10 世纪效仿周昉风格（"周家样"）的作品。[2] 关于周昉的风格，

---

[1] 张彦远：《历代名画记》，第 323 页；Acker, *Some T'ang and pre-T'ang Texts*, Vol.2，290。关于《簪花仕女图》的作者，Jonathan Hay 曾提出可能另有其人，参见 Hay, "Margins, Transitions, Interstices"。

[2] 学者们对这部作品的确切年代存在分歧。杨仁恺认为，这幅画是贞元年间（785—805）周昉的原作。徐书城利用晚唐服饰的文献记载支持杨的观点。孙机和谢稚柳认为这幅画属于南唐，他们坚持认为仕女的服饰、钗式和植物都是南唐式的。还有一些学者，包括沈从文，认为这幅画是北宋的摹本。最近，李星明认为这幅画应该是晚唐周昉的一位追随者所作。参见杨仁恺《"对唐周昉〈簪花仕女图〉的商榷"的意见》，《文物》1959 年第 2 期，第 44–45 页；杨仁恺《〈簪花仕女图〉研究》，1962 年；徐书城《从〈纨扇仕女图〉〈簪花仕女图〉略谈唐人仕女画》，《文物》1980 年第 7 期，第 71–75 页；谢稚柳《唐周昉〈簪花仕女图〉商榷》，《文物参考资料》，1958 年第 6 期，第 25–26 页；孙机《中国古代舆服论丛》，文物出版社，第 224–252 页；沈从文《中国古代服饰研究》，商务印书馆，第 3443–48 页；李星明《〈簪花仕女图〉年代蠡见》，《湖北美术学院学报》2006 年第 1 期，65–71 页。

张彦远概括其为"衣裳劲简""采色柔丽"。此番评述似乎与《簪花仕女图》的风格不太一致，但与周昉的另一幅名作《调琴啜茗图》（图 3.31）的笔法相符。[1] 现存于纳尔逊—阿特金斯博物馆的这幅作品很可能是作于 12 世纪的摹本。

112《调琴啜茗图》中，三个端坐的宫廷女子与两个站立的侍从融入素雅的场景。女子们的衣服是以干净的墨线勾勒，加以适度的色彩涂抹，显得有形且传达出触感。与《簪花仕女图》的华丽长袍形成对比的是，《调琴啜茗图》中的宫廷女性代表了乔迅[2] 所提出的"修辞距离"（rhetorical distance），这源于唐玄宗统治后期宫廷的颓靡感。《簪花仕女图》对于女性形象的精致装饰，赞颂了女性形体的感官享受，而周昉在处理人物外观时所表现出的克制甚至约束感，则意味着当时对过于奢侈行为的道德批判，并体现在丰满的唐美人上。

从 8 世纪开始，丰满的唐美人逐渐被提炼成一个范式，受到艺术潮流的影响，在观看者眼中她是这个年代的象征（图 3.32）。我们可以在敦煌的供养人肖像画中找到她的身影，比如 9 世纪晚期的壁画《敦煌引路菩萨图》（图 3.33）[3]。这幅画中，创作者描绘了一个由菩萨引导进入西天的人物，即位于白幡右下角的女性形象。她沿着装饰华丽的菩萨所引领的道路，身着类似于《簪花仕女图》里宫廷女子的服饰。差异在于，这位女子没有穿透明的薄纱，而是在浅绿色长袍外搭配宽袖的红色外袍，袖口涂成橙色。披帛包裹着她的背部，折叠在她的袖子后面，这是她身上唯一有图案的

---

① 周昉还有一幅《内人双陆图》是以"宫廷女子"为主题。

② Hay，"Margins, Transitions, Interstices."

③ 10 世纪早期的人物图包括本幅《敦煌引路菩萨图》中的女性供养人们，把观世音作为灵魂的引导者，或许是对周昉绘画风格的一种效仿。周昉的 10 世纪早期的追随者——阮知晦（约 919—937）和他的儿子阮惟德（生卒年不详）是这么理解的。参见 Hay，"Tenth-Century Painting before Song Taizong's Reign，" 299。

图 3.31 《调琴啜茗图》（周昉），宋代摹本，12 世纪
细腻的笔触通过微妙和柔和的色彩运用得到了加强。画中最左边和最右边的两个侍者，以及风景元素，构成了三个宫廷女子所坐的空间
画卷，绢本设色；宽 28 厘米，长 75.3 厘米
藏于纳尔逊－阿特金斯艺术博物馆，堪萨斯市。购自纳尔逊信托公司，32–159/1
摄影：John Lamberton

织物。她梳着高高的发髻，画着蛾眉，和宫廷仕女们完全一样，说明这是当时通用的一种图像范式。在敦煌莫高窟出土的同一时期的供养人画、祭祀画中，也通过层层装饰的丝绸呈现出供养人丰富的物质世界与佛教信仰的仪式空间之关联（图 3.34）。以 231 号窟为例，它大约完成于 9 世纪中叶。窟中的壁画描绘了两个穿着带图案丝绸服饰的女性形象，她们与两个穿着单色长袍的男性人物形成了鲜明的对比。逐个观察，跪姿的女子，即供养人母亲的画像与站立在侧的侍女身着颜色多样、图案鲜明的丝织物，彰显出这个家庭的财富和地位。[①]华贵的女性形象与朴素的男性形象并列，突出女性与感官世界长久的紧密联系。这一观点在唐代文人的世俗画作和社会评论中都有体现。如此一来，唐美人就

---

① Kyan, "Family Space: Buddhist Materiality and Ancestral Fashioning in Mogao Cave 231," 61-82.

图 3.32 《宫乐图》，作者不详，唐代
不仅每个女性形象的着装不同，而且画家还小心翼翼地让她们呈现出不同的姿势，这样每个人物的身体都在画面中创造出一个独特的形象。女性的身体与家具一起形成了一个实质性的表面
绢本墨笔，长 48.7 厘米，宽 69.5 厘米
藏于台北故宫博物院

满足了人们审美与修辞的需求。

　　到了 10 世纪，在节度使王处直（生活于唐末至五代时期，卒于 923 年）的陵墓中，这种范式依旧很受欢迎。其壁画透露着唐风，妇女的基本装扮是，上着宽松的短襦，披帛环绕双肩，下着长裙，以条状或是圆弧形的腰带束在胸下适当的位置。色彩的运用上，红色和偶尔出现的蓝色与白色形成鲜明对比，以区分不同的衣服，其轮廓用黑色勾勒线条，突出了织物上的褶皱，给服饰带来了柔软和动态之美。王处直墓内还有珍贵的彩绘浮雕群像展现了多名女侍者与女乐人。这些女性雕像有着繁复的"大型"发髻，类似 8 世纪早

115

图 3.33 《敦煌引路菩萨图》，9 世纪末
绢本设色；长 80.5 厘米，宽 53.8 厘米。莫高窟第 17 窟出土
藏于大英博物馆

图 3.34 《供养人图》，约 839 年
两列铭文将男性和女性供养人分开。右边的铭文表示男性为已故的父亲阴伯伦，左列铭文表示女性为已故的母亲，出生于索氏家族。供养人：阴嘉政
宽 76 厘米，长 100 厘米。莫高窟 231 号洞
藏于敦煌研究院

期的女性形象，让人想到宫廷生活中的种种乐趣，回忆起安史之乱前太平盛世的场景。可以推想，五代十国沿用唐美人范式，反映出当时之人对过去的无限眷恋。[①]

　　8 世纪早期至 10 世纪，丰腴的唐美人形象呈现出延续性的特征，被理解为构成了一种单一的绘画风格。然而，进一步研究这些穿搭精致、身材丰满的图像，就会发现它们有着广泛的视觉风格。作为一种范式和主题，唐美人既可

---

① Jonathan Hay 注意到，生活于 11 世纪的黄休复在其所著《益州名画录》中指出，在唐末五代时期，对历史人物或"旧式人物"进行描绘是一种公认的类型。Hay, "Tenth-Century Painting before Song Taizong's Reign," 309.

表达对颓靡且沉迷享乐时代的向往，也可借助柔和的色彩来阐述对该时段的道德批判。这些图像旨在将图画体验转化为主要对象，以吸引观众进行仔细的观赏和解读。事实上，唐代安史之乱后期的视觉表现一定程度上借鉴了叛乱前的形式，但是他们的描绘风格坚持了所处的时间－空间格局，坚持了历史性。[①] 从理论上看，这种认识将视觉体验从物质存在中分离出来，使观看者能够理解绘画的多层次构建，包括基础形式、风格、历史关系等。妇女的身体、服饰，尤其是上文反复论述的宫廷女子形象范式，在认识改变和发展的进程中发挥了关键作用。作为审美的表象，女性的服饰、发型和妆容为画家提供了艺术创作的自由。服饰潮流经由审美游戏与绘画风格产生关联，两者都依赖于时尚作为认知世界的一种方式。

116

小　结

为了让时尚作为一种通过审美游戏——塑造形象和时尚——来认识和实现世界的方式而存在，一种具有历史性的风格概念是必要的。绘画和风格的历史意识是由绘画实践的变化和社会、政治格局的变迁所激发的。实际上，正是历史变迁之激荡所带来的焦虑，促使张彦远动笔写下《历代名画记》。著作中充满了对"失去"的担忧：佳作被锁于府库难以得见，其他的则在战争与叛乱中漂泊流散。"良有宝之不得其地也。夫金出于山，珠产于泉，取之不已，为天下用。图画岁月既久，耗散将尽，名人艺士，不复更生，可不惜哉！"[②]

与同时代之人一样，张彦远无法摆脱生活于王朝渐衰时代的感觉。对他

---

① Jonathan Hay 还提出，从 764 年到 976 年，大约是从安禄山叛乱平息，一直延续到北宋的第一个十年，这段时期画家们经历了"解脱束缚"和"重新开启"的过程。上述双重进程明显地表现在画家更新或改编旧的作品及主题上，这导致了"对风格的高度自我意识化"。Hay，"Margins, Transitions, Interstices."

② Acker，*Some T'ang and pre-T'ang Texts*，Vol.2：210.

第三章 风格 **153**

而言，观看旧时的名家画作就像是回到了更理想的时代。现实环境带来的失落感被张彦远强烈地表现在了对"今人"（当时画家）的品评上，认为他们只是"笔墨混于尘埃，丹青和其泥滓，徒污绢素"，浪费了作画用的布帛。他接着感叹绘画艺术在近些年来如何受到贬损、辉煌不再："自古善画者，莫匪衣冠贵胄，高逸之士，振妙一时，传芳千祀，非闾阎鄙贱之所能为也。"① 所谓的"闾阎鄙贱"、凡夫俗子，在他所处的年代成长为画家。在张彦远看来，这些画家正与不懂得珍惜、享受艺术作品的人一起损害乃至摧毁绘画实践。字里行间，他的焦虑流露出对历史变迁的紧迫感。这种不安，我们在白居易、元稹的作品中也可以读到，他们同样认为所处的时代物质压倒了一切。对他们来说，挥霍无度的宫廷女子与贫穷的织工隐喻了安史之乱发生后令人忧虑的社会关系。

通过调和社会和物质世界之间的关系，审美游戏的相关实践成为主体和主观经验的组成部分。本章所阐述的服饰视觉表现，主要包括结构形式和表面的装饰，是形象塑造过程的产物。在此过程中，唐代的画家、工匠与社会精英群体在时尚的创造活动上是平行的。因此，他们调和了与历史变迁相关的服装变革的观念。以唐美人为主题的画作和雕像说明了固定的组合（比如衣物穿搭）如何操纵并形成多种多样的风格，也为艺术形象的塑造者提供了发展个人画风的模板。还需注意，精致的丝织品（比如锦、绫、纱、罗）也是审美游戏的产物，它们拉动并塑造了时尚精英群体的欲望。

117

---

① 张彦远：《历代名画记》卷一《论画六法》；Acker, *Some T'ang and pre-T'ang Texts*, Vol.2: 210, 149-150。

第四章

设 计

丝绸和时尚的逻辑

　　在壁画和雕塑等图像资料中，唐美人的身体是真实可触的，经由外表的装扮实现了配饰、织物和肌肤之间的关联。换言之，这一时期的艺术形象塑造者利用布料定义了她们的身体、质感和仪态的轮廓。层层的绫罗绸缎在她们脚边堆叠，使之成为一种可触知的存在——一个有血有肉的实体。细节处，精致装饰的丝织物给她微胖的身躯增加了图案、纹理和光泽，这在塑造一个华丽的"唐美人"形象时发挥了重要的作用。对于观看者，面料的颜色和图案还有一个额外的作用，即作为对应时代和文化的标志，共同营造出更趋近真人着装的感受。唐美人身上所呈现的丝袍、精美装饰的衫、条纹裤和披帛形成多种多样的组合，它们属于艺术形象制造者不断创造可能性的过程，千变万化的视觉和触感皆由服饰搭配来实现。在真实的时尚世界中，丝织品有同样的功能，它使穿着华服的身体有了触感并能驾驭潮流。

　　这种服装饰物的力量让 9 世纪的诗人郑谷（851—910）感叹"布素豪家定不看，若无文彩入时难"[1]，豪门望族看不上平平无奇的素布，没有提花丝织品，

---

[1]　郑谷:《锦二首》，见于《全唐诗》卷六七五，第 7738 页。

图 4.1　有团窠纹图案的纺织品，8 世纪
这个残片与保存在日本奈良正仓院的织物相同。用于底色的紫色染料可能是从胭脂虫中获得的；纬面复合斜纹；宽 18.4 厘米，长 19.7 厘米
藏于纽约大都会艺术博物馆

很难跟上时代潮流。从他的角度来看，想要"入时"，就需要拥有华丽的丝绸。"时"在这里是及物动词"入"的宾语，表明时尚的时间维度是一个可以通过身体进入的虚拟空间。在郑谷的诗中，精致的丝绸似乎带有特殊的功能，它能将身体输送到时尚的时空。随着布料，更具体而言是指布料的某种装饰形式成为描述物质短暂性的中心比喻，变化的概念本身便被具体化为视觉与物质行为了。通过与丝绸和装饰品的联系，时代的进步成为可被观察、审视和抒情的状态。在唐代的时尚体系中，正如郑谷所发现的那样，丝织品的花样翻新加速了人们对变化的感知。

　　时尚的审美游戏与人们和其历史背景的关系，以及社会归属意识紧密相关。正是时间、空间、身体和社会关系的相互作用，构建了一个流动的、复合的（非现代的）自我，而不是一个固定的、统一的（现代的）自我。以这种方式来看，唐代的时尚是自我塑造过程中内部频繁变化的物质表达，它首先发生

图 4.2　对鸟团窠纹织物，约 662 年
双面复合斜纹布；宽 26 厘米，长 17 厘米。
阿斯塔那 134 号墓出土
藏于新疆维吾尔自治区博物馆

于王朝扩张时期，然后是在社会动荡的岁月里。丝绸是实现上述自我塑造的手
段，它为艺术形象制造者和精英人群提供了创造性别化身体的材料，可以与特
定的时间和地点对话，并呈现出与社会群体的关系。在着装穿戴和审美游戏的
行为中，身体 – 自我，变得清晰可见。

　　回看（第一章）麴氏墓中的舞者俑（图 1.1），我们可以得知丝绸如何将
身体与朝廷，乃至范围更广阔的整个国家联系起来。这位舞者的条纹裙和抗
染色披帛展现了当时两种主要的纺织和印染技术，常见于唐代宫廷女性的画
像和出土的丝绸制品，反映出手工艺品与现实生活在服饰技术上的一致性，

也赋予了舞者兼具时代和地域特质的身份——7世纪的长安女子。她的腰带是缂丝技术最早的案例之一，而其缠绕肩部的半臂则以联珠团窠对鸟纹锦让人注意到她的国际性身份。首先，缂丝是丝绸织造技术的创新，它借鉴了西亚和中亚地区的毛毯编织工艺，很可能是在西北边疆纺织工匠们的交流中产生的。[①] 其次，这种联珠团窠图案被认为起源于萨珊王朝（224—642），在7—8世纪成为丝绸之路沿途各地纺织品设计的典型样式（图4.2），使用范围从日本奈良一直延伸到拜占庭。[②] 从整体而言，麹氏墓的舞者俑的全套服装使她成为一个相互联系日益紧密的世界的主体，在这个世界中，唐朝宫廷风格结合多国多地特色，从纺织物的色彩、质地与图案上进行吸收和改造。艺术形象的创作者将具有不同尺寸和图案的纺织品组合在一起，以舞者俑为例，将她半臂上对称的大团窠图案和披帛上的细小碎花进行对比。这是不断扩大的丝绸业和织造技术革新为唐代精英群体提供的审美游戏的一个例子。

122　　男装和女装的基本款式都发生了变化，包括袖子宽窄、下摆和腰围的细微调整，以及丝绸织物的表面和形状也不断改变。具体而言，相关技巧、工艺与设备的传播、使用和投入生产，使纺织工匠能够创造出吸引远近买家的设计。正如我们在前文论及的限奢令所明确表示，诗人郑谷也回应的那样："新样"的提供者首先是纺织工匠，包括织工，而非裁缝。他们至关重要，因为丝绸的设

[①] Schuyler Cammann 首先假设缂丝是起源于回纥的编织技术。Anima Malagò 提出了三种不同的缂丝起源理论，强调其与中亚和西亚编织传统的联系。盛余韵提出吐鲁番地区是纺织品创新的重要地点，因为当地的汉族与粟特人长期交流织造技巧，缂丝可能是仿照羊毛挂毯的编织法而产生的。参见 Cammann, "Notes on the Origin of Chinese K'ossu Tapestry," 90-110; Malagò, "The Origin of Kesi, the Chinese Silk Tapestry," 279-287; 盛余韵, "Chinese Silk Tapestry," 166-171, "Addendum to 'Chinese Silk Tapestry'," 225, "Innovations in Textile Techniques on China's Northwest Frontier, 500–700 AD," 117-160。

[②] Edward Schafer 认为，唐朝在外国纺织品和图案在亚洲的传播中起着重要作用，他指出 "在日本奈良的正仓院和法隆寺保存下来的精美的唐朝纺织品以及在中亚高昌地区发现的几乎同样的纺织品，都展现出普遍流行的萨珊波斯的装饰形象、图案和象征。一般说来，这些东西已经完全融入了唐朝文化"。Schafer, *Golden Peaches of Samarkand*, 197.

计和技艺是支撑唐代时尚体系的创新力量。

　　设计传达了象征性的内容，并且像绘画风格一样，与时间、地点也有着间接的联系。通过接触带有地方特色的过去之物，制造者和使用者开始区分生产于蜀地（今四川）的锦与织造于越州（今浙江绍兴，9世纪时成为全国丝织业的中心）的丝绸。关于织物设计、形式和价值的知识与认知的变化密不可分，成为审美游戏中不可或缺的内容。试想，在一个纺织品深入渗透生活方方面面的社会里，织物成为时间和空间在象征意义与历史意义层面的记录，这不足为奇。有图案的丝绸成为个体及其身体区别于单色质感的关键。丝绸技术的创新与生产变革表明，唐代精英群体穿着"入时"主要依靠的是材料，而不是服装的形状和轮廓。

丝绸与权力

　　在中国唐代，丝绸生产是皇权行使的基础。丝绸充当赋税或用作货币的情况，在整个国家中随处可见。此外，布帛作为朝贡之物，是中央朝廷与周边地区联系的保证。作为政治交往中的礼物，素色和华丽的丝织品在促成联盟和展示国家财力方面发挥着重要作用。作为皇室与官员服饰的材料，丝绸还具有区分皇帝和臣民、精英和非精英的作用。

　　唐王朝在统治的第一个世纪便建立起庞大的作坊体系，促进了各种丝织品的生产，以供皇室使用。中央朝廷和地方政府在丝绸生产上的不断投资，加之贸易的增长和对丝织品的持续需求，扩大了纺织业的地理范围，也促进了相关技术和设计上的重大创新。宏观层面看，赋税制度、朝贡制度作为维持唐朝统治的核心制度，为丝绸生产的发展提供了良好的环境，并培育了相应的时尚体系。网络复杂的朝贡体系，强化了中央与地方之间政治、礼制和物质文化的关系。整套制度在地方差异的原则下运行，与普遍征税模式迥然不同，它要求地

123

方政府进贡该区域特有的农产品与工艺品。通过有差别的奖励措施，朝贡制度鼓励府州一级在专业化织造方面的创新，并将在整个国家内流通的区域性纺织品的名称进行定义与分类。

至唐玄宗的开元盛世，国家生产了种类繁多的丝绸，用作纳税、货币和礼品等多方面，其中包括绣有仙人和花卉图案的绫（一种斜纹丝织物）和轻如蛛丝的纱罗。随着绫、罗等织物流通的增加，在 8 世纪 30 年代，朝廷允许使用它们作为支付方式。然而，批量生产的类型始终是用于纳税的素色或简单的丝织品，其产地分布于三个区域——黄河中下游（河北道和河南道）、巴蜀地区（今四川，包括剑南道和山南西道），长江下游以南地区（江南道）。在 755 年安禄山叛乱之前，河北道、河南道成为主要的丝绸产地，为朝廷提供税收和高档丝绸（表 4.1）。[1] 统计发现河北 25 个州和河南 27 个州都可织造质量上乘的素布或绢。平纹织物最基本的编织方式是经线（线平行于织机的长度）和纬线（垂直于经线并穿过织机的宽度）一上一下交叉，最终形成十字交错的结构。河北、河南道的几个州都出现了纹绫、素色平纹纱、复杂的纱罗等纺织物。而巴蜀地区一直向朝廷进贡人们梦寐以求的多色锦缎和纱罗。

整个王朝的丝绸生产主要有四种组织形式：农村家庭副业，宫廷手工业（官府作坊），城市私人作坊，专业织造户。即便是政府在 780 年废除了租庸调制度，又为了固定各州的货币税率而实行两税法改革之后，农村家庭生产的布料仍占国家总收入的相当大一部分。各地用于纳税的布料有所不同，可用绫或者绝来代替普通的绢或麻布。[2] 在天宝年间，全国有 370 万左右的应税人口，大

---

① 编译自《唐六典》卷三《尚书户部》；交叉引用卢华语《唐代蚕桑丝绸研究》，第 10 页。参见《唐六典》卷三《尚书户部》，第 6–26 页。

② 仁井田陞：《唐令拾遗》，第 588 页。另见 Twitchett, *Financial Administration Under the T'ang Dynasty*, appendix 2。

约有 740 万匹绢和 185 万吨的棉被征收。在丝绸产区，一个普通家庭会在大约 10 亩土地上种植 100 棵桑树。赵丰曾估计（"十亩百树五匹绢"），这样一块地的丝可产出大约五匹的丝织物，其中两匹（相当于该家庭年丝产量的 40%）将用于缴纳国家赋税。①

由于纺织品作为官方认可的支付方式在市场流通，朝廷规范了纺织品名称、生产和加工的程序。这些举措旨在保证全国生产的丝绸质量一致，从而为流通中的织物建立一套通用价值体系。由此，规定所有的丝绸纺织物（锦、纱、罗、縠、绫、绸、绝、绢）宽 1 尺 8 寸（约 54 厘米），长 4 丈（约 12 米）②，为标准的 1 匹，而如麻等粗纤维织物的单位是"端"，1 端等于 5 丈。③ 在敦煌吐鲁番文书中，像锦一类复杂织物的单位被标识为"张"。④ 而生产不符合标准尺寸的布料，则是一种罪行。⑤ 原料与纤维加工的变化会影响织造质量，朝廷也试图管理这一点。负责评估税捐丝绸和麻布的户部，按每个产区织物的品质制定了一至八等的对照标准，品质最佳的为第一等，品质最粗糙的为第八等。⑥ 并根据各地区的资源情况，对纺织品征税进行调整。河北、河南道产区始终获得最高等级，而剑南产区的丝织物则为较低等级。在江南地区尚未成为主要丝绸产区时，只有少数几个州生产丝绸，且等级较低。

---

① 据此计算，天宝年间全国合计丝产地有 3700 万亩，桑树 3.7 亿棵。年产量将达到 1850 万匹，这意味着从 13.2 亿吨蚕茧中生产出 8500 吨丝线。参见赵丰《唐代丝绸与丝绸之路》，第 13–22 页。

② 《通典》卷六《食货典》，第 108 页；《新唐书》卷四八，第 1263 页。标准织布机的宽度据信与该尺寸相符，但敦煌吐鲁番文书中提到了宽度更大的丝织品。

③ 《通典》卷六《食货典》，第 108 页。

④ 吴震：《吐鲁番出土文书中的丝织品考辨》，第 101 页。

⑤ 售卖器皿、用具、丝绸和麻布的人，"若发现有缺陷（滥），太短或太窄，将受到六十棍重刑。"《唐律疏义笺解》卷二六，第 1860 页。

⑥ 朱新予主编《中国丝绸史》，第 146 页。

表 4.1　税丝产地分布（开元年间，733 年以前）

道	下辖州数	产丝州数
关内道 （今陕西北部，内蒙古中部，宁夏，甘肃）	22	4
河南道 （今河南，山东，江苏北部，安徽北部）	28	27
河东道 （今山西）	19	1
河北道 （今北京，天津，河北，山东北部，河南北部，辽宁西北）	25	25
山南道 （今陕西南部，四川东部，重庆，河南南部，湖北）	33	7
陇右道 （今甘肃）	21	0
淮南道 （今江苏中部，安徽中部，湖北北部）	14	4
江南道 （今江西，湖南，安徽南部，湖北南部，江苏南部，浙江，福建，上海）	51	0
剑南道 （今四川中部，云南中部）	33	32
岭南道 （今广东，广西东部）	70	0

　　丝绸命名的标准化有利于朝廷确定丝织物的普遍价值。然而，要想上述规定取得效果，地方官员还需具备纺织方面的专业知识。阿斯塔那墓地 226 号墓中出土了带有"景云元年折调细绫一匹"题记的织物，而事实上，它并非"绫"，而是以平纹组织编织的"绮"，这次标记失误证明了丝绸分类极易出现差错。[①] 这一残片在两方面具有启发意义：首先，税务官员书写题记的错误表

---

① 参见 Angela Sheng 在 "Determining the Value of Textiles in the Tang Dynasty" 中对丝绸命名法的讨论，第 175–195 页。

明，他对纺织品的了解没有延伸到其结构，而仅限于丝织物的外观；其次，这体现出纺织品命名法在解释考古发掘中丝绸技术的变化及修改方面仍有局限性。后者尤为明显地表现在丝绸之路沿线所出土的唐代复杂织物的识别与辨认上。

专业的丝绸生产在官府作坊、城市私人作坊和织造户中进行。隋朝时，隋炀帝在位期间（604—617），成立了少府监，作为中央官署内负责监督宫廷用品制造的主要机构。[①] 唐袭隋制，保留了中央官制的相关机构，并在中央和各州建立了较小的官府作坊，所有这些机构都在朝廷的管辖之下。这些机构以（少府）监为首，下设中尚署、左尚署、右尚署、织染尚署，并设掌冶五署及诸冶、铸钱、互市等机构。织染署负责监制和供应皇帝、太子、王公、文武百官四季所用之冠冕、组绶及其织纴和染色，其下包括 25 个专门制造御用织物的作坊：10 个织纴，5 个组绶，4 个绸线，6 个练染。每个作坊专门从事特定的织造、缠线和染色等工作。在 10 个织纴作坊中，有 8 个专门织造单一类型的纺织品：绢、绝、纱、绫、罗、锦、绮、縑，剩下的两坊专门制造布与褐。[②] 另有 83 名民间工匠在内作织造绫（"内作使绫匠"），以及 365 位能工巧匠在绫锦坊工作（"绫锦坊巧儿"），他们也被安置在宫廷中，受长官的指挥，独立于上述二十五坊之外。[③] 宫女们在内侍省下设机构掖庭局的监督下，也参与了御用丝织物的生产。以掖庭局为例，其管理着 150 名

① 604 年以前，太府寺为宫廷掌管金帛库藏出纳，以供国用，兼管冶铸、染织及宫廷手工业。随着少府监的建立，太府寺逐渐转变为政府的财政机构。在唐代，太府寺"掌财货、廪藏、贸易，总京都四市、左右藏、常平七署。凡四方贡赋、百官俸秩，谨其出纳。赋物任土所出，定精粗之差，祭祀币帛皆供焉"。见《新唐书》卷四八，第 1263 页；《旧唐书》卷四四，第 1889 页；《唐六典》卷二二，第 18–21 页。

② 《新唐书》中仅列出 9 个作坊，分别是：锦、罗、纱、縠、绫、绸、绝、绢、布。《新唐书》卷四八，第 1271 页。参见《唐六典》卷二二。

③ 《新唐书》卷四八，第 1269 页。

织绫的匠人（"掖庭绫匠"）。① 总体来看，少府监所掌管的临时、固定工匠人数应超过 5000 名。除掖庭局的绫匠外，其他纺织工在宫廷里的分布情况，以及在纺织生产过程中男女工匠的性别比例、分工等方面都存在有待研究的问题。

在宫外，长安、洛阳和益州（剑南道）、绵州（剑南道）、扬州（淮南道）、赵州（河北道）都建立了生产锦的官府作坊。② 大量私人作坊也存在于官府作坊周围。官府作坊从国家获取原材料与设备，而私人作坊则需自行负责原材料和工具的获取。据史料记载，最大的私人作坊在定州，由何明远所经营，他拥有 500 架用于织绫的纺织机。③ 织造户分布于主要的丝绸产区，为朝廷生产专门的丝织品，并代表地方政府生产大量的贡丝。织户与宫廷保持直接的联系，并受地方官署的监督，但不属于官府作坊。流程上看，府、州级政府从当地仓库中调拨材料，并确定编织的样式类型，如锦或绫，让织户按需制造，而后把各个织户生产的纺织品汇总并上贡给朝廷。例如，在河北定州和幽州、河南显州和豫州、剑南的梓州和江南地区的润州、越州等地的多个作坊都生产绫。④

作为贡品的丝绸，其价值与产地有关，正因如此，丝绸的名字通常来源于其产地。朝贡制度将地方技能与专长的分类映射到国家的地理上，重申了中央和地方不同州府之间的等级关系。而朝贡体系有效地促进了区域生产，有利于开拓唐朝的世界性视野。拥有珍稀的朝贡物品，某种程度上证明了唐朝皇帝统

---

① 《新唐书》卷四七，第 1221–1223 页；《通典》卷二七，第 755–757 页。而且"每掖庭经锦，则给酒羊"（《新唐书》卷四八——译注）。

② 赵丰：《中国丝绸通史》，第 193 页。

③ 参见《太平广记》卷二四三，第 1875 页。

④ 卢华语已整理了一份各地区生产作为贡品的丝绸纺织品的清单，并将安史之乱前后进行了比较。卢华语：《唐代蚕桑丝绸研究》，第 24–27 页。

治着一个幅员辽阔、文化多元的国家。正如唐敬宗对越州缭绫的需求，表明独特的贡丝是非常受欢迎的。[①] 在如此具有空间、区域性的物产中，地名增强了贡品的独特性，并使其价值提升。

8 世纪上半叶，益州（757 年更名为蜀郡）和定州以出产大量精美的上贡丝织品而闻名（表 4.2）。[②] 益州不仅有举世瞩目的"蜀锦"，当地的许多其他精美丝织品也受到宫廷青睐，成为贡品。其中有一种轻盈、细薄、透明的丝织品，名为"单丝罗"。[③] 丝织品虽然并不是江南道的例行租赋，但在 8 世纪初期，长江三角洲的广袤地区确实进贡了一大批工艺复杂的丝织品，如绫、锦等。天宝元年（742），韦坚被任命为水陆转运使，他奏请修建了一条与渭河平行的新运河，供前往都城的税船、贡船使用。[④] 来自会稽（今浙江绍兴地区）的船上载有"吴绫"，这是一种斜纹的丝织物，因产于吴地而得名。来自金陵（今江苏南京地区）的吉祥纹绫也被运往宫廷。尽管定州也一直保持着其在绫类织造上无与伦比的中心地位，但在天宝初年，朝廷收到了从江南地区手工作坊中织造出的超过 1500 匹花绫。[⑤]

---

① Jonathan Hay 就奢侈品和装饰提出观点，认为"来自远方的特产——与食物、茶或酒一样多的装饰品——由于地理分离而具有额外价值"。Hay, *Sensuous Surfaces: The Decorative Object in Early Modern China*, 42.

② 参见《新唐书》卷三七 – 卷四三，第 959–1157 页。《通典》卷六，第 106–141 页。参见《唐六典·尚书户部》卷三："厥赋绢、绵、布、麻。京兆、同、华、岐四州调绵、绢，余州布、麻。"开元、元和年间贡品清单，参见李吉甫：《元和郡县图志》卷二。参见佐藤武敏《中国古代绢织物史研究》第 2 册，第 311–320 页。

③ "单丝罗"是地方进贡给朝廷的土产之一。据《通典》记载："蜀郡。贡单丝罗二十匹，高纻衫段二十匹。今益州。"参见《通典》卷六，第 125 页。

④ 《旧唐书》卷一五〇，第 3222–3225 页："天宝元年三月，擢为陕郡太守、水陆转运使。自西汉及隋，有运渠自关门西抵长安，以通山东租赋。奏请于咸阳拥渭水作兴成堰，截灞、浐水傍渭东注，至关西永丰仓下与渭合。于长安东九里长乐坡下、浐水之上架苑墙，东面有望春楼，楼下穿广运潭以通舟楫，二年而成"；《新唐书》卷一三四，第 4560–4562 页："玄宗咨其才，擢为陕郡太守、水陆转运使。汉有运渠，起关门，西抵长安，引山东租赋，泫隋常治之。坚为使，乃占咸阳，壅渭为堰，绝灞、浐而东，注永丰仓下，复与渭合。初，浐水衔苑左，有望春楼，坚于下凿为潭以通漕，二年而成。"

⑤ 参见《通典》卷六，117 页："博陵郡。贡细绫千二百七十匹，两窠细绫十五匹，瑞绫二百五十五匹，大独窠绫二十五匹，独窠绫十匹。今定州。"

表 4.2　开元年间赋税用与进贡用丝织品分布

道	赋税	进贡
关内	1.绢 2.棉	—
河南	1.绢 2.绝 3.棉	1.纹绫 2.丝葛 3.方纹绫，鹦鹉绫，镜花绫，仙文绫 4.双丝绫
河东	—	1.白縠 2.绫绢扇
河北	1.绢 2.棉 3.绝	1.罗 2.绫 3.平绸 4.丝布 5.绵绸 6.春罗 7.孔雀罗 8.两窠细绫 9.纱 10.范阳绫 11.细绫 12.瑞绫 13.大独窠绫 14.平纱
山南	1.绢 2.绝 3.绸	1.白縠 2.绫 3.交梭縠 4.紫方縠 5.纹绫 6.重莲绫 7.白纶巾
陇右	—	1.白绫
淮南	1.绢 2.绝 3.棉	1.交梭 2.丝布 3.花纱 4.蕃客锦袍 5.锦被 6.半臂锦 7.新加锦袍 8.独窠细绫

道	赋税	进贡
江南	—	1. 纱 2. 绫 3. 白编绫 4. 交梭绫 5. 吴绫 6. 水波绫 7. 锦 8. 紫纶巾，红纶巾
剑南	1. 绢 2. 棉	1. 罗 2. 绫 3. 交梭 4. 单丝罗 5. 绵绸 6. 樗蒲绫 7. 丝布
岭南	—	—

　　朝廷之所以建立如此复杂而庞大的生产网络，旨在有效地控制这些"保值物"——布帛。同时，在内廷和有传统丝绸业的区域设立作坊，不仅对朝廷至关重要，而且促进了手工业在民间的发展。至唐朝末期，分散在全国各地的丝绸生产中心已经不再完全依赖朝廷的庇护而生存了。随着 8 世纪末到 9 世纪初"禁奢令"的失败，日渐式微的朝廷向地方织造作坊动用了所剩无多的权力，在那里，"新样"被应用于朝廷贡品和本地市场的织造生产。换言之，复杂丝绸生产的繁荣主要依赖于熟练织工，全国各地的熟练织工辛勤劳作，以满足朝廷和市场的需求和欲望。

作为战利品的织工

　　江南成为全国经济中心是丝绸业的最重大突破之一。在 8 世纪，大规模人口迁徙到长江以南地区，东北部各省的经济生产力随之南移。9 世纪的士大夫杜牧（803—852）曾描述江南地区的巨大变化："西界浙河，东奄左海，机杼耕稼，提封七州，其间茧税鱼盐，衣食半天下。"①

唐玄宗天宝十四年（755）安史之乱后，河北、河南道的重要丝税地沦陷，这是丝绸生产重心从北方向江南地区转移的主要原因。唐初，河北、河南道北部地区所贡献的丝税约占中央政府总收入的三分之二。然而安史之乱后，这些地区都被割据势力占领，两京的主要丝绸供应链就此被切断。到9世纪初，河北道几乎已经不再向都城提供任何产品，而河南道南部、中部虽然表面上仍是朝廷统辖下的一部分，但只不定期地缴纳赋税。朝廷被迫放弃了对藩镇势力盘踞区域原有丝绸产地的控制，开始向四川和江南地区征收大量丝税和贡品。自此以后，江南诸郡县向两京输送的素丝比其他任何地方都多。据经济史学家卢华语估算，该地区平均每年为朝廷生产3400万匹绢，是天宝时期平均税丝量的4倍之多。②唐宣宗大中三年（849），杜牧在《上宰相求杭州启》中又写道："今天下以江、淮为国命。"③长江中下游区域已成为9世纪丝织品"新样"的主要提供地。

与文学记载相反，开元及天宝时期的税收和贡税记录显示，在安史之乱前，江南道的丝绸织造就已经开始发展了（表4.2）。安史之乱后发生了明显变化的是该地区的丝绸产量和种类，以及朝廷对织户的控制力度（表4.3）。④越州是江南地区这一时期新兴的丝绸织造重镇之一，唐敬宗所推崇的劳动密集、工艺复杂的缭绫即发源于此。白居易曾在《缭绫》（见第五章）一诗中颂扬过这种丝织品。9世纪时，越州已经向朝廷进献宝相花纹、纱罗和绫等贡品。据官方记

---

① 杜牧：《李讷除浙东观察使兼御史大夫制》，《全唐文》卷七四八，第7750页。

② 卢华语：《唐代蚕桑丝绸研究》，第72页。

③ 杜牧：《上宰相求杭州启》，《全唐文》卷七五三，第7805–7806页。

④ 参见《新唐书·地理志》卷三七—卷四三，第959–1157页；《元和郡县图志》卷二五—卷二六，第289–641页。另见朱祖德《唐代越州经济发展探析》，第21–42页；王永兴《试论唐代丝纺织业的地理分布》，第288–290页。

载，原本没有手工业传统的越州一跃成为全国最好的丝织品生产中心之一，直到唐朝末期才逐渐被杭州和苏州取代。①

表4.3　9世纪江南道进贡丝绸

地区	元和时期（806—820）	长庆时期（821—824）
润州	—	1. 罗衫 2. 水纹绫，方纹绫，鱼口绫，绣叶绫，花纹绫
常州	—	1. 绸 2. 绢 3. 棉布 4. 紧纱
湖州	1. 布	1. 御服 2. 鸟眼绫 3. 绸布
苏州	1. 丝葛	1. 丝葛 2. 丝绵 3. 八蚕丝 4. 绯绫
杭州	1. 白编绫	1. 白编绫
越州	1. 吴绫 2. 花鼓歇纱 3. 吴朱纱	1. 宝花等各种丝罗 2. 白编绫、交梭绫、十样花纹绫 3. 轻容纱 4. 生縠 5. 花纱 6. 吴绢
明州	—	1. 吴绫 2. 交梭绫

唐代宗（762—779年在位）时期，江东节制薛兼训推动了越州丝织业的发展："初越人不工机杼，薛兼训为江东节制，乃募军中未有室者，厚给货

---

① 朱祖德：《唐代越州经济发展探析》，第40页。

帑，密令北地婺织妇以归，岁得数百人，由是越俗大化，竞添花样，绫纱妙称江左矣。"① 这段记载的开头提到了越地自身缺乏熟练的织工，强调越州之所以能一跃成为丝织重镇其实依赖于北方织妇的迁入。诗人施肩吾（780—861）悲叹道："可怜江北女，惯唱江南曲。"② 此处强调纺织技巧乃至更广泛的手工技艺的重要性，表明在当时技能与知识被认为是人与生俱来的，或者是嵌入某一特定人群中的本领。要想转移这些具体技术，就需要移动从事这种劳动的群体，而不是获取技术本身。③ 朝廷很清楚熟练工匠在传播纺织知识方面的宝贵作用，以至于如果一个造意者（指的是图样设计师）被发现非法生产丝绸，他将面临三年的流放之刑，而他的织工则将被判流放两年半。④ 这项法令体现出，朝廷是考量人员的技能、分工后确定处罚级别和内容的，进一步而言，唐朝已经制定了工艺生产相关的等级制度，并且将造意者置于最高级别。

　　唐朝文学与历史资料中经常出现的主题之一，就是在战争和叛乱中被俘获的手艺人和年轻女子。⑤ 唐文宗大和三年（829），南诏（今云南地区）派遣军队攻打蜀郡治所成都（前益州），唐朝的劳动人口、资源因此遭到沉重打击。⑥ 经

---

① 李肇：《唐国史补》，第 65 页。

② 施肩吾（780—861）：《杂古词》，《全唐诗》卷四九四，第 5588 页。

③ 杜环《经行记》记载了他在大食国阿斯巴王朝首都亚俱罗（今伊拉克库法）的经历，显示当时有唐朝金银工匠、画家、织工受雇于库法："绫绢机杼，金银匠、画匠、汉匠起作画者，京兆人樊淑、刘泚，织络者……"《通典》卷一九三，第 5280 页。唐天宝十年（751），杜环随高仙芝在怛逻斯城（今哈萨克斯坦江布尔）与大食（阿拉伯帝国）军作战被俘，并在库法做了 10 年的战俘。在他被释放回到唐朝后，以《经行记》记录下了自己的经历。《经行记》原书惜已失传，有 1500 余字保存于《通典》引文中。

④ 此处遵循了赵丰、王乐对该名词的翻译方法。赵丰、王乐，"Glossary of Textile Terminology (Based on the Documents from Dun-huang and Turfan)," *Journal of the Royal Asiatic Society*, Vol.2, 349-387。设计师是此处的"造意者"（本意指在犯罪中起组织指挥作用的人），这里他受到的罪责也比其他人重。

⑤ 掳掠纺织工人作战利品的传统古已有之。战国时期，楚国与鲁国达成和平协议，条件是补偿织工、裁缝和木工各 100 名。《春秋左传注》第二册，第 807 页。

⑥ 参见《南蛮传》，《旧唐书》，卷一六三，第 4264 页；《新唐书》卷二二二，第 6282 页；《资治通鉴》卷二四四，第 7868 页。关于南诏，参见 Backus, *The Nan-chao Kingdom and T'ang China's Southwestern Frontier*。

过 10 天的战斗，南诏军队掳掠了约 1 万名年轻妇女、工匠和劳力南撤。[①] 入侵蜀郡后，原本缺乏复杂丝绸生产技术和劳动力的南诏，能够"如今悉解织绫罗也""工文织，与中国埒"[②]，与中原腹地的织品在工艺上不相上下。南诏丝绸业的突然成熟表明，在成千上万的俘虏中，必然包括纺织工人。[③] 唐宣宗大中九年（855），文人卢求写道，在战乱期间，成都及周边地区"工巧散失，良民奸殄，其耗半矣"。[④] 实际上，卢求夸大了破坏的程度，因为蜀郡的纺织户很快从战乱中恢复过来，并向朝廷进献了几千匹绫、罗、锦作为年度贡品。[⑤]

对于李肇及之后的卢求而言，在那个职业与地位紧密相连的社会里，把劳动技能和劳动者本人视为天然的整体，是人们心中默认的常识。江南和南诏地区纺织业的迅速发展，都依赖于织工本身的存在。唐朝精英群体，特别是生活在 9 世纪者，也会出于其他原因（见第五章）而坚信天赋、技巧、才能与个人不可分割。但普普通通的织工和图样设计师究竟是如何创造出吸引唐朝精英的"新样"，又怎样使它们成为禁奢令无法跟上的潮流？这仍然是一个谜。

① 朝廷认为，当时镇守蜀郡的杜元颖（769—833）玩忽职守，要对南诏的入侵负主要责任。唐敬宗即位后"童心多僻，务为奢侈"，致使"元颖求蜀中珍异玩好之具，贡奉相继，以固宠宠。以故箕敛刻削，工作无虚日，军民嗟怨，流闻于朝。太和三年，南诏蛮攻陷戎、巂等州，径犯成都。兵及城下，一无备拟，力率左右固牙城而已"。皇帝和官员的腐败使军队没有足够的给养，导致南诏兵临城下之时无抵挡之力，"蛮兵大掠蜀城玉帛、子女、工巧之具而去"。值得注意的是，《旧唐书》的这段记录提到了"工巧之具"和劳动力，而劳动力的形式是"子女"，而非成熟工匠。《旧唐书》卷一六三，第 4264 页。

② 参见樊绰（活跃于 860—873 年）：《蛮书》卷七，第 336 页："俗不解织绫罗，自大和三年蛮贼寇西川，掳掠巧儿及女工非少，如今悉解织绫罗也。"《新唐书》卷二二二，第 6282 页："将还，乃掠子女、工技数万引而南……南诏自是工文织，与中国埒。"

③ 南诏侵蜀（829）之前 50 年，即 779 年（唐代宗大历十四年），吐蕃与南诏结盟，大举入侵西川。西川节度使崔宁的传记中记载，吐蕃首领曾告诫部众："吾要蜀川为东府，凡伎巧之工皆送逻娑，平岁赋一缣而已。"《旧唐书》卷一一七，第 3200–3201 页。

④ 参见《成都记序》，《全唐文》卷七四四，第 7701–7703 页。关于此次入侵与佛教艺术发展的关系，参见 Howard，"Gilt Bronze Guanyin from the Nanzhao Kingdom of Yunnan，"1-12。

⑤ 西川每年按规定应该生产 8167 匹贡布。南诏侵蜀后，西川进贡布匹数目的变化目前有两种说法：史料记为减少了 2510 匹，一些文学资料则记为仅减少了 500 匹。参见《文宗本纪》，《旧唐书》卷十七（下），第 537 页："敕度支每岁于西川织造绫锦八千一百六十七匹，令数内减二千五百十匹。"另见《册府元龟》卷四八四，第 1211 页："每年於剑南西川织造年支绫罗锦等共八千一百六十七匹，令数内减二千五百十匹。"

通过对丝绸之路沿线出土丝织品的研究，我们可以探索纺织技术交流的环境，这种交流正是推动纺织图案多样化以及图案编织技术改进的一大因素。丝绸之路沿线的绿洲城市及西域腹地贵族墓葬发掘出的丝绸，展示出一系列令人眼花缭乱的缤纷图案，彰显了当时纺织工匠的精湛技艺。从 6 世纪到 8 世纪，丝绸之路沿线的贸易与唐朝向中亚的扩张，使新的商品、技术和人口渗透大唐的边境城镇和内陆地区。同时，这种焕发勃勃生机的贸易对奢侈丝绸织造业产生了深远影响。来自西域的视觉文化、物质文化一起涌入中原，为唐朝工匠带来了新的图案、色彩和织造手法。因此，对唐代时尚系统来说，织工和他们的技艺，与唐朝的赋税、朝贡制度同样重要。

装饰与身体实践

在唐代的丝织品中，彩色纹锦上常出现这样一种主体纹样：动物、人物被环绕于圆圈之内，各圆圈之间点缀以花卉图案，这就是团窠纹（也称团花纹）。此类织锦的样式最为新颖时尚，引起了纺织史学者的极大关注。如此复杂的纹样构成曾见于一条横幅（幡，或广义上的旗帜）之上：四位猎人各骑着一匹翼马（带翅膀的马），左右对称排列（图 4.3）。这件织物现保存于日本奈良法隆寺内，它被普遍认为是在唐朝织造完成后于 8 世纪早期传入奈良的。[①]

细致观察，每个圆形图案中四位骑士均手挽弓箭对准一头正在猛扑过来的狮子。位于上方的翼马为黄绿色，其后臀上有一"山"字；下方的翼马为靛蓝色，后臀有一"吉"字。一棵枝繁叶茂的树矗立在圆环（学术上称团窠）的中央，外环则由二十颗白珠连成，并被四方的回纹分割为四段。各圆环之间，是由宾花、联珠环以及被簇拥于中心的莲花合成的图案装饰。此件四天王狩狮纹

---

① Yokohari, "The Hōryū-ji Lion-Hunting Silk and Related Silks," 155–73.

图 4.3　四天王狩狮纹锦，8 世纪
狩狮者呈镜像对映，上方的两匹翼马为黄绿色，下方两匹为靛蓝色
斜纹纬锦；长 250 厘米，宽 130 厘米
藏于日本奈良法隆寺
东京国立博物馆图像档案

锦在图案设计及纺织工艺上都精妙绝伦，它与萨珊波斯风格以及从埃及安底诺
伊遗址出土的纹锦 ① 有着紧密联系。

① Geijer，"A Silk from Antinoe and the Sasanian Textile Art," 3–36；Meister，"The Pearl Roundel in Chinese Textile Design," 255–267；Harper，*In Search of a Cultural Identity: Monuments and Artifacts of the Sasanian Near East, Third to Seventh Century A.D*；Trilling，*Ornament: A Modern Perspective*；Muthesius，*Studies in Byzantine and Islamic Silk Weaving*；松本包夫：《正仓院裂与飞鸟天平的染织》；Schrenk，*Textilien des Mittelmeerraumes aus spätantiker bis frühislamischer Zeit*。

从 6 世纪开始，由联珠环扣并在中央饰以动物或人物形象的团窠纹便广泛传播于丝绸之路连接的各个地区。在阎立本的《步辇图》中，使节禄东赞穿的锦袍上便有成行的团窠纹（图 3.18）。[1] 瑞士阿贝格基金会收藏着一件形制与《步辇图》中禄东赞所着服饰类似的长袄（图 4.4），上面装饰有排列整齐且贝联珠贯的团窠，而每个圆环内都织有对鸟。令研究者们困惑的是，大量纹样相仿、工艺相同的丝织品使人很难明确分辨哪些织锦残片出自唐朝工匠之手，哪些出自粟特人，甚至是西域以西的工匠之手。这既是对辨识力的巨大挑战，也体现出团窠纹的巨大魅力。一位研究罗马帝国晚期和萨珊波斯的学者将这种见于 3 世纪至 8 世纪由图案表现出的文化流动状况描述为"全球性的贵族装饰"现象。[2]

135

实际上，团窠纹如第三章所述的"唐美人"一样，是由整个王朝的服饰设计者和织工根据某个模板改造并内化而来的。团窠纹的特点在于，它提供的是"骨架"或者说可以承载多样性的框架结构，可以在其上使用各式各样的方法、内容来构建图案（图 4.1）。在 8 世纪，织工用复杂的宾花、花环或缠枝来装饰宝相花纹的轮廓。这种合成花纹可以在存世的 8 世纪服饰上找到，比如收藏于中国丝绸博物馆的锦绣花卉纹绫袍（图 4.5）、藏于正仓院的绿地锦半臂残片（图 4.6），以及克利夫兰艺术博物馆所藏的团窠对鸭纹圆领直襟袄和宝相花纹绫裤（图 4.7）。其中，克利夫兰艺术博物馆所藏的裤子和袄的里料（袄是斜纹纬锦）均为绫，装饰以大型宝相花纹：六瓣形花朵为中心，内外两圈由花冠包围而成。这些曾保存于吐蕃的衣物充分显示了装饰花纹的灵活应用性，更重要的是，鲜明地展现了这个时代丝织品、设计与工艺的易流通性。从上衣、裤子的混合形制及装饰来看，它们可能出产于吐蕃。8 世纪晚期吐蕃控制范围一度

---

[1] Amy, "Two Inscribed Fabrics and their Historical Context," 95-118.

[2] Canepa, *The Two Eyes of the Earth*, 210; 另见其 "Distant Displays of Power," 121-154.

图 4.4 团窠对鸟纹袄，9 世纪或 10 世纪
斜纹纬锦；中亚
©Abegg-Stiftung，CH-3132 Riggisberg, 2011
摄影：Christoph von Viràg

延伸到了今四川、甘肃和吐鲁番的部分区域。[1]

　　势力扩张使吐蕃贵族可以更密切地接触其新近征服区域内居住的粟特和唐朝腹地手工业者所生产的商品。专家学者结合了风格、图形与工艺特点，推测团窠对鸭纹圆领直襟袄（图 4.7）的外层纹样源自粟特，而其裤子和上衣里料则很可能由汉人织工制作。[2] 然而，他们证明此结论列举的多是间接证据。尽管

①　Canepa, *The Two Eyes of the Earth*, 37.

②　Watt and Wardwell, eds., *When Silk Was Gold*, no.5, 34-37.

图 4.5 锦绣花卉纹绫袍，唐代
每个宝相花纹直径 44 厘米，由里到外共三层：开放的重瓣花卉在中心，夹层是 8 朵卷云纹样，最外
层是 8 朵盛开的莲花
绫，袖口分别装饰有两条锦缘；长 138 厘米，宽 248 厘米（袖展宽度）
藏于中国丝绸博物馆

图 4.6 绿地锦半臂残片，
8 世纪
由两种不同布料缝制而成，
一面为红地，另一面为绿地
丝绸，锦；长 61 厘米
藏于日本奈良正仓院

（A）

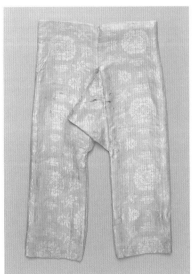

（B）

（C）

图 4.7 （A）团窠对鸭纹圆领直襟袄，8 世纪

可能产于现乌兹别克斯坦地区。斜纹纬锦；长 48 厘米，宽 82.5 厘米

克利夫兰艺术博物馆于 1996 年 2 月 1 日从 J. H. Wade 基金会购入

（B）宝相花纹绫裤及（C）团窠对鸭纹圆领直襟袄里衬，8 世纪

以六瓣形花为中心，内外两圈花冠包围而成的大型宝相花纹在设计理念上与中国丝绸博物馆藏锦绣花

卉纹绫袍上的纹样相似（图 4.5）

裤：绫，白色；长 52 厘米，宽 28 厘米；里料：绫，棕色

克利夫兰艺术博物馆于 1996 年 2 月 2 日从 J. H. Wade 基金会购入

如此，我们可以肯定的是这套服饰是经过不同丝织品的结合而产生的，它的存在本身就体现出时尚体系在地理上串联着广阔的区域，图案、设计工艺甚至工匠都在其中传递和交流。

无处不在的团窠纹证实了装饰在国家与民众的交流中，以及在时尚的审美游戏中所起到的重要作用。在以皇室和贵族为风向标的时代背景下，装饰物定义了宫廷文化，传达了威望与权力。装饰可以调节使用者与物品的关系，关乎使用者的社会地位和社交活动。通过获取来自遥远文化圈的装饰（类型）物并将其融入本地饰物的视觉领域，奢华丝绸的主顾们不断地创制和塑造着他们自己及世界的新形象。例如，唐代贵族墓葬的视觉与雕刻设计为逝者重新塑造了一个在来世生活的世界。通过与当时视觉文化、物质文化的接触来进行意义建构的实践，这正是支撑唐代时尚体系的审美表现。换言之，装饰是一种文化和社会体验的媒介，它开辟了一个符号化的、视觉化的和具有物质可能性的世界，这是其他表现形式无法做到的。唐代画家利用服饰的视域来丰富表义方式，也是出于同样的原因。依此看来，装饰及其设计绝不是表面功夫，实际上，它是时尚审美的根本。

设计即创意

为何隋唐王朝的织工制作出的丝绸纹样，会与萨珊波斯的石刻和金属制品上的装饰图案惊人相似？这在很大程度上还是个未解之谜。关于外来纺织技术的引入，有一个长期存在的理论，认为何稠（约540—620）起到了特殊的作用。何稠的祖辈是来自西域何国的粟特人，他在隋朝为官，凭借工艺制造方面的突出才能隋史留名。[①] 作为一个第三代移民，何稠在隋朝初年被

---

① 在中亚与隋唐的丝织品关系的研究中，有关何稠的故事经常被引用。参见 Zhao and Simcox, "Silk Roundels from the Sui to the Tang," 80-85；Watt and Wardwell, *When Silk Was Gold*, 23-24。

任命为御府监和太府丞。① 当时隋文帝命他仿制波斯使者定期进贡的华丽"金绵锦袍"，何稠便制作出一件工艺精湛的锦袍，其精美程度甚至超过了波斯贡品。后人认为，他并非复制了金绵锦袍，而是创造出了更加美丽的织物。

从张彦远的《历代名画记》中，我们可以认识另一位丝织品设计师，唐太宗统治时期被封为陵阳公的窦师纶，他在织锦设计上引进了对雉、斗羊、翔凤等纹样。② 窦师纶任益州大行台检校时创造出以这些纹样为主题的"瑞锦"和"宫绫"，这被张彦远用"章彩奇丽"来形容。成对的动物和神兽或在团窠内，或在类似麴氏墓舞者俑半臂上的圆环内，蜀人谓之"陵阳公样"。③ 考古出土的许多织锦和纹绫上都出现了对鸭、翔凤、龙和游麟，它们由缠枝、莲花或树叶果实组成的圆环围绕（图4.8）。这证明了此设计在7世纪至8世纪广泛流传，但是它们和窦师纶并没有直接联系。④

张彦远将窦师纶纳入对古代画家的研究探讨中，便是在绘画风格与纹样设计间画了一条平行线：画师与丝织品设计师都通过对事物形态和外观的把控来创造视觉快感。光彩夺目的丝绸便如同"唐美人"形象一般，诱惑着眼睛和心灵。复杂的设计和构图进一步显露出为提升观赏者愉悦体验所需的技巧和工时。与画作相比，丝织品更能激发身体的全部感官体验。织物的质地和平滑度是决定其用途的关键因素。在唐代，和现在一样，色彩、装饰和面料的触感在服饰和身体呈现方面都是最重要的。丝织品设计无疑是支撑唐代时尚体系的一股创新力量。

---

① 《隋书》，卷六八，第 1596–1598 页;《北史》，卷九〇，第 2985–2988 页。

② 张彦远:《历代名画记》，第 309 页。

③ 武敏从吐鲁番出土的丝绸中发现了几件能辨识图案的丝织品，她认为这些丝织品是 7 世纪前于四川生产的。武敏:《吐鲁番出土蜀锦的研究》，《文物》，1982（6），第 70–80 页。

④ 窦师纶具体的生卒年不详，大致生活于唐初，所以与 7—8 世纪纹样的流行可能并无直接关联。——译注

图 4.8　连珠龙纹绮，约 710 年
黄色平纹地，斜纹纹样；长 21 厘米，宽 25.1 厘米
双流县（四川）织造；阿斯塔那 221 号墓出土
藏于新疆维吾尔自治区博物馆

　　像何稠一样，"性巧绝"的窦师纶让我们见证了设计上的创新是如何被归功于个体才华的。由于对何稠和窦师纶的记载集中于纹样图案方面而非织造过程，我们无法得知两人是否亲自参与了丝织品的制作。文献记载的缺乏导致唐代作坊中织物设计与生产间的关系无法再现。丝织品上的新颖纹样与这两人的关系仍然引人深思这类设计师型的人物是如何参与唐代的时尚体系的。

　　何稠、窦师纶的设计师和制造者角色，隐晦地表达了事物外表的变化或新装饰风格的到来是经由具备才能的个体进行创新，进而带动广泛流行的一种实践。有关何稠与窦师纶的记载着重叙述了他们的设计流程：开始于创意的出现，再以草图或设计图的方式呈现出来，然后由织造作坊做出实物。何稠重新制作且超越了萨珊波斯的金绵锦袍，窦师纶在制作皇家用物时创造了"章彩奇丽"的纹样，他的作品被誉为"陵阳公样"。凭借某些创意或设计，他们成为创新和时尚变革的代言人。新事物首先在外观上区别于熟悉的旧事物，它的价值源于其制作者所施展的技术水平。华丽的丝绸在价值与工时之间确立了清晰的正比关系。当生产是为皇帝服务时，这些为消遣取乐而产生的新事物体现了帝王的至高权力，以及他在朝贡、时尚体系中对技工的主宰地位。与之相较，让胡服或是安乐公主的百鸟裙成为流行的宫廷女性们，并未得到史官的赞美，史官不仅没有将她们誉为革新者，而且讽刺其为有失体统、"服妖"。将女性与违背禁奢令的华丽装扮或异域服饰联系在一起，唐代史书的编纂者就像唐美人的绘画者一样，推动了时尚的女性化。一千余年以后，这个话题也成为 19 世纪欧洲的讨论焦点，即对衣着的偏爱是否广泛存在于女人的天性之中。①

　　制作者的独创性与对时尚事物的渴望和获取，这两者之间的差异，或许可以解释为何宫廷与"新样"丝绸间的关系总是充满矛盾。一方面，只要是为宫廷所用，任何新风格都会受到珍视；另一方面，如果违反禁令，纹样设计者将遭受严酷的刑罚。唐文宗是这两方面"交叉"的典型。当他于 832 年改革官服服制时，使用了几年前曾因过于华丽奢侈而被禁止的长袍、外袄式样，比如代表官阶的鹘衔瑞草、雁衔绶带、成对孔雀纹样绫。②他曾下令禁止使用绫制作衣物，而自己可以逍遥于禁令之外。文宗与户部侍郎李石谈话时曾总结了自己

---

① 在这个历史发展阶段，见 Jones, *Sexing La Mode: Gender, Fashion and Commercial Culture in Old Regime France*。
② 《唐会要》卷三一，第 668–672 页。

的忧虑："吾闻禁中有金鸟锦袍二，昔玄宗幸温泉，与杨贵妃衣之，今富人时时有之。"[①] 昔日皇宫中的珍品成为今日富人可得的寻常之物。皇帝的不满反映了宫廷与丝绸生产之间的矛盾关系，转而也反映了统治阶层与追求时尚的臣民之间的矛盾。本质上，朝廷通过对丝绸的持续投资以及随之而来的装饰品需求，使繁复装饰的丝织品成为表达财富、地位和时尚意识的关键。

窦师纶和何稠或许为皇室设计了精美的用品，并引发了人们对复杂丝织物的渴望，但奢华丝绸产量的增长实际上依赖于另外一种完全不同类型的设计流程。窦师纶、何稠这样的设计师所展现出的创造力与意识，不足以解释当时数量庞大的织工是如何掌握新工艺并用来制作丝织品的。这些"新样"后来更广泛地为"富人"所用。巧如窦师纶的设计师或许可以运用非凡的才智搭配出新颖的图案，例如保存至今的联珠纹对龙（在唐代丝织物上可见）。但是，如果没有相对应的织工技艺与工具，这种卓绝的设计是不可能产生的。[②]

设计即制造

丝绸设计与时尚体系的变化轨迹实际就是图案化的过程。这一过程或需要开发新的织造工艺，或需要引进印染技术。阅读文献时，可以发现史书编纂者的"区别对待"，他们为何稠、窦师纶这类人物积极书写，将其塑造为独具创造力的官吏，但对唐代广大的织工群体不感兴趣，吝惜笔墨。因此织造史并不见于文本文献中，丝绸工艺和织造实践的改变只能从实物资料中进行重建。以前面章节多次提及的两项创新——纬面图案和夹缬染色为例，它们诠释了作为时尚关键驱动力的技术、工艺和设计之间的重要关系。简言之，织工们在丝织

142

---

① 《新唐书》卷一三一，第 4514 页。

② Tim Ingold 曾提出，设计是"行为本身的内在因素，是人类、工具和原材料的协同效应"。参见 Ingold, *The Perception of the Environment*, 352. 感谢 Annapurna Mamidipudi 让我想起这个重要论点。

和印染技术上所做出的变革，使得更大规模、更高质量地为宫廷、贵族生产装饰丝织品成为可能。尤其是编织技术的改进，尽管使用者难以察觉，但对于大量由唐代流传至今的对称设计复杂织物而言至关重要。

正如何稠的记载所暗示的那样，团窠纹的通用与广泛表达很可能是通过贸易、外交和战争带来的频繁互动维持的，并通过流动人群进行传播。定居在丝绸之路沿线绿洲城邦的粟特商人和工匠，在促进隋唐王朝与萨珊帝国之间的贸易和丝织品委托生产方面发挥了关键作用[1]，粟特商人通过投资新图案的织造推动了技术的传播。[2] 作为最大的粟特人聚居地，吐鲁番一直是保存古代丝织品创新历史的重要考古遗址。

接下来的部分，我们从技术史的层面详细了解中国古代的丝织工艺。从吐鲁番地区发掘出的织物可追溯至 6—8 世纪，它们揭示了纺织技术的一个重大转变：纬面图案技术的采用。在该技术中，多组纬纱与经纱交织形成图案（图 4.9）。大约 6 世纪以前，复杂的丝织品都是经面图案（图 4.10），纺织史学家对纬面织法的起源和采用纬面织法的动机仍存在分歧。[3] 平纹纬锦和斜纹纬锦始现于 6 世纪前后（图 4.11 和图 4.12）。在经面图案织造过程中，由于经纱必须在高张力下拉伸，因此经纱线必须是粗糙的，从而产生更高拉伸强度的产品，而织造纬面图案时，织工则可以使用更细的丝线，因纬纱不需要在织机上拉伸，从而可产生更光泽细腻的丝绸。使用者对这种丝绸在手感上的变化，感到异常新奇。使用者也许不会理解手感上的变化跟织物结构有关，正如税收与贡品记载所证实的那样，丝织品主要是按图案和生产地来记录变化的。至 8

---

[1] 参见 Compareti，"The Role of the Sogdian Colonies in the Diffusion of the Pearl Roundel Design，"149-74。

[2] 作为粟特人和汉人织工之间交流的证据，盛余韵展示了一组不同寻常的带简单几何图案的锦，吐鲁番出土。盛余韵，"Innovations in Textile Techniques on China's Northwestern Frontier, 500–700 AD，"117-60。另见盛余韵，"Textile Finds along the Silk Road，"42-48。

[3] Angela Sheng, Wu Min, and Zhao Feng in Regula Schorta, ed., *Central Asian Textiles and their Contexts in the Early Middle Ages* (2006)。

图 4.9　装饰云纹带和吉祥图案，约 548 年

这是最早的一件纬丝显花的纹锦平纹纬锦；长 15 厘米，宽 20.5 厘米。阿斯塔那 313 号墓出土

藏于新疆维吾尔自治区博物馆

世纪初，斜纹纬锦织物进入官方作坊，这一点可从奈良法隆寺所藏四天王狩狮纹锦得到证明。约 8 世纪中叶，织物结构再次改变，纬线出现在成品织物的正面和背面（图 4.13）[1]，纬锦织物和随后的辽式纬锦织物的发展都依赖于织机技术的进步，使织工能够以更可控的方式管理多组经纬线。[2] 织物结构的变化很大程度上取决于织机的技术可能性，例如在提花机中增加多个综轴，用于下沉与抬升经线。[3] 操作束综提花机时，织工可按预定顺序升降任何经线组合，从而简化了重复大规模图案的织造过程。

---

[1] 这种编织方式被称为辽式，是因为用该技术编织的丝绸最早发现于辽代（907—1125）墓葬中。Kuhn, ed., *Chinese Silks*, 223.

[2] 参见盛余韵，"Textiles from Astana: Art, Technology, and Social Change," 117–27；赵丰，"Weaving Methods for Western Style Samit from the Silk Road in Northwestern China," 189-210。

[3] Becker, *Pattern and Loom: A Practical Study of the Development of Weaving Techniques in China*, 55-79.

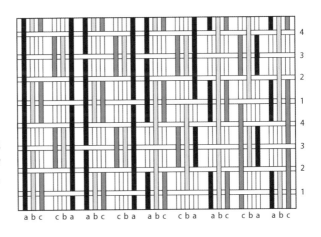

图 4.10　平纹经锦（示意图）
经纱图案组织由两个或两个以上
系列的互补经纱（经纱被标记为
abc）和纬纱（纬纱呈水平排列，
被标记为 1234）组成
詹妮弗·肖茨绘制

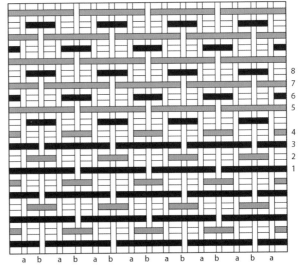

图 4.11　平纹纬锦（示意图）
纬面图案由两个或更多系列（1234
和 5678）的互补纬纱、主经纱
（a）和接结经纱（b）组成。织物
表面覆盖纬线，纬线隐藏了经纱的
主要末端
詹妮弗·肖茨绘制

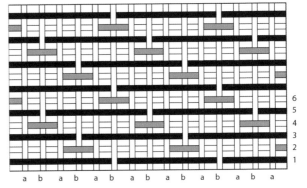

图 4.12　斜纹纬锦（示意图）
接结经纱（b）将纬纱固定成斜纹，
基础织造组织示意图参见附录
詹妮弗·肖茨绘制

第四章　设计　**185**

图 4.13　带四叶图的宝相花纹，8 世纪或 9 世纪
斜纹纬锦；高 61 厘米，宽 71.1 厘米
购买者约瑟夫·普利策的遗赠，1996 年
藏于纽约大都会艺术博物馆

　　束综提花机的发明对平纹经锦、斜纹纬锦和斜纹绫的生产尤为重要，因为它使织工能够在经纬两个方向重复图案单元。[1] 一座年代为 653 年的阿斯塔那

---

[1]　Dieter Kuhn 认为，提花机的雏形产生于汉代晚期（25—220），可以靠一个装置来提升单根或小股的经纱形成图案。根据库恩的说法，这种早期提花机可能由踏板织机和花综杆织机的结合发展而来，并可能用于数量有限的多色经面图案织物的生产。见 Kuhn, "Silk Weaving in Ancient China," 77-114。

墓葬中曾出土的黄地联珠小团花纹锦，是已知最早在经纬两个方向上都有图案重复的纺织品之一（图 4.14）。该织物的存在表明，束综提花机在 7 世纪已得到发展，使得织工能在两个方向上重复制作小团花。[①]2013 年，考古学家在成都老官山一处汉代墓葬中发现了 4 个提花织机模型，该发现可追溯至公元前 2 世纪下半叶[②]，证实了四川地区的汉族织工已在使用带有多综提花织机来生产闻名天下的多彩平纹经锦——蜀锦。唐代作坊中使用的提花机很可能正是从这些早期模型中衍生而来。

由于缺乏唐代织机的文字资料，我们很难断定由经面向纬面图案技术的转变是否由机械的发明推动，也不能确定纬面图案被广泛采用的原因。目前的资料只是表明生产规模的扩大与经面图案向纬面图案的转变几乎同时发生。由此推论，纬面图案应该是一项可以被中央和地方府州作坊的织工快速学会的技术。继续探索，我们会发现，向纬面图案过渡的一个动机可能是它简化了织造过程。落到操作层面，修整纱线所需的时间更少，反过来生产的数量、效率也就提高了。设计上的改变往往不是单纯出于审美的变化，而是出于节省劳动力的考虑。这一编织实践的重大变化（经面向纬面图案的变化）肯定是伴随着轴的发明而发生的，轴用来提升经线以允许纬纱插入。大量斜纹绫的资料证明，织造技术已从宫廷、官府作坊传播至私人作坊。[③]值得注意的是，技能的传播与织造技术同样重要。

从上述论证中，不难看出仅凭宫廷需求与精英阶层的品味，不足以推动织物设计的创新。织物设计的创新取决于织机的能力和织工的知识。像团花纹一

---

① Watt, *China: Dawn of a Golden Age, 200–750 AD*, 见 cat.no.239，P.340。

② 谢涛等:《成都市天回镇老官山汉墓》,《考古》, 2014 年第 7 期，第 59–70 页；另见赵丰等，"The Earliest Evidence of Pattern Looms: Han Dynasty Tomb Models from Chengdu, China," 360-374。

③ 盛余韵，"*Determining the Value of Textiles in the Tang Dynasty*," 187。

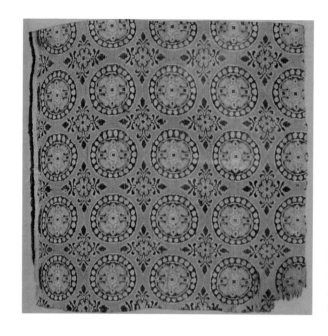

图 4.14　联珠小团花纹锦，约
653 年
图案单元很小，可以在织机宽度
范围内重复 6 到 8 次；小团花结
在经纬两个方向上重复
斜纹经锦；宽 19 厘米，长 19 厘
米。阿斯塔那 211 号墓出土
藏于新疆维吾尔自治区博物馆

类的装饰就是通过图案与技术的持续互动而实现的。对设计制造者而言，创意
和功能同等重要。在那个技术创新的时代，他们创造了不同规模和复杂程度的
重复对称样式。新技术也被用于新、旧融合中，比如在新的织物结构中使用旧
的图案，现存于新疆维吾尔自治区博物馆的一块斜纹花绫裙残片（图 4.15），
即是由一系列八色经纱组成交替的条纹。① 另一块设计相似的丝绸，则是以双
层复合织锦（双层锦或双面锦）条纹为地，上面交错排列六瓣花纹，所谓双层，
是由两组经纱与原本的纬纱交织形成（图 4.16）。还有一块二色斜纹绫残片，
上有一对口衔丝带结的站立孔雀，它很可能是某个大型复合图案——大团窠对
孔雀纹样的组成部分（图 4.17）。二色绫是用不同色彩的经线和纬线交织，在
已完成的图案上创造一种渐变的色调。唐玄宗曾于 714 年明令禁造二色绫，但
据记载，这种奢华复杂的丝织品仍然被制造，玄宗曾赏赐给安禄山 4 件"瑞锦"

---

① 马承源、岳峰主编：《新疆维吾尔自治区丝路考古珍品》，图版 54。

丝绸织成的红色长袍[1]以及 8 件二色绫褥。[2]

时至 8 世纪后半叶，一种新的织造方法进入纺织工匠的技术范围，它可以用于制作小团花 – 花卉纹团窠、联珠纹 – 珍珠环绕成对动物纹（图 4.18）。[3]这就是夹缬技术，该方法[4]是将木质雕版浸入染缸中，织物在被纵向对折后用雕版夹紧，其中雕版的凸起部分可以避免被染色，而凹陷部分则可以让染料穿透织物形成图案。最早的夹缬织物可追溯至 751 年，出土于吐鲁番阿斯塔那的 38 号墓和 216 号墓中。唐末，这种印染技术已经成为广泛使用的装饰技术（图 4.19）。法门寺 874 年的《衣物帐》丝绸清单中，也列有几件夹缬物品。[5]

目前，我们对夹缬的发展历程还知之甚少。宋代辑录的唐代轶事集《唐语林》中记载了一则相关的故事，宣称用两个对称雕版在纺织品上印刷图案的方法是由唐玄宗的妃嫔柳婕妤的妹妹发明的。

> 玄宗柳婕妤有才学，上甚重之。婕妤妹适赵氏，性巧慧，因使工镂板为杂花，象之而为夹结。因婕妤生日，献王皇后一匹。上见而赏之，因敕宫中依样制之。当时甚秘，后渐出，遍于天下，乃为至贱所服。[6]

这个传闻是否可信？从考古资料上看，唐玄宗统治时期以前确实没有夹缬

---

① 此处《安禄山事迹》原文是"红瑞锦褥四领"。——译注

② 姚汝能:《安禄山事迹》，第 6–7 页。

③ 9 世纪晚期提及夹缬丝绸的文档，包括一份提交给法门寺的物品清单和一份沙州各佛教寺庙（873）的保存物品综合清单。见 Kuhn, ed. *Chinese Silks*, 241。

④ 参见赵丰，"Woven Color in China: The Five Colors in Chinese Culture and Polychrome Woven Tex tiles," 5-8；赵丰：《丝绸艺术史》，第 83–84 页；陈维稷主编《中国纺织科学技术史》，第 328–330 页。

⑤ 韩伟:《法门寺地宫唐代随真身衣物帐考》，第 27–37 页。

⑥ 王谠（生卒年不详，约 12 世纪早期）:《唐语林》卷四，第 149 页。

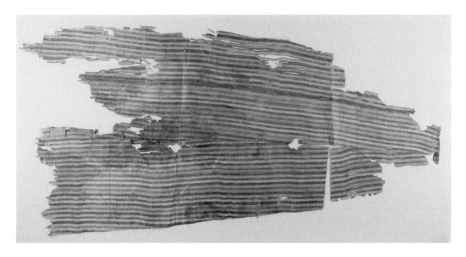

图 4.15 唐代八彩晕繝提花绫裙残片
条纹图案是由经线按颜色渐变排列而成。斜纹显花；长 95 厘米，宽 47 厘米。阿斯塔那 105 号墓出土
藏于新疆维吾尔自治区博物馆

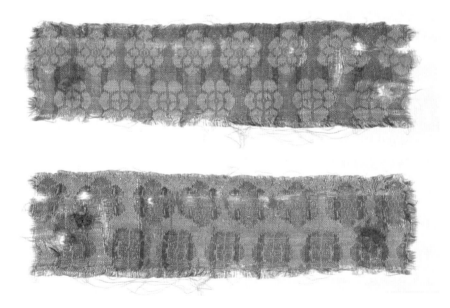

图 4.16 条纹和朵花纹，7 世纪末或 8 世纪初
（上）正面；（下）背面。使用了两套经线和纬线。双层织锦（平纹）；长 22.5 厘米，宽 5.5 厘米。
莫高窟 17 窟出土
© 大英博物馆理事会

图 4.17　口衔丝带站立孔雀纹
双色绫：斜纹地，斜纹花；长 27 厘米，宽 25.4 厘米。莫高窟 17 窟出土
© 大英博物馆理事会

织品。[1] 故事中玄宗是夹缬丝绸的倡导者，而他的宫廷则是这一技术的主要传播处。回想前文提到的"禁中有金鸟锦袍二，昔玄宗幸温泉，与杨贵妃衣之，今富人时时有之"，就像唐玄宗和他心爱的杨贵妃泡温泉时所穿的锦袍一

---

① 赵丰：《中国丝绸通史》，第 229 页。

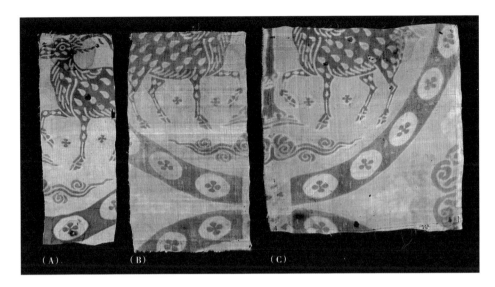

图 4.18　圆形开光花树对鹿纹，9 世纪

这些作品均为双色印染（橘红色地，蓝色图案）和两组块

夹缬绢；（A）长 28.7 厘米，宽 10.9 厘米；（B）长 30.2 厘米，宽 16.5 厘米；（C）长 28 厘米，宽 28 厘米。

莫高窟 17 窟出土

© 大英博物馆理事会

图 4.19　带叶连锁莲花纹，8 世
纪末或 9 世纪初

该织物在染色前是折叠的，有
些地方似乎染了两次

夹缬绢；左：长 16.5 厘米，宽
9.2 厘米；右：长 16.5 厘米，宽
6 厘米。莫高窟 17 窟出土

© 大英博物馆理事会

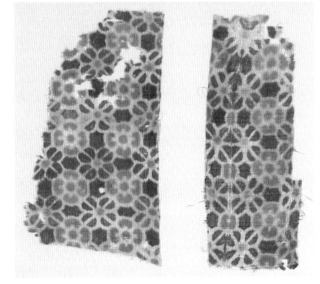

样，夹缬织物也成为宫廷之外精英阶层所渴望拥有的物品。《唐语林》故事的最后，一度保密的"夹缬"技术被用于制作服装面料，这恰好概括了纺织设计是如何成为唐代精英审美游戏的关键。纺织品始终是精英们眼中代表新奇事物的重要材料；当把它们放在身体上时，它们就成了表达自我不可或缺的手段。

在中国丝绸史中，唐朝内地和边疆地区发展起来的纺织与染色方法构成了技术进步的一个动态阶段（图4.20）。除此高光部分之外，印刷、绘画和刺绣方面也有重大创新。比如，吐鲁番、敦煌和法门寺地宫出土的唐代丝绸上出现了绘有金银贴花与印金的图案。[①] 上述种种创造与突破，构建起唐朝时尚的物质和技术基础。尽管在文字记录中，这些华丽丝绸的设计者并没有像窦师纶、何稠那样被史家认为是创新者，但他（她）们的贡献却在资料档案中随处可见。

小　结

在历史学家布罗代尔关于结构变化的宏大叙事中，欧洲的时尚是由1350年前后男性服装式样"突然缩短"现象开启的。[②] 在中国古代，整个唐朝时期，服装的线条、形状都发生了变化，衣袖扩大到前所未有的比例，长袍的下摆膨胀为垂坠至地面的长拖尾。丝绸设计正是服装变革的主要催化剂，使得衣着、配饰的表现形式更加生动。而装饰是视觉、社会、文化体验中不可分割的一部分。对于华丽丝绸的忠实主顾而言，织物的颜色、图案和质地在协调他们自身与社会地位、历史背景的关系中发挥了根本性的作用。设计的创新，与我们在

---

① 参见韩金科，"Silk and Gold Textiles from the Tang Underground Palace at Famen si," 129-45；赵丰《中国丝绸通史》，第232页。

② Braudel, *The Structures of Everyday Life*, 317.

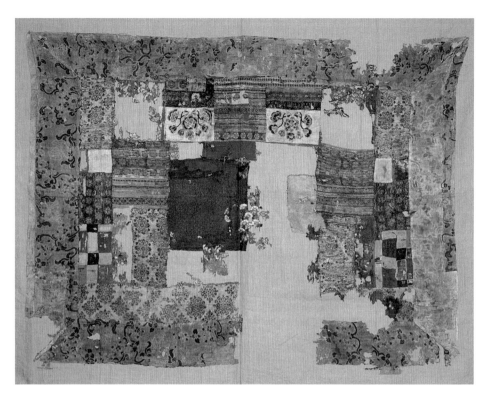

图 4.20　拼接丝绸

这件作品是由 20 多件丝织品组合而成，包括绫、锦、夹缬绢、绮和刺绣等。单个碎片可追溯至唐代的不同时期，但由于存在夹缬碎片，该作品很可能于 8 世纪末或 9 世纪初完成

高 108 厘米，宽 147 厘米。莫高窟 17 窟出土

© 大英博物馆理事会

第三章所讲的绘画风格一样，把历史变迁放在了更为广阔的视野中。结合起来看，8 世纪画作中线条起伏的长袍广泛流行可能与织造方法上从经面到纬面的转变有关，技术革新创造出图案多样的轻盈丝绸，如《簪花仕女图》中身姿丰满的两位女子，穿着带有重复团窠纹的长裙。

　　"舞衣转转求新样，不问流离桑柘残"，正如郑谷诗中所言，"新样"的不断扩大与流行受到了部分唐代精英的喜爱和追捧，但也在其他群体中埋下了深层次的焦虑感。身处 8 至 9 世纪政治动荡时期的文人，认为华美的丝绸代表着感官享受，对其产生的需求则会促使事物以及人的更新与淘汰。《太平广记》记载了一则轶事，讲述唐代一名姓卢的男子（后文称卢生），科举失利后怅然出行，投宿于旅店，无意中听到有人好像在朗诵白居易的织布诗：

> 学织缭绫功未多，乱拈机杼错抛梭。
>
> 莫教官锦行家见，把此文章笑杀他。
>
> 如今不重文章事，莫把文章夸向人。①

卢生听完愕然，开始与吟诗的男子交谈。男子称自己姓李，家里世代都是织造绫和锦的工匠。安史之乱前，本是官府作坊的织工，为东都洛阳的宫廷织造丝绸。叛乱爆发后，他带着谋生技艺来到这里希望继续从事纺织工作。但是人们都说："如今花样，与前不同。"不会新技巧、不能织出纹样吸引顾客的人，被认为没有价值。所以李织工（学界也称"李巧儿""织锦人"）要回到东边去。②

这则故事讲述了织锦人的悲剧，也反映出安史之乱后生活潮流与时尚的变化。李织工接受过绫与锦的纺织工艺训练，可谓经验丰富，但是他的技能已经过时。《太平广记》里关于他的一生只有寥寥数行字，其在社会变迁中被超越、被淘汰的经历，与时尚的基本机制相似——不断抛弃过时的样式，并以新事物取而代之。更深入地探讨下去，我们会惊讶地发现李织工和故事书写者的共同之处在于，他们都认识到个人与社会、历史的关联是由物质世界中的物体构成的。丝织品不再仅仅是变化的象征，人们的欲望赋予它们实现变革的潜力。

153

---

① 此处的三联诗句的作者是谁，学界有不同看法：王仲荦等认为，前两联（四句）作者是李织工，第三联是借鉴白居易的诗，所以卢生误以为听到的是吟诵白居易的诗，参见《隋唐五代史（下）》，第 1192 页；还有部分著作将三联都归于白居易的作品，比如张春林的《白居易全集》，第 700 页。——译注

② 《太平广记》卷二五七，第 2005 页。

实际上，李织工的轶事属于一种讽喻或是杂说，借助纺织、装饰相关内容与存在已久的"贫穷织女"的比喻，来表达对社会和政治变化的关注。对于 9 世纪的文人而言，无论是文学上的还是其他方面（比如织造）的技艺，都会面临不再被需要的危机，非常令人心惊胆战。随着作家们的关注，穿着与装饰成为思考历史变迁的有力隐喻，时尚开始在语言层面生根发芽。

第五章

欲 望

入时男子与时尚的标准

对于 9 世纪的观察者如白居易而言，新的设计和装饰形式表明安史之乱后
出现了前所未有且缺乏稳定性的社会与政治组织形式。在 8 世纪和 9 世纪之交，
白居易曾感叹："时世流行无远近。"① 此句出自他的名篇《时世妆》，这首诗是
当时之人目睹社会诸多弊病而写下的醒世良言，哀叹了风靡整个国家的个人形
象塑造方式。这些"入时"或"流行"指的是所谓"非华风"的发型和妆容，
改变了唐朝女性的外貌。白居易在诗中以女性对胡风造型的喜好作为道德沦丧
和华风衰微的象征，这类做法有着悠久的传统，即文学对服饰变化的描摹和比
喻引发人们对物质世界乃至社会关系的易变提出质疑。通过与历史时间的联系，
服装与饰品可以为文人提供内涵丰富的意象，以探索事物的无常并沉湎于他们
对太平盛世的怀想。

　　正如白居易所言，时尚在一定程度上战胜了"华风"，引入了一套变化模
式，使旧的价值体系黯然失色。在安史之乱后的时代，诗人、织工、"轻浮"的

---

① 白居易:《时世妆》,《全唐诗》卷四二七, 第 4705 页。

女性都争相跟上"流行"或"入时"。回想第四章末尾处李织工 ① 所讲述的安史之乱后的困境，谈到买主取代宫廷成为新风格的推动者。他所从事的纺织业不再受王朝中心的保护，与此同时，文人在"后安史之乱"时代想要获得官职的任命不能再单纯依靠所受的教育或与生俱来的特权。在李织工的故事里，有更进一步批判的含义：原有技能的价值被改变了。如何理解这种不安感？买家对新奇样式的渴望使李织工这类"世织绫锦"的工匠过时了，其织造锦绫方面的才能不再被需要。对于白居易及其同时代的人而言，有技巧和天赋之人与实力较弱的竞争者之间存在真实的对立关系。

157

　　对于安史之乱后的文人来说，成功仍然与能否被中央官署委任有关。以白居易 ② 为例，贞元十六年（800）他中进士后开始了仕途，曾在中央和地方行政体系中担任职务，彼时国家还在受安史之乱余波的影响。在 8 世纪末至 9 世纪，一部分地方军将藩镇割据、争夺权力，迫使朝廷在行政管理上采纳和接受特定区域内的差异治理。这种体系上的变化特征是中央对地方控制力的下降，而割据藩镇的人事任免权增加。在唐德宗（779—805 年在位）和唐宪宗（806—820 年在位）的治理下，朝廷试图巩固日益萎缩的王朝统治力，但是外有东北部区域叛乱频发，内有朝廷派系斗争不断。宪宗时期，通过一系列军事与行政举措，削弱了地方割据势力，从而短暂地恢复了皇权，给白居易这代人带来了希望。经历了这一时期的知识群体寻求通过文学实践来改变世界和获得认可。"诗到元和体变新"③，白居易感叹道。9 世纪初他所坚持的诗词新颖性显

---

① 《太平广记》卷二五七，"曰：'姓李，世织绫锦。离乱前，属东都官锦坊织宫锦巧儿，以薄艺投本行。皆云：如今花样，与前不同。不谓伎俩儿以文彩求售者……'"。——译注
② 白居易于 772 年出生于河南的一个中低级官员家庭。798 年他参加乡试，随后在 799 年参加科举考试并中进士。803 年授秘书省校书郎，这是白居易第一次任官，此后迅速晋升，于 806 年被授官县尉。842 年退出官场。见《旧唐书》卷一六六，第 4340-4360；《新唐书》卷一一九，第 4300-4307 页；关于白居易的生平，见朱金城《白居易年谱》。
③ 白居易：《馀思未尽，加为六韵，重寄微之》，《全唐诗》卷四四六，第 5000 页。元和是唐宪宗的年号，这一时期在历史上称"元和中兴"。——译注

示出这一时代文人蓬勃的创造力，他们在文学传统与社会规范中另辟蹊径，赢得了声誉。然而，恢复皇权至高地位和朝廷统治力的努力与作用最终只是昙花一现。白居易这代人在德宗、宪宗各自统治初期所存的美好希望，很快被朝廷应对宦官专权、军将叛乱、藩镇割据等问题的种种失败彻底击碎。[1] 在王朝走向衰颓的时代背景下，安史之乱后的文人对政治局势以及自身所处的环境有敏锐的危机感。

8 世纪末至 9 世纪，唐代文人明确表达了与时俱进的愿望，即行动上的"入时"和状态上保持与"时世"同步。将时间抽象为可居住的空间或是可呈现的状态，反映出"后安史之乱"时代新的价值体系。[2] 他们的这种做法为现代历史学家所熟悉的唐代历史分期做出了贡献：安禄山、史思明的叛乱事件是一个分界线，造成了改变历史进程的断裂。作为社会结构变化的证据，他们书写下纺织工（如前文所言李织工）的哀叹。事实上，唐朝时尚体系最大的特点是女性占据的显著空间，她们通过作为纺织工（被感知的身份）的劳动与作为消费者（被构建的主体）的消费被反复束缚在感官的世界中。如何理解"被感知""被构建""感官的世界"，我们逐个分析。在白居易及同时代文人[3]关于社会、政治衰落的叙述中，他们经常同时使用"时尚"与"勤劳的女织工"这两种指代。这些文人在探索中找到了表现叛乱结束后在社会中起作用的新型权力模式的方法，即把时尚作为一种暗喻，象征着精英群体对

158

---

① Twitchett, ed., *The Cambridge History of China*, 3:464–560; 561–681; Owen, "The Cultural Tang (650–1020)," 286–380.

② Braudel 主张时尚的中心在欧洲，他声称："事实上，在 1700 年前人们不可能讨论时尚如何变得全面。从那时（1700 年）起，这个词（时尚）才获得了新生，并以新的含义传播到世界各地，'与时俱进'。现代意义上的时尚开始影响一切，变化的速度在此之前从未如此迅速。"在 Braudel 的叙述中，"时尚"一词一旦获得了"与时俱进"的含义，就成了"变革"的同义词，也因此获得了发展的动力。参见 Braudel, *The Structures of Everyday Life*, 316。

③ 关于 8-9 世纪唐代知识分子的学术研究成果丰硕、类型多样。见 McMullen, *State and Scholars in T'ang China*；Hartman, *Han Yu and the T'ang Search for Unity*；Bol, *This Culture of Ours*；陈弱水：*Liu Tsung-yüan and Intellectual Change in T'ang China*, 773–819；Deblasi, *Reform in the Balance: The Defense of Literary Culture in Mid-Tang Chin*。

物质享受的渴望。关于时尚的流行语经由诗词传播开来，并嵌入强有力的社会批判中。作家的笔下，衣着华丽的女性与为她辛勤织造、蓬头垢面的女工，标志着道德的堕落和社会秩序的崩坏，在这种社会秩序中风格大于实质、改变重于习俗。在这类诗词中，并非简单地表达男性对女性的欲望，而是社会、政治、男性群体共同认知的渴望（图 5.1）。[①] 这种渴望也是由唐朝时尚的时态逻辑所构成的。

风格的政治

　　白居易及其同辈，与他们所揶揄的追求新奇的社会精英并没有多少显著的不同。安史之乱后的文人通过把自己置于不断变化的社会和政治格局中，以追求个人特质，将入时与否作为衡量一个人的真正标准。这一点明显地表现在他们把风格作为政治手段来使用。8 世纪末和 9 世纪的文人从多元的诗歌形式和不断扩大的词汇量中汲取灵感，反对社会与政治上出现的变革，实际上也造成了文风的改变，而这也是他们品评诗文的主题。在接受风格和时代性的过程中，上述人群成为唐朝时尚体系的积极参与者。纸代替了华丽的丝绸、化妆品和其他精美的装饰，成为他们进行审美游戏的媒介。以白居易为例，他是晚唐社会最高产、最受欢迎的纪实诗人，他的诗就像一部欲望的编年史——通过代表他生命中的时尚女性，自身也获得了相关性。

　　上文谈到唐宪宗统治的元和时期，政治的复兴点燃了文人的希望，开启了伟大的文学创作时代。彼时，文人试图通过广泛的文学手段使自己脱颖而出。[②] 这

---

① Paul Rouzer 曾提出，女性声音的"表达"可以在六朝（魏晋南北朝）和唐代的文本中被找到，被解读为一种男性性别认同的方法，并参考了"同性别的欲望模式"，后者是指"文人渴望统治者的关注，关心自己在社会秩序中的地位，他们想与同时代的人建立联系或超越对方"。Rouzer，*Articulated Ladies*，导言和第一章。

② Shields，"Gossip, Anecdote, and Literary History，"107–31.

图 5.1 （上）《北齐校书图》，传统上认为是阎立本所作，此幅为北宋摹本

（左）三位侍女的细节图。她们的前额、鼻梁和下巴都画上了浓浓的白色粉末，这种技法可以在唐代至明代的绘画作品中发现，包括唐寅（1470—1524）著名的悬挂卷轴《王蜀宫妓图》，女性的脸部被涂成白色的方式有很大的不同，如在宫廷音乐会上，白色和红色在女性脸上的应用（见图3.32）

绢本、墨彩；总体：宽 28.5 厘米，长 731.2 厘米；丹曼·沃尔多·罗斯（Denman Waldo Ross）的收藏

© 2019 Museum of Fine Arts, Boston

些人，包括声誉最高的两位——白居易和他一生的挚友元稹（779—831）——都希望文学改革能够恢复国家的秩序，然而他们在方法上存在一定分歧。尽管如此，这个时代里所产生的不同风格和流派都由一种信念支撑，即文学传统为改革当下提供了最好的指导。虽然这些文人创作诗、文的行为往往是相互对立的，但他们都重新塑造了过去的形式和实践（"复古"），以此作为文学与政治复兴的源泉。最重要的是，他们坚信文章蕴藏着变革的潜力。

元和时期标志着文学创作的复兴，但生活于此时的白居易、元稹、韩愈（768—824）以及孟郊（751—814）等人（的造诣、成果和影响），都已经超越了这个时代。早在9世纪，"元和体"就成为这些人、其风格以及作品的"标签"而流传开来。在宪宗的继任者唐穆宗（820—824年在位）统治期间，首次尝试在当时的著作中归纳"元和体"承上启下意义的，是编纂《唐国史补》的李肇，他阐释：

> 元和已后，为文笔则学奇诡于韩愈，学苦涩于樊宗师。歌行则学流荡于张籍。诗章则学矫激于孟郊，学浅切于白居易，学淫靡于元稹。俱名为元和体。大抵天宝之风尚党，大历之风尚浮，贞元之风尚荡，元和之风尚怪也。①

"元和体"并非特指该时段文学的统一风格倾向，而是这个时代的标志。李肇将元和时代的诗文与以往统治时期的作品做了对比，强调它们的"怪"，从而透露出他对这些人所持的反对观点。在他看来，元和时代的人只追求与众不同或奇特，并通过模仿当时最典型的文人来实现这一想法。② 所以，李肇认为使用"元和体"的人群大多是效仿者而非创造者。经过风格和内容上的激烈角逐，

---

① 李肇：《唐国史补》，第 57 页。
② Shields，"Gossip, Anecdote, and Literary History，"113-17.

这些文人为自己争取到身份地位与上层的提携。以这种方式，文学变革趋近于时尚革新——而区别在于文学风格的变化是由个体差异化的欲望所推动的，并通过模仿来实现。不可否认的是，这种区别正是元稹所关心的问题，他抱怨各地文坛新进小生仿效他和白居易的风格却书写出粗浅平庸之辞。而这些仿效者都声称自己是在创作"元和诗体"。[1] 安史之乱后的文人参与了他们自己的风格游戏，在这个游戏中，对名誉和权威的渴望正如他们对恢复社会秩序的愿望一样迫切。[2]

尽管缺乏普遍的统一性，但这个文人群体对当代政治和社会问题有着共同的深切关注。他们致力于将文学作为社会评论和道德说教的工具，这也许就是 9 世纪文学的标志性特征。[3] 对叛乱前政治秩序的深情怀念，加上对道德沦丧的持久焦虑，促使这一代人通过回溯往昔来寻求解决之道。最后他们得出结论，认为"古"应该成为当下的典范。在韩愈领导的"古文"运动中，最明显的莫过于对古道、古风的效仿，提倡质朴的散文而反对僵化的骈文。[4] 如何表现世界之所以重要，是因为文学革命使现有的政治结构受到了挑战。这是一种根植于古典文本的理想，为"后安史之乱"时代的文人们所用。

对白居易和元稹来说，追求一个治理良好的社会，需要振兴古老的传统，以《诗经》和前朝的汉乐府为代表，可以用诗歌向皇帝传达社会和政治问题。[5]

---

[1] 这一点出现在元稹写给相国令狐楚以寻求其襄助的《上令狐相公诗启》。Shields, "Gossip, Anecdote, and Literary History," 112.

[2] Georg Simmel 的时尚理论特别适合在这里描述安史之乱后知识分子之间的竞争。Simmel, "Fashion," (1904).

[3] David McMullen 认为经历过叛乱的一代文人"不再赞扬 7 世纪末和 8 世纪初的宫廷文学人物。相反，他们要求写作致力于政治和社会改革事业，并以此为标准来评判过去的作家，他们重新制定了传统的诗歌和文学定义，强调个人的写作是道德品质的表现，以及产生它的时代精神的反映"。McMullen, *State and Scholars*, 245.

[4] 参见 McMullen 与 Deblasi 对古文运动的看法。

[5] 李绅（772—846）创作了一套《新乐府》诗集。在《元稹集》的序中，元稹声明自己的诗就是为了回应李绅而作的。参见《和李校书新题乐府序》卷一，第 277–278 页。

在他们的"新乐府"诗中，构建一种直白抒情的风格是一种政治行为。白居易在元和初年，以"新乐府"为题写下 50 首诗，元稹也以之创作了 12 首诗。在 815 年白居易写给元稹的一封著名的信中，他概述了自己被贬谪和流放的经历，并阐释了在担任左拾遗期间如何发现文学和诗词的真正目的。

既第之后，虽专于科试，亦不废诗。及授校书郎时，已盈三四百首。或出示交友如足下辈，见皆谓之工，其实未窥作者之域耳。自登朝来，年齿渐长，阅事渐多。每与人言，多询时务；每读书史，多求理道。始知文章合为时而著，歌诗合为事而作。①

正式进入官场后，白居易日益关注良好的社会治理与社会福利，思想发生了转变，意识到文学创作必须服务于当下，尤其是诗歌，必须用来影响"真实的事务"。由此，他的政治意识被唤醒，还觉察到文学为其时代而创作的重要性。接着，白居易叙述了这种新的使命感是如何促使他创作"新乐府"诗集的。

是时皇帝初即位，宰府有正人，屡降玺书，访人急病……

启奏之间，有可以救济人病，裨补时阙，而难于指言者，辄咏歌之，欲稍稍进闻于上。上以广宸听，副忧勤；次以酬恩奖，塞言责；下以复吾平生之志。岂图志未就而悔已生，言未闻而谤已成矣！②

---

① 《与元九书》，《旧唐书》卷一六六，第 4347 页。Arthur Waley 对这封信做了部分翻译。见 Waley，*The Life And Times Of Po Chu-1 772–846 A.D.* chap. 8。其他版本的翻译可参见 Pauline Yu，*The Reading of Imagery in the Chinese Poetic Tradition*。关于白居易的生活和文学成果的更多研究，见 Chui，"Between the World and the Self，" Yao，*Women, femininity, and love in the writings of Bo Juyi*.

② 《旧唐书》卷一六六，第 4347 页。

白居易选择以诗词作为媒介，向皇帝上报"真实的事务"，实现他的"平生之志"，揭示了诗文创作对他实现政治抱负与自我修养的重要性。白居易的目标是通过其作品的广泛流传，在宪宗的朝廷中取得升迁和重用。不幸的是，白居易经历了一系列的宦海沉浮，频繁地远离都城，直到842年致仕。

在早期的作品中，白居易对当代主题的专注体现了一种时局的紧迫感与道德教化的严肃性，这也是元和时代的主要特征。他把自己的《新乐府》作品定义为"讽谕诗"[1]的一部分，并对元稹描述这些诗具有"意激而言质"的特点。这些诗，按照内容的时间顺序，关于唐玄宗之前的有4首，关于玄宗时期的有5首、德宗时期的有11首、宪宗时期的有28首，最后2首诗是作为系列诗的结论部分。[2]白居易这个系列的每首诗都设置了两个标题：一个用以称述主题，另一个用以训诫。总体来看，他的50首"新乐府"诗中有11首是关于女性的。[3]其他经常出现的主题，包括异域文化的影响、贪腐的官员与劳苦民众共同的怨怒。在白居易为《新乐府》诗集所作的总序中，他表明自己有责任维护诗歌革新的道德作用：

> 序曰：凡九千二百五十二言，断为五十篇。篇无定句，句无定字，系于意，不系于文。首句标其目，卒章显其志，《诗》三百之义也。其辞质而径，欲见之者易谕也。其言直而切，欲闻之者深诫也。其事核而实，使采之者传信也。其体顺而肆，可以播于乐章歌曲也。总而言之，为君、为臣、为民、

---

① 《旧唐书》卷一六六，第4347页："自拾遗来，凡所遇所感，关于美刺兴比者；又自武德至元和，因事立题，题为《新乐府》者，共一百五十首，谓之讽谕诗。"除了系列"新乐府"诗之外，白居易题为《秦中吟》的五言古体诗也被归类为讽谕诗。这组诗歌以贞元时期和元和时期的事件为基础，还探讨了一系列的社会弊病，包括《议婚》《重赋》《伤宅》各篇。

② 陈寅恪：《元白诗笺证稿》，第121-135页。

③ 白居易有关女性的诗词包括《胡旋女》《陵园妾》《李夫人》《盐商妇》等。

为物、为事而作，不为文而作也。①

    白居易在序文中引用《诗经》，将自己置身于古朴的诗词传统之中——意义与信息传递优先于风格和形式。他把自己的表达方式概括为质朴（"辞质"）而直接（"径"）、简单易懂（"言直"）而切题中肯（"切"）、诚信（"事核"）而真实（"实"）。他创作的目的是为国为民，而不是为"文"或者说文学的革新。② 这两者之间的区别在于，后者是对文艺的浅薄追求，前者则是用诗文改变世界的伟大抱负。白居易认为《诗经》发挥了必要的政治作用，并试图以收集民怨的方式，恢复向统治者报告社会、政治事务的传统做法。通过将自己的作品命名为"新乐府"，白居易和元稹彰显了他们与古老传统的渊源，同时强调诗文的革新在于关注当代问题或现实事物（"时事"）。③

    如何表现真实的事务至关重要，这是因为文学技巧的施展可以支持元稹和白居易的上述主张，有利于仕途的成功与获得统治者的认可。白居易的写作面向广泛的人群，提倡直接叙述和议论的风格，这也体现了他青年时期的信念，即文学必须为社会服务，更明确地说，自己要为社会服务。正如他的序文，"体顺而肆"的诗词形式，是为了让它们"可以播于乐章歌曲"。白居易坚持朴素的风格，也阐释了自己对过度堆砌修辞手法的反对，他认为这偏离了写作的初衷——道德训诫。④ 他对文学创作中"空洞之美"现象的抨击，反映出他对时尚

162

---

① Stephen Owen 认为，白居易及其友人所倡导的新乐府有赖于"文章与政治或社会秩序之间存在着密切的关系"的假设，因此"道德问题及其社会影响的明确表现，会唤起并强化读者内在的道德感，移风易俗，教化人心"。Owen, *The End of the Chinese 'Middle Ages'*, 12.

② 王瑷玲（Wang Ay-Ling）对白居易的《新乐府》总序（也是另一份译本）作了详细的解释，参见其 "Dramatic Elements in the Narrative Poetry of Bo Juyi (772–846) and Yuan Zhen (799–831)," 195-268。

③ 马自力认为，白居易的文学作品揭示了他作为一个谏官的高度政治意识（谏诤意识），他对《诗经》诗学传统的坚守，以及他从汉乐府民歌民谣中继承下来的对社会问题的关注。参见马自力《谏官及其活动与中唐文学》，《文学遗产》，2005 年第 6 期，第 16–30 页。

④ Deblasi, *Reform in the Balance*, 25-26.

的蔑视，认为两者（为文而作和时尚）都脱离了现实事物。这种观点在他的两首"新乐府"诗——《上阳白发人》和《时世妆》中有充分体现，他对时尚展开了批判。

时尚的时代

衣着华丽的宫廷女性和她的对立面——蓬头垢面、辛劳困苦的女织工，是长期以来的诗词主题，但是她们作为 9 世纪历史变迁的意象这一新功能取决于诗人们在"后安史之乱"时代的体验。在白居易的"新乐府"诗中，关于服饰和纺织品的描述往往被用以评论贪官污吏、统治阶层的挥霍无度，以及民众的苦难。另一方面，他在《上阳白发人》和《时世妆》中对女性装饰的细致关注，也反映出他对历史变迁与物质世界之间关系的认识增强了。衣袖合身、得体的描眉和发型是对特定统治时代的隐喻，这些促使人们反思历史。在承认装饰的样式和风格具有起源的过程中，一种历史视野浮现出来。这种风格由历史影响和决定的观点一直是文学革新的核心，也被安史之乱后的文人所接受。在对早前的文学作品和主题进行更新的过程中，他们为当代受众带来了理解早期视觉与图像模式的途径。[1]由此，叛乱平息后的人们有充分的机会反思历史的变化，这些变化存在于他们那个时代的视觉、物质和文学创作中。正是在这种对历史与表象的高度认识的背景下，白居易创作诗词并使其广泛流传。

在《上阳白发人》中，白居易用主人公过时的服饰和妆容来强调她衰老的身体和虚度的年华。[2]这首诗的副标题是"愍怨旷也"，以那些被困在皇宫里的可怜宫女（"怨女"）为主题。[3]

---

[1]　Jonathan Hay 将安史之乱后的发展与文人和受众对风格的高度自觉联系在一起。参见 Hay, "Margins, Transitions, Interstices"。

[2]　白居易:《上阳白发人》,《全唐诗》卷四二六, 第 4692 页。

[3]　白居易另有一篇《请拣放后宫内人》,《全唐文》卷六六七, 第 6783 页。

上阳人，上阳人，

红颜暗老白发新。

绿衣监使守宫门，一闭上阳多少春。

玄宗末岁初选入，入时十六今六十。

同时采择百余人，零落年深残此身。

忆昔吞悲别亲族，扶入车中不教哭。

皆云入内便承恩，脸似芙蓉胸似玉。

未容君王得见面，已被杨妃遥侧目。

妒令潜配上阳宫，一生遂向空房宿。

宿空房，秋夜长，夜长无寐天不明。

耿耿残灯背壁影，萧萧暗雨打窗声。

春日迟，日迟独坐天难暮。

宫莺百啭愁厌闻，梁燕双栖老休妒。

莺归燕去长悄然，春往秋来不记年。

唯向深宫望明月，东西四五百回圆。

今日宫中年最老，大家遥赐尚书号。

小头鞋履窄衣裳，青黛点眉眉细长。

外人不见见应笑，天宝末年时世妆。

上阳人，苦最多。

少亦苦，老亦苦。少苦老苦两如何？

君不见昔时吕向《美人赋》，

又不见今日上阳白发歌！

当 16 岁被选入宫服侍皇帝时，这位上阳宫的女子"脸似芙蓉""胸似玉"，

现在却随着不断地"白发新"而不知不觉"红颜暗老"。白居易以饱含哀伤之
笔勾勒出女子青年与暮年外貌上的鲜明对比。老年的上阳宫女"小头鞋履窄衣
裳，青黛点眉眉细长。外人不见见应笑，天宝末年时世妆。"几十年笼中鸟一般
的宫中岁月，她所坚持的时尚风格早已落伍。白居易对如此绝望且"过时"的
人物的描写，依赖于服饰的文学符号化（图 5.2）。

809 年，在任左拾遗期间，白居易向唐宪宗呈递了一份奏折，请求皇帝将
更多内宫中的女子送回家，他说："伏见大历已来四十余岁，宫中人数，积久
渐多。伏虑驱使之馀，其数犹广，上则屡给衣食，有供亿靡费之烦，下则离隔
亲族，有幽闭怨旷之苦，事宜省费，物贵遂情。"（《请拣放后宫内人》）这与其
《上阳白发人》的思想是一致的。诗中，女性的着装对其逐渐衰老的身体起到了

图 5.2　翘头履，8 世纪中叶
绮；长 30 厘米，宽 9.5 厘米。阿斯塔那 187 号墓出土
藏于新疆维吾尔自治区博物馆

转喻的作用，揭示了服饰的力量，它可以决定着装之人是"入时"还是落伍。"外人不见见应笑"，这里的"笑"值得细思，白居易告诉世人，一个已逝时代的"时世妆"，一位成为过去"遗物"的老妇人，这些都已经被隔绝于世了。他对"上阳宫人"外在装扮的描写，显示出这类穿搭的过时，表明他在 9 世纪的读者可能就是"外人"（宫外之人）。这些"外人"在审视自身服饰时，会认为自己是时髦的当代人。白居易诗歌中的历史再现，既取决于他对天宝末年服饰的细致描述，亦取决于其读者的自我意识，还取决于这个新时代所塑造的主题。

在唐朝，关于时尚的语言不仅与历史时间有关，还与空间有着重要的关联。时间依附于"世"，或者说"代"，以此强调了"妆"（装扮）的时序性和空间范围。在上述提供的分析中，"时世"被理解为一个时间标记，表示"当时的"或"当日的"，与"妆"结合成标题《时世妆》即可理解为当时的装扮。这三个词的结合背后有一个共识：时尚是"流行的"且"常见的"。①白居易最能抓住这一逻辑的，是其"新乐府"中最后一首题为《时世妆》的诗。②

作为对唐朝普遍采用胡式服饰与形体装扮的评论，《时世妆》在这里专门指元和时期流行的审美之风。③通过聚焦发型和妆容，白居易认为，人们追逐潮流的渴望和想要看起来与众不同的欲望紧密相关。

　　　时世妆，时世妆，出自城中传四方。

---

① 诸桥辙次编纂的《中日大辞典》对"世"的定义之一是"世中"或"人间"，并以庄子的故事"天地"为例。
② 白居易：《时世妆》，见《全唐诗》卷四二七，第 4705 页。
③ 陈寅恪认为，白居易描述为属于元和时代的胡风的发型和妆容，在贞元时代末期已经存在。参见陈寅恪《元白诗笺证稿》，第 268–269 页。

时世流行无远近，腮不施朱面无粉。

乌膏注唇唇似泥，双眉画作八字低。

妍媸黑白失本态，妆成尽似含悲啼。

圆鬟无鬓堆髻样，斜红不晕赭面状。

昔闻被发伊川中，辛有见之知有戎。

元和妆梳君记取，髻堆面赭非华风。

本诗开篇，白居易就强调了"时世妆"趋势的"共性"，认为这种新妆容的传播"无远近"。人们对"时世流行"的普遍渴望将原本的文化和地理空间都抹杀了，这是因为全国各地的女人都把头发盘成圆鬟，像胡人一样把嘴唇涂成黑色，而这很可能是与 9 世纪早期吐蕃和回鹘女性的妆容风格有关。此妆容在图像史料中有所保存，河南省北部安阳市出土的赵逸公墓（建于 829 年）就是一个典型案例（图 5.3）。这两位侍女的眉毛呈八字状，脸上有胭脂涂抹的斜杠，正如诗里所述的"双眉画作八字低"和"斜红不晕赭面状"。

在河南发现的这座坟墓，距离唐朝时的长安城有几百公里，佐证了白居易时尚传播"无远近"的说法。他在诗中所描述的"时世流行"既"传四方"，又让人"知有戎"，可谓穿越了空间，瓦解了物质和文化的界限，塑造了时间上的连贯性（"元和时期"）。本诗的最后一句"元和妆梳君记取，髻堆面赭非华风"，强调了时尚在掩盖和模糊化身体、文化、边界方面的力量及其带来的忧患，元和时代流行的这些妆发已经不是中华风尚了。对白居易而言，向往异域情调的时尚冲动是国家软弱和衰落的征兆。

"华风"与"时世妆"形成了直接的对比，凸显出白居易对安史之乱平息后社会道德崩坏、文化堕落的警觉，这种堕落迫使人们对时间的珍视超过对习

图 5.3 两位化着白居易《时世妆》中所描述妆容的女侍，829 年
赵逸公墓东墙壁画
藏于安阳市文物考古研究所

俗的践行。然而，诗文把女性喜好胡风的行为置于特定的统治时期，白居易提出了一个观点：这些"潮流"是有时间限制的，有开始就会走向结束。"时世流行"这个词使人联想到运动、潮起潮落，给人以动态起伏的印象。白居易告诫未来的统治者"元和妆梳君记取"，他认为随着时间的推移，或许在下一个统治时代，新的妆容风格将会风靡整个国家。

本诗的创作背景是风雨飘摇的唐朝，内外军事威胁不断，朝廷竭力维持着政治和疆域的统一。白居易的写作意在以"乐府"的形式谴责"胡风"潮流，试图提高人们对这种审美游戏的认识，其遮蔽之下有更深层面的政治问题。暂时性的服饰与装扮风格掩盖了更具威胁性的政治和社会发展问题，比如"有戎"。女性在选择胡风造型时，并没有表现出对非汉族群体威胁的担忧；相反，她们与文化他者的接触促使人们注意到服饰与妆容是这个游戏的最终形式。"时世流行"在空间上的通畅自然，不仅让胡人的头饰被广泛采用，也赋予了时尚本身以力量。从这个意义上讲，时尚现象引发了人们对欲望、物质生活和历史变迁之间关系的深度焦虑。艺术史学家柯律格（Craig Clunas）对于明朝的时尚提出过一个论点，他认为在 16 世纪和 17 世纪早期，重大的制度和经济变革导致了"空间感的不统一，在这种情况下，时尚的理念即'时样'，使地方特色与州、县的常规行政网格得以共存，进而形成了新的、不太稳定且更麻烦的临时模式……"① 实际上，结合唐代的情况，我们可以察觉这种"不太稳定且更麻烦的临时模式"已经在 9 世纪以"时世妆"的时尚观念流传开来。正如白居易所见，通过时尚强加的时间连贯性瓦解了空间差异。换言之，正是跨空间的统一性，暴露了时间的不稳定性。

8 世纪末至 9 世纪，描述当时服装形式的专有词大量出现，印证了白居易

---

① Clunas，*Empire of Great Brightness*，38.

对时代变化的敏锐洞察力，并传递出对"时"的新观念。第四章中我们曾讨论过郑谷写的《锦二首》①，其中揭示了精英群体对多彩丝绸的品味，他所提到的"入时"和"新样"，并没有具体的、线性的，或是周期性的、季节性的时间变化。相反，（诗文领域中）时间被抽象为一种时态，这种状态反复地与外表发生捆绑，并与唐朝女性产生千丝万缕的联系。元稹在《有所教》这首诗中，直接对9世纪的唐朝女性进行了说教，劝说她们画短眉、涂胭脂。

168

莫画长眉画短眉，斜红伤竖莫伤垂。

人人总解争时势，都大须看各自宜。②

诗中元稹使用了另一个词"时势"来表达"当前的"状态，对比白居易《时世妆》里的"时世"，"世"（世界或世代）被替换成它的一个同音字"势"，意思是"倾向""形势""趋势"。与"时"结合产生的复合词既可以表示"时代潮流"，也可以指代"当前趋势"。白居易选择的"时世"带有一层含义，即"普遍"或"世俗"，而元稹对"时势"的使用暗示了根植于"时代"的"力量"。在元稹有关得体妆容的说教中，他把"时势"贬斥为"人人都知道如何去争取"的庸俗，提倡找到最适合自己的东西，并成为与他人区别的标志（"各自宜"）。由此，元稹坚持了塑造的自我与先天的自我之间的羁绊，与白居易不同，元稹似乎并没有呼吁"华风"。他的评论表明，时尚的根本作用在于社会凝聚。进一步而言，时尚以牺牲个人风格为代价来追求外表的一致性。他的观点更大程度上唤起了人们对同时代关于文学风格的争论。置身其中，元稹努力

① 作者所指的部分是《锦二首》的"布素豪家定不看，若无文彩入时难"和"舞衣转转求新样，不问流离桑柘残"。——译注
② 元稹：《有所教》，《全唐诗》卷四二二，第4643页。这首诗属于元稹的《会真诗》，是他对同时代女性的观察，详细描述了她们的衣着和装饰。参见施蛰存《唐诗百话》，第510页。对元稹相关诗词的深入研究，参见 Shields, "Defining Experience," 61–78。

使自己区别于同辈和仿效者。

不可否认，在"后安史之乱"时代的诗词中形成的时尚语言是一种批判。而在这种批判中，对新奇事物的渴望被视为混乱的力量。装饰被认为是身体和自我的可靠标志，有助于人们解读当下呈现出的时尚对象，如白居易《时世妆》中的女性，或是过去时代的"遗存"，如"上阳白发人"。统治阶层的女性在这场对时尚的批判中扮演着重要角色，她们不仅暴露出对普遍存在的"流行"的渴望，也暴露了时尚持续存在所导致的资源浪费。可怜的贫女、织妇与宫廷女性作为对比而存在，成为流行的比喻形式，在 9 世纪深植于社会和政治话语中。在这种对比中，与富裕精英群体的虚荣浮华相对的，不是那些被时尚抛弃的部分，而是贫穷纺织工所坚持的辛勤劳动。白居易与同时代志趣相投的诗人们利用这种紧张的对比关系，暗示了基于欲望的价值体系会导致的后果。

织工的劳动与时尚体系

9 世纪的文人强调自身对历史变迁的敏锐洞察力，以此表达出对自己岌岌可危的社会地位之担忧。"时世"的改变正是由欲望构成，并通过服装、饰物的相关活动呈现的。观察安史之乱后的社会物质生活，这些文人深刻地意识到：对变化和新奇事物的渴望足以将任何人变为"上阳白发人"，并使自己的一生在王朝权力的边缘消磨殆尽。同时，织工在各地辛勤劳作，既为缴税与进贡生产素布，又为精英买家织造精致的丝织品。渐渐地，外界的劳动需求不断增加，给她们带来了身体与精神上的双重伤害。

在选用织工的文学意象时，9 世纪的诗人们将自己置身于唐代禁奢令实行时期的一个普遍性的讨论：关于女红与奢侈品。自唐玄宗始，唐朝廷历次颁布法令，禁止生产绣有复杂纹样的锦衣绫罗。这一系列规定都是为了应对传统

169

女红所面临的危机。①771 年，唐代宗颁布的政令借鉴了汉代文献中的经典论断②，认为奢侈浪费的行为是对国家农业发展在道德层面和经济层面的威胁。而所谓处于"危险"之中的女红，被狭隘地理解为织造用来纳税和上贡的素布。9 世纪的诗人们将观点继续推进，在他们的作品中将年轻的织布女子视为时尚与赋税体系的受害者。

再次聚焦 8 世纪末到 9 世纪的诗词，织女被称颂为两类互相重叠但不尽相同的人物，即"贫女"和"织妇"。最常见的人物便是"贫女"，这类人物的显著特征是"荆钗布裙"。③秦韬玉（活跃于 9 世纪末）所著的名诗《贫女》，其最具代表性之处就是以生活窘困的绝望女子为喻体。

> 蓬门未识绮罗香，拟托良媒益自伤。
>
> 谁爱风流高格调，共怜时世俭梳妆。
>
> 敢将十指夸针巧，不把双眉斗画长。
>
> 苦恨年年压金线，为他人作嫁衣裳。④

秦韬玉诗中的穷苦女孩从未体验过华丽丝织品"绮罗"的芬芳，她只是年复一年地用金线为其他女子绣出华贵的新娘礼服。和秦韬玉同时期的一位诗人——李山甫（大致生活于 9 世纪）也有《贫女》一首，开篇就采用了类似的比喻手法，即"平生不识绣衣裳"。在这两首诗中，贫穷女子不施粉黛的脸庞和朴素的衣裙被认为是她们与追逐时尚的同龄人之间的本质区别。

---

① 见《旧唐书》卷十一，第 298 页，"纂组文绣，正害女红"。

② 《汉书》卷五《景宗纪第五》记载"雕文刻镂，伤农事者也；锦绣纂组，害女红者也。农事伤则饥之本也，女红害则寒之原也。"——译注

③ 用荆枝作为发钗，穿着粗布的裙子，也作"布裙荆钗"。《列女传》等文献中以此形容妇女衣着俭朴。——译注

④ 秦韬玉:《贫女》,《全唐诗》卷六七〇，第 7657 页。

平生不识绣衣裳，闲把荆钗亦自伤。

镜里只应谙素貌，人间多自信红妆。

当年未嫁还忧老，终日求媒即道狂。

两意定知无说处，暗垂珠泪湿蚕筐。①

　　与那些具有适婚背景的女子不同，秦韬玉、李山甫诗中描写的贫女让人心生怜惜，因为她们没有按照时代的潮流进行装扮。② 秦韬玉的诗中，女孩们如果没有画眉，她们的刺绣技艺和才华天赋就失去了意义。③ 她们辛勤地为其他女子织造、刺绣婚服，如此悲剧性的讽刺进一步放大了贫女的痛苦。这种时尚的富裕女子与平凡的贫穷女子之间的差异，被白居易准确捕捉并书写："贫为时所弃，富为时所趋。"④ 从这个意义上讲，贫女的渴望也可以解读为一种改变她被忽视的地位的渴望，一种追赶潮流并受到重视的渴望。

　　通过这种比兴手法，秦韬玉、李山甫找到了为自己发声的途径，表达了对身处朝廷边缘地位的不满。对于 9 世纪的文人而言，他们为了追求政治理想而奔赴长安参加科举考试，在官场中谋得一席之地始终是他们的最高目标。当时的社会发展主要依靠有影响力的在位者推动。⑤ 以李山甫为例，他屡试不第，于是到河北的割据藩镇寻求职位。⑥ 他将自己数次名落孙山的愤

① 李山甫：《贫女》，《全唐诗》卷六四三，第 7364 页。

② 参见施蛰存《唐诗百话》，第 668–673 页。

③ 《唐会要》卷三一，第 670 页；"又奏：妇人高髻险（俭）妆，去眉开额。甚乖风俗，颇坏常仪。"唐文宗大和六年（832），禁止女子剔除眉毛，这表明剔除眉毛是 9 世纪的主流趋势。

④ 《议婚》，选自白居易的《秦中吟》。《全唐诗》卷四二五，第 4674 页。

⑤ 此处作者表达比较隐晦，当时的科举考试很大程度上受到考官取舍的影响，举子平时的声名尤为重要，即使才能出众，如果没有权要名流的推荐，也很难得到认可和录用。——译注

⑥ 参见王赓武《五代时期北方中国的权力结构》，第 85 页。

慨拟化为诗中的"贫女",担忧逐渐衰老、未能婚配（实际是指谋求职位）而口出"狂言"（"当年未嫁还忧老，终日求媒即道狂"）。而秦韬玉则在宦官的帮助下获得准敕及第。[1] 贫女的哀叹——对伴侣的憧憬——实际象征着迫切等待社会和官场认可的落魄书生。[2] 像诗中的贫女一样，这些文人也害怕被时代抛弃。

与"贫女"相关的作品形成对比，关于"织妇"的诗词常以乐府诗的形式创作，属于政治批判类诗词。"织妇"往往被描绘为未婚的老妇，作为核心意象用来批判朝廷在安史之乱后过度维护中央权威的行为。王建（约 767—830）的叙事诗《织锦曲》就呈现了一位织妇的艰苦生活，她耗尽己身去织造作为朝廷贡品的丝罗：

171

> 大女身为织锦户，名在县家供进簿。
>
> 长头起样呈作官，闻道官家中苦难。
>
> 回花侧叶与人别，唯恐秋天丝线干。
>
> 红缕葳蕤紫茸软，蝶飞参差花宛转。
>
> 一梭声尽重一梭，玉腕不停罗袖卷。
>
> 窗中夜久睡鬓偏，横钗欲堕垂著肩。
>
> 合衣卧时参没后，停灯起在鸡鸣前。
>
> 一匹千金亦不卖，限日未成宫里怪。
>
> 锦江水涸贡转多，宫中尽著单丝罗。

---

① 在 822 年及第后，秦韬玉撰文向同榜考生表达了喜悦之情，"三条烛下，虽阳门阑；数仞墙边，幸同恩地"。参见 Moore, *Rituals of Recruitment in Tang China*, 153. 此处作者没有给出文献的出处，Moore 的描述只是转引（且没有说明来源和版本），关于秦韬玉的事迹唐末五代的《唐摭言》和宋代的《唐诗纪事》有载，相关的诗作则可参看《秦韬玉诗注》。——译注

② 秦韬玉的诗歌因以贫女形象来象征贫士而受到推崇。见陈文忠《中国古典诗歌接受史研究》，第 82–162 页。

莫言山积无尽日，百尺高楼一曲歌。①

　　王建诗中的织妇属于蜀地的官营锦缎织造作坊，生产专供宫廷使用的丝匹。就像前文所论唐美人的模式化，织妇的形象也被风格化和因袭传承了：挽起罗袖，披头散发，渴望睡眠，通宵达旦地织造出朝廷官员委托的精美图案。宫中人还穿着单丝罗（指春夏）时就要求织锦缎（指秋冬）了，这些织妇必须埋头苦干，织出更多的锦缎。王建对朝廷的谴责在尾联中清晰地表达出来，"莫言山积无尽日，百丈高楼一曲歌"，朝廷对丝织物的需求无止境，而织妇们的任务也永远不能结束。

　　如同王建诗中的织锦户一样，农妇们也要辛勤地生产丝绸以上贡朝廷和缴纳税收。除了贡赋体系的征收，元稹在其"新乐府"诗《织妇词》中，把织妇们艰苦的生活归咎于朝廷的军事行动。

　　　　织妇何太忙，蚕经三卧行欲老。

　　　　蚕神女圣早成丝，今年丝税抽征早。

　　　　早征非是官人恶。去岁官家事戎索。

　　　　征人战苦束刀疮，主将勋高换罗幕。

　　　　缲丝织帛犹努力，变缉撩机苦难织。

　　　　东家头白双女儿，为解挑纹嫁不得。

　　　　檐前袅袅游丝上，上有蜘蛛巧来往。

　　　　羡他虫豸解缘天，能向虚空织罗网。②

172

---

① 王建：《织锦曲》，《全唐诗》卷二九八，第 3389 页。
② 元稹：《织妇词》，《全唐诗》卷四一八，第 4607 页。

元稹在诗中明确道出了织妇受苦的原因:"去岁官家事戎索",即去年发生了战争。与之对应的时代背景是安史之乱爆发后,朝廷依靠(募兵制)扩充职业军队的兵力来保卫边疆,平定频繁出现的叛乱。唐王朝向边境和动乱的区域不断派遣士兵,一方面可以镇压暴乱事件,另一方面是为了防止地方军将称雄割据导致进一步的反叛行为。庞大的军饷是通过向劳动的农民征收沉重的粮食与布帛来实现的,元稹诗中的织妇正是为此而日夜劳作。

《织妇词》着力勾勒出两类形象,一类是为了达到缴税额度而卖力劳作的织布女工,一类是"为解挑纹嫁不得",因手艺出众为娘家羁留而耽误婚嫁的两位巧女。元稹的诗表明:尽管女性受苦的缘由各不相同,但从事织造工作的女性所处的困境是一致的。这个时代的文学作品中,贫穷的织工一直被挥霍无度的上层精英们驱使,或是沦为无能朝廷统治下不公平税收政策的受害者。如此可怜的织工形象,可以解读为当时的文人面对倒悬之急所表露的不安。在以往的社会秩序下,所有女性都必须履行妻子和母亲的角色,但是上述诗词里反复出现不能婚配的情况,意在强调社会秩序的颠倒。元稹的批判性文字之下是关于女红的经典论述,[1] 主张将传统的以婚姻为基的家庭经济("男耕女织")置于首要地位,这是延续和发展了《诗经》与《盐铁论》所阐述的观点。[2] 元稹在《织妇词》中,以终老未嫁的"东家头白双女儿"为例,引人深思她们无法生儿育女与实现传统社会角色的原因,揭露了战争与朝廷管理不善带来的灾难性后果。

元稹谴责朝廷给纺织工们造成的沉重负担,他在《和李校书新题乐府十二首·阴山道》(后文简称《阴山道》)中清晰地表明了自己的观点。这首诗是关

---

[1] 该问题在本书第二章性别化的"本业"有详细论述,主要包括"农业为本、商业为末"的讨论,以及"男耕女织"如何成为保障人民福祉和国家力量不可或缺的观念。——译注

[2] Chin, *Savage Exchange*, 119-223.

于朝廷与回纥的丝绸、马匹互市的。在元稹的笔下，回纥、朝廷官员和地方节度使共谋以牺牲人民利益为代价维持绢马贸易：

> 年年买马阴山道，马死阴山帛空耗。
>
> 元和天子念女工，内出金银代酬犒。
>
> 臣有一言昧死进，死生甘分答恩焘。
>
> 费财为马不独生，耗帛伤工有他盗。
>
> 臣闻平时七十万匹马，关中不省闻嘶噪。
>
> 四十八监选龙媒，时贡天庭付良造。
>
> 如今牸野十无一，尽在飞龙相践暴。
>
> 万束刍茭供旦暮，千钟菽粟长牵漕。
>
> 屯军郡国百余镇，缣绁岁奉春冬劳。
>
> 税户逋逃例摊配，官司折纳仍贪冒。
>
> 挑纹变纑力倍费，弃旧从新人所好。
>
> 越縠缭绫织一端，十匹素缣功未到。
>
> 豪家富贾逾常制，令族亲班无雅操。
>
> 从骑爱奴丝布衫，臂鹰小儿云锦韬。
>
> 群臣利己要差僭，天子深衷空悯悼。
>
> 绰立花砖鹓凤行，雨露恩波几时报。①

该诗一开篇元稹就强有力地道出了每年互市马匹死亡的情况，这是艰苦迁徙造成的结果，以此证明如此贸易价值甚微。（安史之乱后）朝廷对河北道的管

---

① 元稹：《和李校书新题乐府十二首·阴山道》，《全唐诗》卷四一九，第 4620 页。关于白居易的同名诗（《阴山道》），参阅《全唐诗》卷四二七，第 4705 页。关于绢马贸易，见《旧唐书》卷一九五，第 5207 页。

辖渐弱，唐王朝将其主要丝税产区与马场的控制权交给了割据藩镇。此失败之举，加上给予回纥助唐平乱之功的赏赐，使朝廷陷入贸易失衡的困境。[1] 回纥与朝廷达成了一项大规模贸易协定，以马匹换取绢帛，（唐肃宗时）以马一匹换绢 40 匹。唐代宗时订购 6000 匹马，所支付的绢绸共 24 万匹。由于以丝绸为单位定价，唐朝廷在马匹贸易上的开销受到了通货膨胀的冲击。因而一些朝廷官员在马匹的需求问题上提出了异议，他们质疑此类开支的必要性，并认为这笔费用带来的负担过于沉重。[2] 元稹在诗歌的颔联（第三、四句）提到：807 年，唐宪宗曾下诏用国库的金银支付交易马匹的花销。然而，诗中继续阐述，官员们并未遵循皇帝的政令。

继续品读此诗，元稹在第四联中指出了其他浪费丝绸、迫害劳工的"盗贼"：官员、豪族、富商和军队。接下来他有关丝绸与马匹贸易的描述，笔锋一转，几乎没有再论及购置马匹对朝廷财政的消耗。而是聚焦于织工劳作的细节，表达出自身对安史之乱后社会现状的悲叹。"屯军郡国百余镇"，驻扎于州县的屯军对缣绸的需求之大，导致织工一年四季都精疲力竭。后来，人们产生了弃旧换新的欲望，命令纺织工们加大强度，设法生产出越来越精致的丝织品。难度和精致程度大增，以织造一段原产于越地的缭绫为例，它所需的劳动力比生产十条素缣所消耗的还要多。结果是，陪同富家、豪族外出的侍从和受宠的仆人皆身着丝绸长袍，就连"小儿"也佩戴着织有云纹图案的锦丝剑鞘。豪门、

---

[1] Dromp, *Tang China and the Collapse of the Uighur Empire*，24–26.

[2] Christopher Beckwith 曾计算过绢马贸易产生的费用总额："公元 760 年，回纥开始卖马给唐朝廷，每匹马能得到 40 匹丝绸。按照当时的价格，这些丝绸价值 40 万文钱。在 780 年，当每匹马 40 匹丝绸的价格仍然有效，但丝绸的价格下跌了，每匹马价值 27 万文钱。在 809 年，朝廷以 25 万匹丝绸购买 6500 匹马，相当于每匹马交换了 38.46 匹丝绸，即 30768 文钱。到 838 年，唐朝境内的丝绸价格回到了正常水平，每匹价值 1000 文钱，而一匹进口的马可交换 38 匹丝绸，价值 38000 文钱。"Beckwith，"The Impact of the Horse and Silk Trade，"187. 关于这种贸易对唐代经济影响的进一步讨论，参见斋藤胜《唐，回鹘绢马交易再考》，33-58。Tan, Mei Ah 也发表过对于这首诗的研究，认为《阴山道》与元稹的其他乐府诗都表达了对朝廷妥善治理国家的关注。参见 Tan，"Exonerating the Horse Trade for the Shortage of Silk: Yuan Zhen's 'Yin Mountain Route'，"49–96.

富商都公然违反禁奢令，进行奢靡的消费活动。元稹将对华丽纹样丝绸的渴望、占有欲和广泛的社会群体联系在一起，而非局限于朝廷认可的精英阶层，回应了诗中"令族清班无雅操"的问题，即人们对新奇事物的欲望如何混淆了原有的社会等级。他批判的核心是这样一种观念：即这种欲望造就了一种新的社会一致性，"新颖"作为人们共同认可的价值发挥作用，而丝绸依旧是彰显身份地位的首选方式。

元稹的"新乐府"诗《阴山道》是对朝廷、官员和精英群体肆无忌惮地浪费资源的批判。朝廷滥用人力生产丝绸进行贸易，剥削织工来满足"耗帛伤工有他盗"的奢侈欲望。正如诗人郑谷所言"若无文彩入时难"，保持"入时"是通过消费昂贵的华彩丝绸实现的。换言之，（他们认为）浪费是追求新事物的必然结果。因此，元稹本诗的评判对象实则是时尚体系。

和好友元稹一样，白居易对朝廷追求新颖迷人的丝绸而产生浪费的现象持坚决的批判态度。元稹《阴山道》第十二联中出现的缭绫，也在白居易的笔下成为"主角"，其《缭绫》一诗便是为了"念女工之劳也"。他在诗的开篇自问："缭绫缭绫何所似？"将读者的注意力集中于缭绫难以捉摸的质地上。随后，他将缭绫与其他奢华丝织品进行比较，以明确这种由越州织造作坊生产的绝美织物所独具的特点。由于记载这种特殊的斜纹织物的文献和材料有限，研究唐代纺织的学者多依赖于本诗中白居易的描述。它表明缭绫可能有精致的图案，其制作过程是先织、后染色。①

> 缭绫缭绫何所似？不似罗绡与纨绮。
>
> 应似天台山上明月前，四十五尺瀑布泉。

---

① 参见赵丰对白居易诗歌的分析。赵丰：《唐代丝绸与丝绸之路》，第109–113页。

中有文章又奇绝，地铺白烟花簇雪。

织者何人衣者谁？越溪寒女汉宫姬。

去年中使宣口敕，天上取样人间织。

织为云外秋雁行，染作江南春水色。

广裁衫袖长制裙，金斗熨波刀剪纹。

异彩奇文相隐映，转侧看花花不定。

昭阳舞人恩正深，春衣一对值千金。

汗沾粉污不再着，曳土踏泥无惜心。

缭绫织成费功绩，莫比寻常缯与帛。

丝细缫多女手疼，扎扎千声不盈尺。

昭阳殿里歌舞人，若见织时应也惜。①

176

在本诗第四联，白居易问道："织者何人衣者谁？"紧接着，他又回答说："越溪寒女汉宫姬"（缭绫的织造者是越溪寒女，穿着者是汉宫姬）。这些衣裙是受皇帝之命（"中使宣口敕"），用缭绫裁剪而成，需要耗费技术和劳动（"功绩"），并且价"值千金"。白居易用大量篇幅来描绘缭绫精美的图案，正如他细致阐述在丝绸制作过程中投入的劳力——"广裁衫袖长制裙""金斗熨波""刀剪纹"。然而，织工们付出的劳力和心血终将白费，因为这些衣裙会被宫中的舞女"汗沾粉污不再着"，华服一旦沾上了汗水、脂粉就被弃之不用了。在诗词的尾联，白居易直接向宫廷中的歌舞艺人们大声呼吁："如果你们看到了织女制作缭绫的艰辛，应该会更加珍惜和爱护（这些华服）。"

---

① 白居易：《缭绫》，《全唐诗》卷二四七，第 4704 页。

小　结

　　本章多次提到安史之乱，这一事件为 9 世纪的文人们提供了重审历史变迁与构建文学回应的契机。与此同时，人们对新奇丝绸和胡风发型的喜爱乃至渴望有增无减，成为文人笔下王朝衰落、社会混乱的典型表现和容易理解的比喻。后安史之乱时代的有识之士往往把唐太宗统治时期与唐玄宗执政初年（开元盛世）理想化为"黄金时代"——皇帝贤能且广泛采纳大臣的谏言，保障了边疆的稳定和百姓民生。唐玄宗统治的后期——天宝时代，对于 8 世纪末至 9 世纪的绝大多数文人而言，则标志着良好的政治开始走下坡路，正如白居易的《上阳白发人》所言。他们认为，玄宗因为对杨贵妃的痴迷而误入歧途，引发了一系列灾难性的事件，最终造成了 9 世纪支离破碎、斗争激烈的政治格局。社会、政治和物质领域的变化与安史之乱及其余波的时间线相关联，这次叛乱成为后世划分唐代不同阶段的分界线。

　　诸事皆有新局面，时尚也不例外。它在 9 世纪不可阻挡的主导趋势反映出王朝渐衰的时间顺序。这个时间顺序隐含着一种批判：欲望是对享乐的极度向往，它如此强大以至于能推翻辉煌的唐朝。这种关于欲望和追求新奇的隐喻，一定程度上可以解释为什么杨贵妃传记的撰写者坚持认为她丰满的身材是其吸引人的原因。实际上，杨贵妃被塑造为体态丰满的性感尤物是安史之乱后的产物，当时的叙事与论述反复把分裂、变化与"红颜祸水"联系在一起。唐美人丰腴的身体是对唐朝的隐喻：一个充满了欲望的国家。时尚及其对新奇快乐的肆意追求，被视为世间所有错误令人忧虑的表现。

　　白居易、元稹、王建等人都曾为不幸的织女写下哀叹之词。"织女"的意象在文人们描述的安史之乱后社会时尚转变过程中占据了突出的地位。对于 9 世纪的作家而言，有两种感知始终交织在一起，一是对奢侈浪费现象的焦

177

第五章　欲望　225

虑，二是时尚是过度生产与事物过时淘汰的根源。他们最困扰之事莫过于时人对新奇事物的渴望加快了物质世界变化的速度和加大了其变化的规模，并带来了严重的社会后果。随着政治状况的恶化与道德堕落日趋严重，可怜的织工们面临着更多的劳动负担。关于织女群体的文学作品流传，实则批判了不断增长的"浪费型经济"——它掩盖了资源与劳动力的价值，继而使围绕社会、政治、等级制度的传统价值观变得模糊。本质上，时尚并不是掩盖真实变化的虚影，而是一种变革的力量。所以将时尚视为浪费或浮华的诸多评判，只是证明了安史之乱后时尚在唐朝的持续存在和发展，即使它的设计、图案、意义已经发生变化以适应新的现实。

结　语

　　安史之乱被平定的一个多世纪后，新的起义者黄巢（820—884）揭竿而起，向暮年的唐王朝发起挑战。到881年末，他已经带领起义军跨过长江，攻破东都洛阳，占领了长安。唐僖宗此时已经逃亡蜀地，成为唐玄宗之后又一位避难四川的皇帝。长安居民自此遭受了长达两年的掠夺与惶恐。9世纪的文人韦庄（826—910）用乐府诗记载了这一事件，以逃难女子的悲凄之声叙述长安的历劫过程。在这首《秦妇吟》的开篇，韦庄描述自己于阳春三月洛阳的道路旁偶遇一位如花女子：

　　　　凤侧鸾欹鬓脚斜，

　　　　红攒黛敛眉心折。

　　只见她发髻侧斜，鬓角不整，紧锁的双眉尽显悲伤。与白居易、元稹"新乐府"诗中的女子一样，秦妇凌乱的妆发暗示着唐朝的衰颓、濒临崩溃。整首诗中女性的服装与饰品戏剧化地展现了都城乃至王朝受到的破坏。当秦妇通过四位女邻居的遭遇来表现兵灾战祸的暴力时，她详述"东邻""西邻""南邻""北邻"每位女子的美丽与精致装扮，与她们悲惨、乱世飘零的命运形成了鲜明对比：

西邻有女真仙子，一寸横波剪秋水。

妆成只对镜中春，年幼不知门外事。

一夫跳跃上金阶，斜袒半肩欲相耻。

牵衣不肯出朱门，红粉香脂刀下死。

诗中的所有女子从红粉胭脂、新画眉的美好幻梦中惊醒，丝绸襦裙被撕扯、拖拽，贞洁受到威胁，无人救援的惨状表明她们的父亲和丈夫也难逃厄运，或者已遭杀害。秦妇自己最终落入军人之手：

鸳帏纵入岂成欢？宝货虽多非所爱。

蓬头垢面眉犹赤，几转横波看不得。

衣裳颠倒语言异……还将短发戴华簪。[1]

《秦妇吟》里女性华美的长袍与精心装扮的发髻暗指拥有灿烂文明的唐朝，而对黄巢部下"蓬头垢面"的描写则说明其强横。即使"戴华簪"，在诗人眼中他们依旧粗暴，根本不能统治国家。他们的破坏行为使人们对安乐的希望化为泡影。"陷贼"三年的秦妇坐在丝帘之后、被珠宝环绕，忍受着黄巢及麾下军将企图扮演皇帝和官员的行为。尽管唐僖宗和唐朝官军于 884 年成功夺回了皇位和长安，但是王朝已经走向名存实亡。时至天祐四年（907）唐代最后一位皇帝被篡位，统一国家分裂为多个政权。世界性大国唐朝与大都会长安都轰然崩溃，但《秦妇吟》作为那个时代最流行的诗篇之一幸存下来，给韦庄带来了美誉，

---

[1] 参见 Robin, *Washing Silk: The Life and Selected Poetry of Wei Chuang*, 108-122。关于这首诗的研究，参见 Nugent, "The Lady and Her Scribes," 27–73。（韦庄《秦妇吟》全篇，见《全唐诗》卷六九五。——译注）

也使他的名字与诗中逃难、落魄女子的形象流传至今。

与第五章中所阐释的多篇诗作相似，《秦妇吟》寓意深远。它说明外部表象是唐代历史叙事的重要组成部分。在那个时代，诗人和作家用头饰与鬓花的变化表现社会混乱，画家将盛装打扮的女子作为娱乐对象，他们反复把女性和时尚紧密捆绑在一起。文学学者保罗·鲁泽（Paul Rouzer）曾指出"女性在唐朝变得更为有趣"，因为"她们更多地出现在文本中，并在这些文本中扮演了更为复杂的角色"。这种转变与一个简单的事实有关，即"文人们也许觉得女性更有趣了"。① 然而，这种理解和推论背后的观点是：女性及其在审美游戏中的表现对她们自己而言并不重要。由于男性在文字、绘画等各方面都占主导地位，唐代女性的形象、诉求与她们作为女性的魅力都取决于男性作者的声音。如此情况的必然结果是，除了依靠被"归因"于女性的时尚体系发声，历史上的女性几乎没有自我表达的机会。当然，这并不局限于唐朝或者说中国社会，而是普遍存在的。将时尚性别化为女性的做法，进而产生了将其作为历史现象研究的长期影响。因此，"时尚作为研究对象或者专题的边缘性，与其首要研究对象——女性群体所处的边缘性，密不可分"。②

着装与饰品对于女性的生活一直很重要，事实上，外表及其随时间的变化对男性和女性同样重要。古今相似，过去的服饰可以调解个人与社会、与物质世界的关系。通过将理论解析、观念阐释导入文字或画作所描绘的人物，阅读者或观看者会产生一系列复杂的解读，从而可以把他们与物质世界、历史背景联系起来。总体而言，时尚是一种创造意义的实践，它成为隐喻思维的关键形式，关乎社会结构、欲望、性别和时间的流逝。

---

① Rouzer, *Articulated Ladies: Gender and the Male Community in Early Chinese Texts*, 201.

② Tseëlon, "Ontological, Epistemological, and Methodological Clarifications in Fashion Research," 237.

附　录
纺织品基础知识

织物由织机织造而成，其经线平行于织机的长边，纬线则垂直于经线并横跨织机的宽边。

穿经时，经纱（单根经线）会穿过一种被称为"综丝"的线环，可方便纬线通过。纬线以直角穿过经纱，与其交织即形成一个织物结构，也称织造组织。在织造一种素织物时，经纱的两半[①] 会交替由分经杆和综丝杆提起，形成一个楔形开口，称为"梭口"，带纬线的梭子即可在这两组分开的经纱之间通过。综丝杆是一根带综框的棍子，综丝组合在一起形成一个轴，用于同时升降经纱。梭子用于将一根被称为"纬纱"的纬线从一边穿到另一边。织工也可通过增加更多的综丝杆作为花综杆，织出更复杂的织物。

织物结构

中国的机织品有三种基础的织造组织[②]：平纹、斜纹和缎纹（图 A.1），其他各种组织均由这三种衍生而来。平纹织物是以两根经纱和两根纬纱为单位，

---

① 一半单数经纱，一半双数经纱。——译注
② 纺织业通常称为三原组织。——译注

形成一个简单的纵横交错的结构。织工先将经纱交织于一根纬线上，再于另一根纬线下交织，到下一根经纱时再先下后上交替交织。唐代的平纹丝绸织物通常被称作"绢"；由植物纤维织成的平纹织物则称为"布"，由动物纤维织成的平纹织物称为"褐"（图 A.2）。史料记载最多的唐代税赋丝绸之一，是一种被

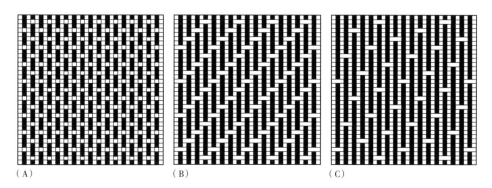

（A） （B） （C）

图 A.1　织物结构：（A）平纹；（B）斜纹；（C）缎纹
詹妮弗·肖茨绘制

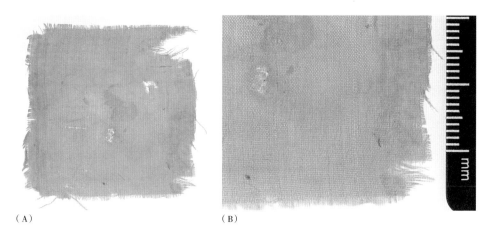

（A） （B）

图 A.2　（A）未染色平纹织物方形残片；（B）残片细部。8—9 世纪
经线：丝质，无捻，单纱，未染色；纬线：丝质，无捻，单纱，未染色。织造结构：1/1 平纹
长 5.2 厘米，宽 5.2 厘米。发现于新疆安迪尔
© 大英博物馆理事会

称作"䌷"的纬罗纹织物，它是由不同粗细的纬线织成的平纹织物，其表面有菱纹的效果（图 A.3）。

斜纹组织是以 3 根或 3 根以上的经纬纱为一个单元，每一根经纱穿过两根或两根以上相邻纬纱的上面，再穿过下一根或更多纬纱的下面。通过这种间隔交叉，织工就能得到一个 V 形图案。[①] 第三种基础组织——缎纹组织则是以 5 根或 5 根以上的经纬纱为一个单元。织工或将经纱一次穿过 4 根或更多相邻纬纱的上面，再穿过下一根纬纱的下面，或反向操作，将经纱穿过 4 根或更多纬纱的下面，再穿过下一根纬纱的上面。[②] 缎纹织物的主要特征是其外表光滑有

（A）

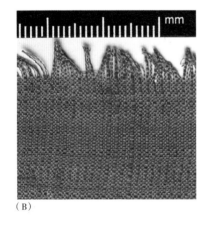

（B）

图 A.3 （A）红色䌷残片;（B）残片细部。9–10 世纪
经线：丝质，无捻，单纱，红色；纬线：丝质，无捻，单纱，红色。织造结构：1/1 罗纹平纹。长 26.3 厘米，宽 3.4 厘米。莫高窟 17 窟出土
© 大英博物馆理事会

---

① 平纹是纱线每隔一根就交叉一次，交织点多且均匀，斜纹则是每隔两根及以上有规律地交叉一次，其经组织点或纬组织点可连续成斜线。——译注

② 缎纹即每间隔四根以上的纱线就交叉一次，其交织点单独、互不连续、均匀分布。织物表面具有较长的经向或纬向的浮长线。——译注

光泽，原因是缎纹中经纱的浮线较长。中国现存最早的缎纹织物出土于宋代，但由于唐代的文献资料中也提及缎子，故赵丰认为缎纹织物可能是唐代的创新。①

早期织机

上古时期，平纹织物是在原始腰机上织成的，在这种腰机上，经纱一端与织带相连，另一端与固定的木棒相连。当织工将织带绑到背后，就可以利用自己的体重将经线拉直以方便织造。② 春秋时期出现一种双轴织机，取代了原始腰机。相传双轴织机起源于鲁国，它是在原始腰机的基础上增加了一个支撑架、一个簧片（用来分开纱线的梳状框架物）和一个经轴，使其得以改进。③ 战国时期发展出了一种双踏板斜织机，可通过两个踏板对经纱开口进行机械控制。在这种斜织机上，经纱会以一定角度倾斜，使得经纱可以在经轴与布梁之间均匀拉伸，从而提高织物的平滑度。④ 斜纹锦或绫可能直到 6 世纪才出现，彼时的双踏板织机上已由单轴增加至双轴。

复合组织

以上述三原组织为基础，可发展出由两个或两个以上经纬纱系统组成的重组织：或以一组经纬纱系统直接织出地子和图案，或以原组织为地，辅以纬纱显花的织制。 锦是自图案化的单色纺织品，可分为斜纹地斜纹花（绫）或平纹地斜纹花（绮）。当织造绮时，织工会将平纹地与斜纹花相结合，再操纵经

---

① 赵丰：《丝绸艺术史》，第 43–44 页。

② 盛余韵，"The Disappearance of Silk Weaves with Weft Effects in Early China," 41–76, cf. 63。

③ 陈维稷：《中国纺织科学技术史》，第 74–76 页；赵丰：《丝绸艺术史》，第 18 页。

④ 山东、江苏等地的汉代画像石上发现有这种织机。陈维稷：《中国纺织科学技术史》，第 244–551 页；赵丰：《丝绸艺术史》，第 17–18 页。

线以形成菱纹或菱格纹图案（图 A.4）。如果要织造经面图案（即使用经纱产生图案），则需要在踏步织机上增加花综杆来提升经纱组，并需要两名助手清理梭口。唐朝时期，绫产量倍增，最常见的便是用同色经纬纱织成的暗花绫（图 A.5）。考古资料显示，真正的斜纹绫直到唐代才出现，即其地和图案均为斜纹组织。

如果要织造锦，则需要一个更复杂的织机来使图案可以机械重复。这种织机除了要有花综杆，还需要一种装置来简化经纱系统的分离。[1] 中国早期织造的锦，是在平纹地上起经面几何图案，这就需要用两轴的踏步织机将两种不同颜色的经纱系统与一组纬纱织在一起。[2] 考古出土的带动物图案和吉祥符号的汉代纺织品显示，到 2—3 世纪，锦的生产已有重大进展。2013 年，成都老官山一座公元前 2 世纪晚期的墓葬中出土了 4 架木制织机模型，证实了早期多轴多综提花织机的存在（图 A.6）。这些提花织机是世界上提花织机的最早证据，它的出现即与锦的发展有关（图 A.7）。

与平纹、斜纹和缎纹三原组织不同，纱罗是经纬纱通过交叉扭绞形成的一种结构松散、质地轻薄、带方形孔隙的织物（图 A.8）。在织纱时，地经位置不动，两根经丝相互绞转而成（图 A.9）。[3] 罗也是一种交叉扭绞而成的织物，有方形孔隙，类似于纱，但比纱更耗工耗力。[4] 纱是由绞经和地经充分扭绞形成，而罗的绞经会在连续的地经上交替出现。[5] 罗可以有图案，也可以没有图案，

① Becker, *Pattern and Loom*, 55-79.
② 陈维稷:《中国纺织科学技术史》，第 384 页；赵丰:《丝绸艺术史》，第 55–57 页。
③ 织纱时，经纱分绞经和地经两个系统。——译注
④ 陈维稷:《中国纺织科学技术史》，第 116–117 页；赵丰:《丝绸艺术史》，第 45 页；Kuhn, "Silk Weaving in Ancient China," 80-81. 有学者将罗（Luo）译为 "罗（Leno）"，Leno 是一个用于普通级别的复合纱罗织物的术语。
⑤ 纱是每织一根纬线或共口的数根纬线后，绞经与地经就相互扭绞一次形成孔孔，而罗是每织三根或三根以上奇数纬纱的平纹组织后，绞经与地经才相互扭绞一次，因此罗的纱孔在织物表面成横条排列。——译注

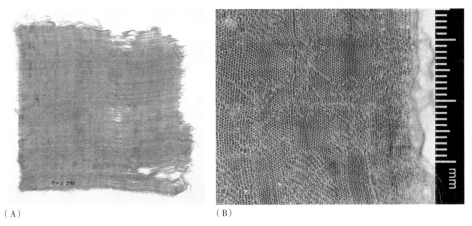

（A）　　　　　　　　　　　　　　　（B）

图 A.4 （A）黄色暗花绮长方形残片，上有六边菱格内嵌四瓣花形纹；（B）残片细部。9–10 世纪

经线：丝质，无捻，单纱，黄色；纬线：丝质，无捻，单纱，黄色。织物结构：1/1 平纹地，2–4 提花

图案。长 16.5 厘米，宽 15.5 厘米。莫高窟 17 窟出土

© 大英博物馆理事会

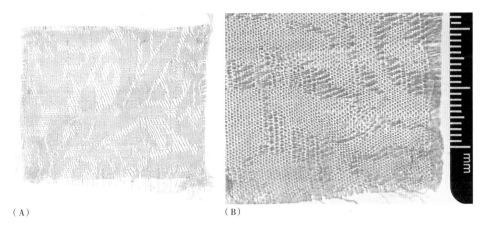

（A）　　　　　　　　　　　　　　　（B）

图 A.5 （A）白色暗花绫长方形残片；（B）残片细部。9–10 世纪

经线：丝质，无捻，单纱，白色；纬线：丝质，无捻，单纱，白色。织物结构：2/1S 斜纹图案，1/5S

斜纹地。长 6.8 厘米，宽 7.6 厘米。莫高窟 17 窟出土

© 大英博物馆理事会

有图案的通常为菱纹或菱格纹（图 A.10）。带图案的纱罗织物由纱罗组织与平

纹组织结合而成，或用经纱织成经面图案。

图 A.6　老官山织机复原品
© 中国丝绸博物馆（杭州）

图 A.7　（A）平纹经锦残片，上有对龙纹和鸟纹；（B）残片细部。5–6 世纪
经线：丝质，无捻，红色和白色；里纬：丝质，无捻，三股，白色；接结纬：丝质，无捻，单纱，白
色。织物结构：1/1 经面锦。长 17 厘米，宽 9.5 厘米。莫高窟 17 窟出土
© 大英博物馆理事会

图 A.8 纱组织
詹妮弗·肖茨绘制

（A）

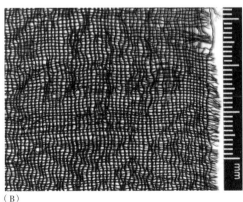

（B）

图 A.9 （A）紫色暗花纱残片；（B）残片细部。9–10 世纪
经线：丝质，无捻，单纱，紫色；纬线：丝质，无捻，单纱较厚，紫色。织物结构：地：1/1 平纹，绞经于同一方向穿过地经；图案：绞经浮于地经上。长 6.5 厘米，宽 21 厘米。
莫高窟 17 窟出土
© 大英博物馆理事会

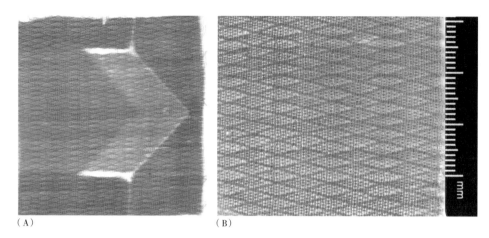

（A）

（B）

图 A.10 （A）菱形纹罗残片；（B）残片细部。7-10 世纪

经线：丝质，无捻，单纱，红色；纬线：丝质，无捻，双股或三股，红色。

织物结构：花罗，地：四经绞罗；图案：二经绞罗。长 9.7 厘米，宽 10.3 厘米。莫高窟 17 窟出土

© 大英博物馆理事会

术语问题

目前，翻译历史文献中的纺织品术语仍然是一项困难的工作，因许多术语尚无固定含义，且可能指代不同历史时期的不同纺织品或纺织技术。虽然纺织品的考古发掘有助于研究纺织技术与创新，但如何将纺织品术语与实物资料进行匹配，依然是一项方法论层面的挑战。不过，最近有两部出版物可为我们提供一些涉及文献和考古资料的重要纺织术语词汇表：Zhao Feng and Wang Le，"Glossary of Textile Terminology (Based on the Documents from Dun-huang and Turfan)"［赵丰，王乐：《纺织品术语表（基于敦煌和吐鲁番文献）》］，*Journal of the Royal Asiatic Society*，23（2013）：349-87；Dieter Kuhn，"Glossary，" in *Chinese Silks*，ed. Kuhn et al.（New Haven：Yale University Press，2012），521-29。

参考文献

中文文献

安峥地:《唐房龄大长公主墓清理简报》,《文博》,1990 年第 1 期,第 2-6 页。

班固:《汉书》,颜师古注,北京:中华书局,2007 年(重印)。

包伟民:《唐代市制再议》,《中国社会科学》,2011 年第 4 期,第 179-189 页。

曹者祉,孙秉根主编《中国古代俑》,上海:上海文化出版社,1996 年。

陈安利,马咏钟:《西安王家坟唐代唐安公主墓》,《文物》,1991 年第 9 期,第 15-27 页。

陈国灿:《从吐鲁番出土的"质库帐"看唐代的质库制度》,载唐长孺主编《敦煌吐鲁番文书初探》,第 316-343 页,武汉:武汉大学出版社,1983 年。

陈弱水:《唐代的妇女文化与家庭生活》,台北:允晨文化,2007 年。

陈文忠:《中国古典诗歌接受史研究》,合肥:安徽大学出版社,1998 年。

陈寅恪:《隋唐制度渊源略论稿》,北京:生活·读书·新知三联书店,1954 年。

陈寅恪:《唐代政治史述论稿》,北京:生活·读书·新知三联书店,1956 年。

陈寅恪:《元白诗笺证稿》,北京:生活·读书·新知三联书店,2001 年。

陈勇:《唐代长江下游经济发展研究》,上海:上海人民出版社,2006 年。

董诰等编《全唐文》,北京:中华书局,1987 年(重印)。

杜牧:《樊川文集》,成都:巴蜀书社,2007 年。

杜文玉:《论唐代雇佣劳动》,《渭南师范学院学报》,1986 年第 1 期,第 40-45 页。

杜佑:《通典》,北京:中华书局,1988 年。

段鹏琦:《西安南郊何家村唐代金银器小议》,《考古》,1980年第6期,第536-541页。

段文杰:《敦煌石窟艺术研究》,兰州:甘肃人民出版社,2007年。

段文杰:《中国美术全集14:绘画编,敦煌壁画上》,上海:人民美术出版社,1985年。

段文杰:《中国美术全集15:绘画编,敦煌壁画下》,上海:人民美术出版社,1985年。

樊绰:《蛮书》,北京:中国书店,2007年(重印)。

费省:《唐代人口地理》,西安:西北大学出版社,1996年。

傅绍良:《唐代谏议制度与文人》,北京:中国社会科学出版社,2003年。

葛承雍主编《景教遗珍－洛阳新出唐代景教经幢研究》,北京:文物出版社,2009年。

国家文物局古文献研究室等编《吐鲁番出土文书》(十卷),北京:文物出版社,1981-1991年。

韩伟,张建林:《陕西新出土唐墓壁画》,重庆:重庆出版社,1998年。

韩伟:《法门寺地宫唐代"随真身衣物帐"考》,《文物》,1991年第5期,第27-37页。

河北省文物研究所:《五代王处直墓》,北京:文物出版社,1998年。

桓宽编《盐铁论》,北京:中华书局,1991年。

黄能馥,陈娟娟:《中国服装史》,北京:北京旅游出版社,1995年。

黄正建:《唐代衣食住行研究》,北京:首都师范大学出版社,1998年。

黄正建:《王涯奏文与唐后期车服制度的变化》,《唐研究》,2004年第10期,第297-327页。

黄正建:《中晚唐代社会与政治研究》,北京:中国社会科学出版社,2006年。

李伯重:《唐代江南农业的发展》,北京:农业出版社,1990年。

李昉等编《太平广记》,北京:人民文学出版社,1959年。

李昉等编《文苑英华》,北京:中华书局,1966年。

李吉甫:《元和郡县图志》,北京:中华书局,1983年。

李建昆：《张籍诗集校注》，台北：华泰文化，2001 年

李锦绣：《唐代财政史稿》，北京：社会科学文献出版社，2007 年。

李林甫，李隆基编《大唐六典》（近卫家熙校，内田智雄，广池千九郎编），西安：三秦出版社，1991 年。

李明：《砖墓志与金花冠--〈唐李墓志〉读后》，《文博》，2015 年第 3 期，第 64-67 页。

李孝聪：《唐代地域结构与运作空间》，上海：上海辞书出版社，2003 年。

李星明：《〈簪花仕女图〉年代蠡见》，《湖北美术学院学报》，2006 年第 1 期，第 65-71 页。

李星明：《唐代墓室壁画》，陕西：陕西人民美术出版社，2005 年。

李延寿等编《北史》，北京：中华书局，1995 年。

李肇：《唐国史补》，上海：古典文学出版社，1957 年。

刘昫等编《旧唐书》，上海：中华书局，1995 年（重印）。

卢华语：《唐代蚕桑丝绸研究》，北京：首都师范大学出版社，1995 年。

卢向前：《唐代西州土地的管理方式－唐代西州田制研究之三》，《唐研究》，1995 年第 1 期，第 385-408 页。

陆贽：《陆宣公集》（三卷），上海：中华书局，1936 年。

罗丰：《固原南郊隋唐墓地》，北京：文物出版社，1996 年。

马承源，岳峰编《新疆维吾尔自治区丝路考古珍品》，上海：上海译文出版社，1998 年。

马得志：《唐代长安城考古纪略》，《考古》，1963 年第 11 期，第 595-611 页。

马自力：《谏官及其活动与中唐文学》，《文学遗产》，2005 年第 6 期，第 16-30 页。

马自力：《中唐文人之社会角色与文学活动》，北京：中国社会科学出版社，2005 年。

孟二冬：《中唐诗歌之开拓与新变》，北京：北京大学出版社，1998 年。

纳春英：《唐代服饰时尚》，北京：中国社会科学出版社，2009 年。

宁欣：《论唐代长安另类商人与市场发育——以《窦乂传》为中心》，《西北师大学报》，2006 年第 4 期，第 71-78 页。

宁欣：《唐宋都城社会结构研究：对城市经济与社会的关注》，北京：商务印书馆，2009 年。

欧阳修，宋祁等编《新唐书》（二十卷），上海：中华书局，2006年（重印）。

彭定求等编《全唐诗》（二十五卷），上海：中华书局，1960年（再版）。

齐东方，张静：《唐墓壁画与高松冢古坟壁画的比较研究》，《唐研究》，1995年第1期，第447-472页。

齐东方：《何家村遗宝的埋藏地点和年代》，《考古与文物》，2003年第2期，第70-74页。

齐东方：《唐代金银器研究》，北京：中国社会科学出版社，1999年。

齐东方：《唐俑与妇女生活》，载《唐宋女性与社会》，邓小南编，第322-337页，上海：上海辞书出版社，2003年。

仁井田陞：《唐令拾遗》，栗劲编译，长春：长春出版社，1989年。

荣新江，李肖，孟宪实主编《新获吐鲁番出土文献》，北京：中华书局，2008年。

荣新江：《北朝隋唐粟特人之迁徙及其聚落》，《国学研究》，1999年第6期，第27-85页。

荣新江：《敦煌学十八讲》，北京：北京大学出版社，2001年。

荣新江：《女扮男装 - 唐代前期妇女的性别意识》，载《唐宋女性与社会》，邓小南编，第723-750页，上海：上海辞书出版社，2003年。

荣新江：《中古中国与外来文明》，北京：生活·读书·新知三联书店，2001年。

山西省考古研究所：《唐代薛儆墓发掘报告》，北京：科学出版社，2000年。

陕西省博物馆，千县文教局唐墓发掘组：《唐章怀太子墓发掘简报》，《文物》，1972年第7期，第13-25页。

陕西省博物馆等：《唐墓壁画国际学术研讨会论文集》，西安：三秦出版社，2006年。

陕西省博物馆等：《唐懿德太子墓发掘简报》，《文物》，1972年第7期，第26-32页。

陕西省博物馆等：《唐郑仁泰墓发掘简报》，《文物》，1972年第7期，第33-42页。

陕西省博物馆等：《西安南郊何家村发现唐代窖藏文物》，《文物》，1972年第1期，第30-42页。

陕西省博物馆等：《西安南郊何家村发现唐代窖藏文物》，《文物》，1972年第1期，第30-42页。

陕西省考古研究所：《唐惠庄太子李撝墓发掘报告》，北京：科学出版社，2004年。

陕西省考古研究所:《唐李倕墓发掘简报》,《考古与文物》,2015 年第 6 期,第 3-22 页。

陕西省考古研究所:《唐李宪墓发掘报告》,北京:科学出版社,2004 年。

陕西省考古研究所等:《唐惠庄太子墓发掘简报》,《考古与文物》,1993 年第 2 期,第 3-21 页。

陕西省考古研究所等:《唐节愍太子墓发掘报告》,北京:科学出版社,2004 年。

陕西省考古研究所等:《唐新城长公主墓发掘报告》,北京:科学出版社,2004 年。

陕西省考古研究所等:《唐昭陵新城长公主墓发掘简报》,《考古与文物》,1997 年第 3 期,第 3-24 页。

陕西省文物管理委员会等:《唐阿史那忠墓发掘简报》,《考古》,1977 年第 2 期,第 132-138 页。

陕西省文物管理委员会等:《唐永泰公主墓发掘简报》,《文物》,1964 年第 1 期,第 7-33 页。

沈从文:《中国古代服饰研究》,香港:商务印书馆,1981 年。

施蛰存:《唐诗白话》,上海:上海古籍出版社,1987 年。

司马光等:《资治通鉴》,胡三省注,台北:天工书局,1988 年(重印)。

司马迁:《史记》,北京:中华书局,2013 年。

宋敏求编《唐大诏令集》,上海:学林出版社,1992 年(重印)。

孙机:《中国古代舆服论丛》,北京:文物出版社,1993 年。

孙棨:《北里志》,载《教坊记·北里志·青楼集》,崔令钦,孙棨,夏伯和著,上海:古典文学出版社,1957 年。

唐长孺等编《吐鲁番出土文书》,北京:文物出版社,1992-1996 年。

脱脱等编《宋史》,北京:中华书局,2007 年(重印)。

王瑷玲:《白居易和元稹的叙事诗中的艺术风貌》,《中国文哲研究集刊》,1994 年第 5 期,第 195-272 页。

王炳华:《吐鲁番出土唐代庸调布研究》,《文物》,1981 年第 1 期,第 56-62 页。

王谠:《唐语林》,上海:上海古籍出版社,1985 年(重印)。

王溥编《唐会要》,上海:上海古籍出版社,1991 年。

王钦若等《宋本册府元龟》，北京：中华书局，1989 年（重印）。

王仁裕编《开元天宝遗事》，北京：中华书局，2006 年（重印）。

王永兴：《试论唐代丝纺织业的地区分布》，载《陈门问学丛稿》，王永兴著，第 269-292 页，南昌：江西出版社，1993 年。

王宇清：《历代妇女袍服考实》，台北：中国旗袍研究会，1975 年。

王宇清：《中国服装史纲》，台北：中华大典编印会，1967 年。

王自力，孙福喜：《唐金乡县主墓》，北京：文物出版社，2002 年。

魏征等编《隋书》，北京：中华书局，1973 年。

吴震：《吐鲁番出土文书中的丝织品考辨》，载《吐鲁番地域与出土绢织物》，中国新疆维吾尔自治区博物馆，日本奈良丝绸之路学研究中心编，第 84-103 页，奈良：丝绸之路研究中心，2000 年。

武建国：《唐代市场管理制度研究》，《思想战线》，1988 年第 3 期，第 72-79 年。

武敏：《吐鲁番出土蜀锦的研究》，《文物》，1984 年第 6 期，第 70-80 页。

向达：《唐代长安与西域文明》，重庆：重庆出版社，2009 年。

谢涛等：《成都市天回镇老官山汉墓》，《考古》，2014 年第 7 期，第 59-70 页。

谢稚柳：《唐周昉簪花仕女图的商榷》，《文物参考资料》，1958 年第 6 期，第 25-26 页。

新疆维吾尔自治区博物馆：《古代西域服饰撷萃》，北京：文物出版社，2009 年。

新疆维吾尔自治区博物馆：《吐鲁番县阿斯塔那－哈拉和卓古墓群发掘简报》，《文物》，1973 年第 10 期，第 7-27 页。

新疆维吾尔自治区博物馆：《新疆维吾尔自治区博物馆》（目录），北京：文物出版社，1991 年。

徐书城：《从〈纨扇仕女图〉〈簪花仕女图〉略谈唐人仕女画》，《文物》，1980 年第 7 期，第 71-75 页。

薛平栓：《论隋唐长安的商人》，《陕西师范大学学报》，2004 年第 2 期，第 69-75 页。

阎步克：《服周之冕：〈周礼〉六冕礼制度的兴衰变异》，北京：中华书局，2009 年。

杨伯峻：《春秋左传注》（四卷），北京：中华书局，1995 年。

杨仁恺：《对"唐周昉簪花仕女图的商榷"的意见》，《文物》，1959 年第 2 期，第

44-45 页。

杨仁恺：《簪花仕女图研究》，北京：朝花美术出版社，1962 年。

杨荫浏：《杨荫浏音乐论文选集》，上海：上海文艺出版社，1986 年。

杨远：《唐代的矿产》，台北：台湾学生书局，1982 年。

杨正兴：《唐薛元超墓的三幅壁画介绍》，《考古与文物》，1983 年第 6 期，第 104-105 页。

姚平：《唐代妇女的生命历程》，上海：上海古籍出版社，2004 年。

姚汝能：《安禄山事迹》，上海：上海古籍出版社，1983 年。

元稹：《元稹集》（两卷），冀勤编，北京：中华书局，1982 年。

张国刚：《唐代的蕃部与蕃兵》，载《唐代政治制度研究论集》，张国刚著，第 93-112 页，台北：文津出版社，1994 年。

张国刚：《唐代藩镇研究》，长沙：湖南教育出版社，1987 年。

张末元：《汉朝服装图样资料》，香港：太平书局，1963 年。

张末元：《汉代服饰参考资料》，北京：人民美术出版社，1959 年。

张彦远（在世于 9 世纪）：《历代名画记》，北京：中华书局，1985 年。

张泽咸：《唐代工商业》，北京：中国社会科学出版社，1995 年。

章群：《唐代蕃将研究》，台北：联经出版社，1986 年。

长孙无忌（659 年逝世）等编：《唐律疏议》，刘俊文点校，北京：中华书局，1983 年。

昭陵博物馆：《唐昭陵段简璧墓清理简报》，《文博》，1989 年第 6 期，第 3-12 页。

昭陵博物馆：《唐昭陵长乐公主墓》，《文博》，1988 年第 3 期，第 10-30 页。

赵丰：《丝绸艺术史》，杭州：浙江美术学院出版社，1992 年。

赵丰：《唐代丝绸与丝绸之路》，西安：三秦出版社，1992 年。

赵丰等：《中国丝绸通史》，苏州：苏州大学出版社，2005 年。

赵力光，王九刚：《长安县南里王村唐墓壁画》，《文博》，1989 年第 4 期，第 3-9 页。

郑处诲：《明皇杂录》，田廷柱点校，《东观奏记》印，裴庭裕著，北京：中华书局，1994 年。

周天游主编《新城，房陵，永泰公主墓壁画》，北京：文物出版社，2002 年。

周天游主编《章怀太子墓壁画》，北京：文物出版社，2002 年。

周锡保：《中国古代服饰史》，北京：中国戏剧出版社，1984 年。

周汛，高春明：《中国历代服饰》，上海：学林出版社，1984 年。

朱金城：《白居易年谱》，上海：上海古籍出版社，1982 年。

朱新予主编《中国丝绸史》，北京：纺织工业出版社，1992 年。

朱祖德：《唐代越州经济发展探析》，《淡江史学》，1996 年第 18 期，第 21-42 页。

英文文献

Abramson, Marc S. *Ethnic Identity in Tang China*. Philadelphia: University of Pennsylvania Press, 2008.

Acker, William. *Some T'ang and Pre-T'ang Texts on Chinese Painting*, 2 vols. Leiden: E. J. Brill, 1954–74.

An, Jiayao. "The Art of Glass Along the Silk Road." In *China: Dawn of a Golden Age, 200–750*, edited by James C.Y. Watt, 57–65. New York: Metropolitan Museum of Art, 2004.

Appadurai, Arjun, ed. *The Social Life of Things: Commodities in Cultural Perspective*. New York: Cambridge University Press, 1988.

Arakawa, Masahiro, and Valerie Hansen. "The Transportation of Tax Textiles to the North-West as part of the Tang-Dynasty Military Shipment System." *Journal of the Royal Asiatic Society* 23, no. 2 (2013): 245–61.

Backus, Charles. *The Nan-Chao Kingdom and T'ang China's Southwestern Frontier*. New York: Cambridge University Press, 1981.

Baizerman, Suzanne, Joanne B. Eicher, and Catherine Cerny. "Eurocentrism in the Study of Ethnic Dress." *Dress* 20, no. 1 (1993): 19–32.

Baldwin, Frances Elizabeth. *Sumptuary Legislation and Personal Regulation in England*. Baltimore: Johns Hopkins University Press, 1926.

Barat, Kahar. "Aluoben, A Nestorian Missionary in 7th Century China." *Journal of*

Asian History 36, no. 2 (2002): 184–98.

Barnhart, Richard M., Xin Yang, Chongzheng Nie, James Cahill, Shaojun Lang, and Hung Wu. *Three Thousand Years of Chinese Painting.* New Haven: Yale University Press, 1997.

Becker, John. *Pattern and Loom: A Practical Study of the Development of Weaving Techniques in China, Western Asia and Europe,* 2nd ed. Copenhagen: Rhodos International Publishers, 2009.

Beckwith, Christopher I. "The Impact of the Horse and Silk Trade on the Economies of T'ang China and the Uighur Empire: On the Importance of International Commerce in the Early Middle Ages." *Journal of the Economic and Social History of the Orient* 34, no. 3 (1991): 183–98.

Belfanti, Carlo. "Was Fashion a European Invention?" *Journal of Global History* 3, no. 3 (2008): 419–43.

Bell, Quentin. *On Human Finery.* London: Allison and Busby, 1992.

Benjamin, Walter. *The Arcades Project.* Edited by Rolf Tiedemann. Translated by Howard Eiland and Kevin McLaughlin. Cambridge, Mass.: Belknap Press of Harvard University Press, 1999.

———. *Illuminations: Essays and Reflections.* Edited by Hannah Arendt. Translated by Harry Zohn. New York: Shocken Books, 1988.

Berger, John. *Ways of Seeing.* London: Penguin Books, 1972.

Bol, Peter. '*This Culture of Ours': Intellectual Transitions in T'ang and Sung China.* Stanford: Stanford University Press, 1992.

Bossler, Beverly. "Vocabularies of Pleasure: Categorizing Female Entertainers in the Late Tang Dynasty." *Harvard Journal of Asiatic Studies* 72, no. 1 (2012): 71–99.

Bourdieu, Pierre. *Distinction: A Social Critique of the Judgment of Taste.* Translated by Richard Nice. Cambridge, Mass.: Harvard University Press, 1984.

Brandauer, Frederick P., and Chün-chieh Huang. *Imperial Rulership and Cultural Change in Traditional China.* Seattle: University of Washington Press, 1994.

Braudel, Fernand. *Civilization and Capitalism, 15th–18th Centuries.* Vol. 1, *The Structures of Everyday Life.* Translated by Sian Reynolds. London: Collins, 1981.

Bray, Francesca. *Technology and Gender: Fabrics of Power in Late Imperial China.* Berkeley: University of California Press, 1997.

Brook, Timothy. *The Confusions of Pleasure: Commerce and Culture in Ming China.* Berkeley: University of California Press, 1998.

Burnham, Dorothy. *Warp and Weft: A Dictionary of Textile Terms.* New York: Scribner, 1981.

Bush, Susan, and Hsio-yen Shih, eds. *Early Chinese Texts on Painting.* Cambridge, Mass.: Harvard University Press, 1985.

Cahill, Suzanne. "Material Culture and the Dao: Textiles, Boats, and Zithers in the Poetry of Yu Xuanji (844–868)." In *Daoist Identity: Cosmology, Lineage, and Ritual,* edited by Livia Kohn and Harold D. Roth, 101–126. Honolulu: University of Hawai'i Press, 2002.

———. "Ominous Dress: Hufu during the Tang Dynasty (618–907)." In *China and Beyond in the Mediaeval Period: Cultural Crossings and Inter-Regional Connections,* edited by Dorothy C. Wong and Gustav Heldt, 219–28. Amherst, Mass.: Cambria Press, 2014.

———. "Our Women Are Acting Like Foreigners' Wives!: Western Influences on Tang Dynasty Women's Fashion." In *China Chic: East Meets West,* edited by Valerie Steele and John S. Major, 103–17. New Haven: Yale University Press, 1999.

Cammann, Schuyler V. R. *China's Dragon Robes.* New York: Ronald Press, 1952.

———. "Notes on the Origin of Chinese K'ossu Tapestry." *Artibus Asiae* 11 (1948): 90–110.

Campbell, Colin. *The Romantic Ethic and the Spirit of Modern Consumerism.* New York: Basil Blackwell, 1987.

Canepa, Matthew P. "Distant Displays of Power: Understanding Cross-Cultural Interaction Among the Elites of Rome, Sasanian Iran, and Sui-Tang China." *Ars Orientalis* 38 (2010): 121–54.

———. *The Two Eyes of the Earth: Art and Ritual of Kingship between Rome and Sasanian Iran*. Berkeley: University of California Press, 2009.

Chan, Chui M. "Between the World and the Self: Orientations of Pai Chu-I's (772–846) Life and Writings." PhD diss., University of Wisconsin, 1991.

Chang, Eileen [Zhang Ailing]. "Chinese Life and Fashions." *XXth Century* 4, no. 1 (1943): 54–61.

———. "A Chronicle of Changing Clothes." Translated by Andrew F. Jones. *positions: east asia cultures critique* 11, no. 2 (2003): 427–41.

Chen, Fan Pen. "Yang Kuei-Fei in 'Tales From The T'ien-Pao Era: A Chu-Kung-Tiao Narrative.'"*Journal of Song-Yuan Studies*, no. 22 (1990): 1–22.

Chen, Jack W. *The Poetics of Sovereignty: On Emperor Taizong of the Tang Dynasty*. Cambridge, Mass.: Harvard University Asia Center, 2010.

———. "Social Networks, Court Factions, Ghosts, and Killer Snakes: Reading Anyi Ward." *Tang Studies* 2011, no. 29 (2011): 45–61.

Chen, Jack W., and David Schaberg, eds. *Idle Talk: Gossip and Anecdote in Traditional China*. Berkeley: University of California Press, 2014.

Chen, Ruoshui. *Liu Tsung-yüan and Intellectual Change in T'ang China, 773–819*. New York: Cambridge University Press, 1992.

Chen, Song. "Managing the Territories from Afar: The Imperial State and Elites in Sichuan, 755–1279." PhD diss., Harvard University, 2011.

Chen, Tina Mai, and Paola Zamperini. "Guest Editors' Introduction." *positions: east asia cultures critique* 11, no. 2, Special Issue: *Fabrications* (2003): 261–69.

Chen, Weiji. *History of Textile Technology of Ancient China*. New York: Science Press, 2002.

Chen Jinhua. "The Statues and Monks of Shengshan Monastery: Money and Maitreyan Buddhism in Tang China." *Asia Major*, Third Series 19, no. 1/2 (2006): 111–60.

Chin, Tamara T. "The Invention of the Silk Road, 1877." *Critical Inquiry* 40, no. 1 (2013): 194–219.

———. *Savage Exchange: Han Imperialism, Chinese Literary Style, and the Economic Imagination*. Cambridge, Mass.: Harvard University Asia Center, 2014.

Ching Chao-jung. "Silk in Ancient Kucha: On the Toch. B word *kaum** found in the documents of the Tang period." *Tocharian and Indo-European Studies* 12 (2011): 63–82.

Choo, Jessey J. C. "Historicized Ritual and Ritualized History—Women's Lifecycle Rituals in Late Medieval China (600–1000 AD)." PhD diss., Princeton University, 2009.

———. "Shall We Profane the Service of the Dead? Burial Divinations, Untimely Burials, and Remembrance in Tang *Muzhiming.*" *Tang Studies* 33, no. 1 (2015): 1–37.

Christian, David. "Silk Roads or Steppe Roads? The Silk Roads in World History." *Journal of World History* 11, no. 1 (2000): 1–26.

Chung, Saehyang P. "A Study of the Daming Palace: Documentary Sources and Recent Excavations." *Artibus Asiae* 50, no. 1/2 (1990): 23–72.

Clark, Hugh R. "Bridles, Halters, and Hybrids: A Case Study in T'ang Frontier Policy." *Tang Studies*, no. 6 (1988): 49–68.

Clunas, Craig. *Empire of Great Brightness: Visual and Material Cultures of Ming China, 1368–1644*. London: Reaktion Books, 2007.

———. "Modernity Global and Local: Consumption and the Rise of the West." *American Historical Review*, no. 104 (1999): 1497–511.

———. "Regulation of Consumption and the Institution of Correct Morality by the Ming State." In *Norms and the State in China*, edited by Chun-Chien Huang and Erik Zurcher, 39–49. Leiden: Brill, 1993.

———. *Superfluous Things: Material Culture and Social Status in Early Modern China*. Honolulu: University of Hawai'i Press, 1991.

Compareti, Matteo. "The Role of the Sogdian Colonies in the Diffusion of the Pearl Roundel Design." In *Ērān ud Anērān: Studies Presented to Boris I. Maršak on the Occasion of His 70th Birthday*, part 2, edited by M. Compareti, P. Raffetta, and G. Scarcia, 149–74. Venice: Cafoscarina, 2006.

Craik, Jennifer. *The Face of Fashion: Cultural Studies in Fashion*. New York:

Routledge, 1994.

Davis, Fred. *Fashion, Culture, and Identity*. Chicago: University of Chicago Press, 1992.

de La Vaissière, Étienne. *Sogdian Traders: A History*. Translated by James Ward. Leiden: Brill, 2005.

de Tarde, Gabriel. *The Laws of Imitation*. Translated by Elsie C. Parsons. New York: Henry Holt, 1903.

DeBlasi, Anthony. *Reform in the Balance: The Defense of Literary Culture in Mid-Tang China*. Albany: State University of New York Press, 2002.

Deng, Xiaonan. "Women in Turfan during the Sixth to Eighth Centuries: A Look at Their Activities Outside the Home." *Journal of Asian Studies* 58, no. 1 (1999): 85–103.

Ditter, Alexei. "Civil Examinations and Cover Letters in the Mid-Tang: A Close Reading of Dugu Yu's 獨孤郁 (776–815) 'Letter Submitted to Attendant Gentleman Quan of the Ministry of Rites 上禮部權侍郎 .'" In *History of Chinese Epistolary Culture*, edited by Antje Richter, 643–74. Leiden: Brill, 2015.

———. "The Commerce of Commemoration: Commissioned *Muzhiming* in the Mid- to Late Tang." *Tang Studies* 32, no. 1 (2014): 21–46.

———. "Conceptions of Urban Space in Duan Chengshi's 'Record of Monasteries and Stupas.'" *Tang Studies* 2011, no. 29 (2011): 62–83.

Doran, Rebecca Esther. "Insatiable Women and Transgressive Authority: Constructions of Gender and Power in Early Tang China." PhD diss., Harvard University, 2011.

Douglas, Mary, and Baron Isherwood. *The World of Goods: Towards an Anthropology of Consumption*. New York: Basic Books, 1979.

Drompp, Michael R. *Tang China and the Collapse of the Uighur Empire*. Leiden: Brill, 2005.

du Halde, Jean-Baptiste (1674–1743). *Description géographique, historique, chronologique, politique, et physique de l'empire de la Chine et la Tartarie chinoise*, 4 vols. Paris: P. G. Lemercier, 1735.

Duan, Qing, and Helen Wang. "Were Textiles Used as Money in Khotan in the Seventh and Eighth Centuries?" *Journal of the Royal Asiatic Society* 23, no. 2 (2013): 307–25.

Dudbridge, Glen. *The Tale of Li Wa: Study and Critical Edition of a Chinese Story from the Ninth Century.* London: Ithaca Press, 1983.

Ebrey, Patricia B. *The Aristocratic Families of Early Imperial China: A Case Study of the Po-Ling Ts'ui Family.* New York: Cambridge University Press, 1978.

Eckfeld, Tonia. *Imperial Tombs in Tang China, 618–907: The Politics of Paradise.* New York: Routledge, 2005.

Eicher, Joanne B. *Dress and Ethnicity: Change Across Space and Time.* Oxford: Berg, 1995.

Eicher, Joanne B., and Ruth Barnes, eds. *Dress and Gender: Making and Meaning in Cultural Contexts.* Oxford: Berg, 1992.

Elias, Norbert. *The Civilizing Process I: The History of Manners.* Translated by Edmund Jephcott. Oxford: Basil Blackwell, 1978.

———. *The Civilizing Process II: State Formation and Civilization.* Translated by Edmund Jephcott. Oxford: Basil Blackwell, 1982.

———. *The Court Society.* Translated by Edmund Jephcott. Oxford: Basil Blackwell, 1983.

Entwistle, Joanne. "Fashion and the Fleshy Body: Dress as Embodied Practice." *Fashion Theory* 4, no. 3 (2000): 323–48.

———. *The Fashioned Body: Fashion, Dress, and Modern Social Theory.* Cambridge: Polity Press, 2000.

Feifel, Eugene. *Po Chu-I as a Censor: His Memorials Presented to Emperor Hsien-Tsung during the Years 808–810.* Hague: Mouton, 1961.

Feng, Linda Rui. "Chang'an and Narratives of Experience in Tang Tales." *Harvard Journal of Asiatic Studies* 71, no. 1 (2011): 35–68.

———. *City of Marvel and Transformation: Chang'an and Narratives of Experience in Tang Dynasty China.* Honolulu: University of Hawai'i Press, 2015.

————. "Unmasking 'Fengliu' in Urban Chang'an: Rereading 'Beili Zhi' (Anecdotes from the Northern Ward)." *Chinese Literature: Essays, Articles, Reviews (CLEAR)* 32 (2010): 1–21.

Fernald, Helen E. *Chinese Court Costumes*. Toronto: Royal Ontario Museum of Archaeology, 1946.

Finnane, Antonia. *Changing Clothes in China: Fashion, History, Nation*. New York: Columbia University Press, 2008.

Flugel, J. C. *The Psychology of Clothes*. London: Hogarth, 1930.

Fong, Adam C. "'Together They Might Make Trouble': Cross-Cultural Interactions in Tang Dynasty Guangzhou, 618–907 CE." *Journal of World History* 25, no. 4 (2015): 475–92.

Fong, Mary H. "Tang Tomb Murals Reviewed in the Light of Tang Texts on Painting." *Artibus Asiae* 45, no. 1 (1984): 35–72.

Fraser, Sarah. *Performing the Visual: The Practice of Buddhist Wall Painting in China and Central Asia, 618–960*. Stanford: Stanford University Press, 2004.

Freudenberger, Herman. "Fashion, Sumptuary Laws, and Business." *Business History Review* 37, no. 1/2 (Spring/Summer 1963): 37–48.

Frick, Carole Collier. *Dressing Renaissance Florence: Families, Fortunes, and Fine Clothing*. Baltimore: Johns Hopkins University Press, 2002.

Geijer, Agnes. "A Silk from Antinoe and the Sasanian Textile Art," *Orientalia Suecana* 12 (1963): 2–36.

Giles, Lionel. "A Chinese Geographical Text of the Ninth Century." *Bulletin of the School of Oriental Studies* 6, no. 4 (1932): 825–46.

————. "Dated Chinese Manuscripts in the Stein Collection: I. Fifth and Sixth Centuries A.D." *Bulletin of the School of Oriental Studies* 7, no. 4 (1935): 809–36.

————. "Dated Chinese Manuscripts in the Stein Collection: II. Seventh Century A.D." *Bulletin of the School of Oriental Studies* 8, no. 1 (1935): 1–26.

————. "Dated Chinese Manuscripts in the Stein Collection: IV. Ninth Century A.D."

Bulletin of the School of Oriental Studies 9, no. 4 (1939): 1023–46.

———. "Dated Chinese Manuscripts in the Stein Collection: V. Tenth Century A.D." *Bulletin of the School of Oriental Studies* 10, no. 2 (1940): 317–44.

———. "Dated Chinese Manuscripts in the Stein Collection: VI. Tenth Century (A.D. 947–995)." *Bulletin of the School of Oriental and African Studies* 11, no. 1 (1943): 148–219.

———. "The Lament of the Lady of Chin." *T'oung Pao* 24, no. 4/5 (1925): 305–80.

———. "A Topographical Fragment from Tunhuang." *Bulletin of the School of Oriental Studies* 7, no. 3 (1934): 545–72.

———. "Tun Huang Lu: Notes on the District of Tun-Huang." *Journal of the Royal Asiatic Society of Great Britain and Ireland* (1914): 703–28.

———. "The Tun Huang Lu Re-Translated." *Journal of the Royal Asiatic Society of Great Britain and Ireland* (1915): 41–47.

Graff, David A. "Provincial Autonomy and Frontier Defense in Late Tang: The Case of the Lulong Army." In *Battlefronts Real and Imagined*, edited by Don J. Wyatt, 43–58. New York: Palgrave Macmillan, 2008.

Greiff, Susanne, Romina Schiavone, Zhang Jianlin, Hou Gailing, and Yang Junchang, eds. *The Tomb of Li Chui: Interdisciplinary Studies into a Tang Period Finds Assemblage*. Mainz: Verlag des Romisch-Germanischen Zentralmuseums, 2014.

Han, Jinke. "Silk and Gold Textiles from the Tang Underground Palace at Famen Si." In *Central Asian Textiles and Their Contexts in the Early Middle Ages*, edited by Regula Schorta, 129–45. Riggisberg, Switzerland: Abegg-Stiftung, 2006.

Hansen, Valerie. "A Brief History of the Turfan Oasis." *Orientations* 30, no. 4 (1999): 24–27.

———. "The Hejia Village Hoard: A Snapshot of China's Silk Road Trade." *Orientations* 34, no. 2 (2003): 14–19.

———. "The Impact of the Silk Road Trade on a Local Community: The Turfan Oasis, 500–800." In *Les Sogdiens en Chine*, edited by Étienne de La Vaissière and Eric Trombert,

283–310. Paris: École française d'Extrême-Orient, 2005.

———. "Introduction: Turfan as a Silk Road Community." *Asia Major*, Third Series 11, no. 2 (1998): 1–12.

———. *Negotiating Daily Life in Traditional China: How Ordinary People Used Contracts, 600–1400*. New Haven: Yale University Press, 1995.

———. "New Work on the Sogdians, the Most Important Traders on the Silk Road, A.D. 500–1000." *T'oung Pao* 89, no. 1/3 (2003): 149–61.

———. *The Silk Road: A New History*. New York: Oxford University Press, 2012.

———. "The Tribute Trade with Khotan in Light of Materials Found at the Dunhuang Library Cave." *Bulletin of the Asia Institute* 19 (2005): 37–46.

Hansen, Valerie, and Anna Mata-Fink. "Records from a Seventh-Century Pawnshop in China." In *The Origins of Value: The Financial Innovations that Created Modern Capital Markets*, edited by William N. Goetzmann and K. Geert Rouwenhorst, 54–64. New York: Oxford University Press, 2005.

Hansen, Valerie, and Xinjiang Rong. "How the Residents of Turfan Used Textiles as Money." Journal of the Royal Asiatic Society 23, no. 2 (2013): 281–305.

Hansen, Valerie, and Helen Wang. "Introduction." *Journal of the Royal Asiatic Society* 23, no. 2 (2013): 155–63.

Harper, Prudence O. *In Search of a Cultural Identity: Monuments and Artifacts of the Sasanian Near East, Third to Seventh Century A.D.* New York: Bibliotheca Persica, 2006.

Harte, Negley B. "State Control of Dress and Social Change in Pre-Industrial England." In *Trade, Government, and Economy in Pre-Industrial England: Essays Presented to E. J. Fisher*, edited by D. C. Coleman and A. H. John, 132–65. London: Weidenfeld and Nicolson, 1976.

Hartman, Charles. *Han Yu and the T'ang Search for Unity*. Princeton: Princeton University Press, 1986.

Hartwell, Robert. "Demographic, Political, and Social Transformations of China, 750–1550." *Harvard Journal of Asiatic Studies* 42, no. 2 (1982): 365–442.

Hay, John. "The Body Invisible in Chinese Art?" In *Body, Subject, & Power in China*, edited by Angela Zito and Tani Barlow, 42–77. Chicago: University of Chicago Press, 1994.

Hay, Jonathan. "Margins, Transitions, Interstices: How to Look at Chinese Paintings." Class lecture at Institute of Fine Arts, New York University, February 24, 2015.

———. "Seeing through Dead Eyes: How Early Tang Tombs Staged the Afterlife." *RES: Anthropology and Aesthetics*, no. 57/58 (2010): 16–54.

———. *Sensuous Surfaces: The Decorative Object in Early Modern China*. London: Reaktion Books, 2009.

———. "Tenth-Century Painting before Song Taizong's Reign: A Macrohistorical View." In *Tenth-Century China and Beyond: Art and Visual Culture in a Multi-Centered Age*, edited by Wu Hung, 285–318. Chicago: University of Chicago Press, 2013.

Heller, Amy. "Two Inscribed Fabrics and their Historical Context: Some Observations on Esthetics and Silk Trade in Tibet, 7th to 9th Century." In *Entlang der Seidenstrasse. Frühmittelalterliche Kunst zwischen Persien und China in der Abegg-Stiftung*, edited by K. Otavsky, 95–118. Riggisberg, Switzerland: Riggisberger Berichte 6, 1998.

Heller, Sarah-Grace. "Anxiety, Hierarchy, and Appearance in Thirteenth-Century Sumptuary Laws and the Roman de La Rose." *French Historical Studies* 27, no. 2 (2004): 311–48.

———. *Fashion in Medieval France*. Oxford: Boydell and Brewer, 2007.

Helms, Mary. W. *Craft and the Kingly Ideal: Art, Trade, and Power*. Austin: University of Texas Press, 1993.

Hirth, Friedrich. "The Story of Chang K'ién, China's Pioneer in Western Asia: Text and Translation of Chapter 123 of Ssï-Ma Ts'ién's Shï-Ki." *Journal of the American Oriental Society* 37 (1917): 89–152.

Ho, Norman P. "Understanding Traditional Chinese Law in Practice: The Implementation of Criminal Law in the Tang Dynasty (618–907)." *Pacific Basin Law Journal* 32, no. 2 (2015): 145–80.

Hoffman, Eva. "Pathways of Portability: Islamic and Christian Interchange from the

Tenth to the Twelfth Century." *Art History* 24, no. 1 (2001): 17–50.

Hollander, Anne. *Seeing through Clothes.* Berkeley: University of California Press, 1993.

Howard, Angela. "Gilt Bronze Guanyin from the Nanzhao Kingdom of Yunnan: Hybrid Art from the Southwestern Frontier." *The Journal of the Walters Art Gallery* 48 (1990): 1–12.

Howell, Martha. *Commerce before Capitalism in Europe, 1300–1600.* New York: Cambridge University Press, 2010.

Hu, Suh [Hu Shi]. "Notes on Dr. Lionel Giles' Article on 'Tun Huang Lu.'" *Journal of the Royal Asiatic Society of Great Britain and Ireland* (1915): 35–39.

Hucker, Charles O. *A Dictionary of Official Titles in Imperial China.* Stanford: Stanford University Press, 1985.

Hunt, Alan. *Governance of the Consuming Passions.* New York: St. Martin's Press, 1996.

池田温 . "T'ang Household Registers and Related Documents." In *Perspectives on the T'ang*, edited by Denis Twitchett and Arthur F. Wright, 121–50. New Haven: Yale University Press, 1973.Ikegami, Eiko. *Bonds of Civility: Aesthetic Networks and the Political Origins of Japanese Culture.* New York: Cambridge University Press, 2005.

Ingold, Tim. "Materials against Materiality." *Archaeological Dialogues* 14, no. 1 (2007): 1–16.

———. *The Perception of the Environment: Essays on Livelihood, Dwelling and Skill.* New York: Routledge, 2000.

———. "The Textility of Making." *Cambridge Journal of Economics* 34, no. 1 (2010): 91–102.

Ji, Minkyung. "Commoditizing Tombs: Materialism in the Funerary Art of Middle Imperial China and Korea." PhD diss., University of Pennsylvania, 2014.

Jia, Yiliang, and Wenjuan Ma. "The Costume of Wuji in the Dunhuang Murals of Tang Dynasty." *Asian Social Science* 9, no. 1 (2013): 299–305.

Johnson, David G. "The Last Years of a Great Clan: The Li Family of Chao cün in Late

T'ang and Early Sung." *Harvard Journal of Asiatic Studies* 37, no. 1 (1977): 5–102.

———. *The Medieval Chinese Oligarchy*. Boulder: Westview Press, 1977.

Johnson, Wallace. "Status and Liability for Punishment in the T'ang Code." *Chicago-Kent Law Review* 71 (1995): 217–29.

———, ed. and trans. *The T'ang Code*. Vol. 1, *General Principles*. Princeton: Princeton University Press, 1979.

———. *The T'ang Code*. Vol. 2, *Specific Articles*. Princeton: Princeton University Press, 1997.

Jones, Ann Rosalind, and Peter Stallybrass. *Renaissance Clothing and the Materials of Memory*. New York: Cambridge University Press, 2000.

Jones, Jennifer. *Sexing La Mode: Gender, Fashion and Commercial Culture in Old Regime France*. Oxford: Berg, 2004.

Kang, Xiaofei. "The Fox [hu] and the Barbarian [hu]: Unraveling Representations of the Other in Late Tang Tales." *Journal of Chinese Religions* 27, no. 1 (1999): 35–67.

Karetzky, Patricia. "The Representation of Women in Medieval China: Recent Archaeological Evidence." *T'ang Studies*, no. 17 (1999): 213–71.

加藤繁 . "On the Hang or Association of Merchants in China, with Special Reference to the Institution in the Tang and Song Periods." *Memoirs of the Research Department of the Tōyō Bunko* 9 (1936): 45–83.

Kennedy, Philip F. and Shawkat M. Toorawa, eds. *Two Arabic Travel Books*. New York: New York University Press, 2014.

Kesner, Ladislav. "Face as Artifact in Early Chinese Art." *RES: Anthropology and Aesthetics*, no. 51 (2007): 33–56.

Kiang, Heng Chye. *Cities of Aristocrats and Bureaucrats: The Development of Medieval Chinese Cityscapes*. Honolulu: University of Hawai'i Press, 1999.

———. "Visualizing Everyday Life in the City: A Categorization System for Residential Wards in Tang Chang'an." *Journal of the Society of Architectural Historians* 73, no. 1 (2014): 91–117.

Killerby, Catherine K. *Sumptuary Law in Italy, 1200–1500*. New York: Clarendon, 2002.

Knechtges, David R. "Gradually Entering the Realm of Delight: Food and Drink in Early Medieval China." *Journal of the American Oriental Society* 117, no. 2 (1997): 229–39.

Krahl, Regina, et al. *Shipwrecked: Tang Treasures and Monsoon Winds*. Washington, DC: Arthur M. Sackler Gallery, Smithsonian Institution Press, 2010.

Kroll, Paul W. "The Dancing Horses of T'ang." *T'oung Pao* 67, no. 3/5 (1981): 240–68.

———. *Essays in Medieval Chinese Literature and Cultural History*. Burlington, Vt.: Ashgate, 2009.

———. "The Life and Writings of Xu Hui (627–650), Worthy Consort, at the Early Tang Court." *Asia Major*, Third Series 22, no. 2 (2009): 35–64.

———. "Nostalgia and History in Mid-Ninth-Century Verse: Cheng Yü's Poem on 'The Chin-Yang Gate.'" *T'oung Pao* 89, no. 4/5 (2003): 286–366.

———. "The Significance of the *fu* in the History of T'ang Poetry." *Tang Studies*, no. 18–19 (2000): 87–105.

Kuchta, David. "The Making of the Self-Made Man: Class, Clothing, and English Masculinity, 1688–1832." In *The Sex of Things: Gender and Consumption in Historical Perspective*, edited by Victoria de Grazia, 54–78. Berkeley: University of California Press, 1996.

Kuhn, Dieter, ed. *Chinese Silks*. New Haven: Yale University Press, 2012.

———. *Science and Civilisation in China*. Vol. 5, pt. 9, *Textile Technology: Spinning and Reeling*. Edited by Joseph Needham. Cambridge: Cambridge University Press, 1988.

———. "Silk Weaving in Ancient China: From Geometric Figures to Patterns of Pictorial Likeness." *Chinese Science*, no. 12 (1995): 77–114.

Kyan, Winston. "Family Space: Buddhist Materiality and Ancestral Fashioning in Mogao Cave 231." *The Art Bulletin* 92, no. 1/2 (2010): 61–82.

Laver, James. *Style in Costume*. London: Oxford University Press, 1949.

———. *Taste and Fashion: From the French Revolution until Today*. London: G. G. Harrap, 1937.

Lee, Jen-Der. "Gender and Medicine in Tang China." *Asia Major*, Third Series 16, no. 2 (2003): 1–32.

Leslie, Donald Daniel. "Persian Temples in T'ang China." *Monumenta Serica* 35 (1981): 275–303.

Levy, Howard S. "The Career of Yang Kuei-Fei." *T'oung Pao* 45, no. 4/5 (1957): 451–89.

Lewis, Mark E. *China's Cosmopolitan Empire*. Cambridge, Mass.: Harvard University Press, 2009.

———. *The Flood Myths of Early China*. Albany: State University of New York Press, 2006.

Lien, Y. Edmund. "Dunhuang Gazetteers of the Tang Period." *Tang Studies*, no. 27 (2009): 19–39.

Lingley, Kate A. "Naturalizing The Exotic: On the Changing Meanings of Ethnic Dress in Medi-eval China." *Ars Orientalis 38* (2010): 50–80.

Lipovetsky, Gilles. *The Empire of Fashion: Dressing Modern Democracy*. Translated by Catherine Porter. Princeton: Princeton University Press, 1994.

Liu, James T. C. "Polo and Cultural Change: From T'ang to Sung China." *Harvard Journal of Asiatic Studies* 45, no. 1 (1985): 203–24.

Louis, François. "The Hejiacun Rhyton and the Chinese Wine Horn (*gong*): Intoxicating Rarities and Their Antiquarian History." *Artibus Asiae* 67, no. 2 (2007): 201–42.

Mackerras, Colin. "Sino-Uighur Diplomatic and Trade Contacts." *Central Asiatic Journal* 13, no. 3 (1969): 215–40.

Malagò, Amina. "The Origin of Kesi, the Chinese Silk Tapestry." *Annali di Ca' Foscari* 27, no. 3 (1988): 279–97.

Mann, Susan. "Myths of Asian Womanhood." *Journal of Asian Studies* 59, no. 4 (2000):

835–62.

Mauss, Marcel. *The Gift: The Form and Reason for Exchange in Archaic Societies*. Translated by W. D. Halls. London: Routledge, 1990.

Mckendrick, Neil, John Brewer, and John H. Plumb, eds. *The Birth of a Consumer Society: The Commercialization of Eighteenth Century England*. Bloomington: Indiana University Press, 1982.

McMullen, David. "Devolution in Chinese History: The Fengjian Debate Revisited." *International Journal of China Studies* 2, no. 2 (2011): 135–54.

———. "Disorder in the Ranks: A Political Analysis of Tang Court Assemblies." *Tang Studies*, no. 28 (2010): 1 60.

———. "The Emperor, the Princes, and the Prefectures: A Political Analysis of the Pu'an Decree of 756 and the Fengjian Issue." *Tang Studies* 32, no. 1 (2014): 47–97.

———. "The Role of the Zhouli in Seventh- and Eighth-Century Civil Administrative Traditions." In *Statecraft and Classical Learning: The Rituals of Zhou in East Asian History*, edited by Benjamin Elman and Martin Kern, 179–228. Leiden: Brill, 2010.

———. *State and Scholars in T'ang China*. Cambridge: Cambridge University Press, 1988.

Medley, Margaret. *The Chinese Potter: A Practical History of Chinese Ceramics*. 3rd ed. Oxford: Phaidon, 1989.

———. *T'ang Pottery and Porcelain*. London: Faber and Faber, 1981.

Meister, Michael W. "The Pearl Roundel in Chinese Textile Design." *Ars Orientalis* 8 (1970): 255–67.

Minneapolis Institute of Arts. *Catalogue of an Exhibition of Imperial Robes and Textiles of the Chinese Court*. Minneapolis: Minneapolis Institute of Arts, 1943.

Moore, Oliver J. *Rituals of Recruitment in Tang China: Reading an Annual Programme in the Collected Statements by Wang Dingbao (870–940)*. Leiden: Brill, 2004.

Mukerji, Chandra. *From Graven Images: Patterns of Modern Materialism*. New York: Columbia University Press, 1983.

Muthesius, Anna. *Studies in Byzantine and Islamic Silk Weaving.* London: Pindar, 1995.

Nagel, Alexander. "Fashion and the Now-Time of Renaissance Art." *RES: Anthropology and Aesthetics*, no. 46 (2004): 32–52.

Naito, Torajiro. "A Comprehensive Look at the T'ang-Sung Period." Translated by Joshua A. Fogel. *Chinese Studies in History* 17, no. 1 (1983): 88–99.

Nicolini-Zani, Matteo. "The Tang Christian Pillar from Luoyang and its Jingjiao Inscription." *Monumenta Serica* 57, no. 1 (2009): 99–140.

Niessen, Sandra. "Afterword: Re-Orienting Fashion Theory." In *Re-Orienting Fashion: The Globalization of Asian Dress*, edited by Sandra Niessen, Ann Marie Leshkowich, and Carla Jones, 243–66. New York: Berg, 2003.

Nugent, Christopher M. B. "The Lady and Her Scribes: Dealing with the Multiple Dunhuang Copies of Wei Zhuang's 'Lament of the Lady of Qin.'" *Asia Major*, Third Series 20, no. 2 (2007): 25–73.

———. *Manifest in Words, Written on Paper: Producing and Circulating Poetry in Tang Dynasty China.* Cambridge, Mass.: Harvard University Asia Center. 2010.

Owen, Stephen. "The Cultural Tang (650–1020)." In *The Cambridge History of Chinese Literature: Volume 1*, edited by Kang-I. Sun Chang and Stephen Owen, 286–380. Cambridge: Cambridge University Press, 2010.

———. "The Difficulty of Pleasure." *Extrême-Orient Extrême-Occident*, no. 20 (1998): 9–30.

———. *The End of the Chinese 'Middle Ages': Essays in Mid-Tang Literary Culture.* Stanford: Stanford University Press, 1996.

Pan, Yihong. "Integration of the Northern Ethnic Frontiers in Tang China." *The Chinese Historical Review* 19, no. 1 (2012): 3–26.

———. *Son of Heaven and Heavenly Qaghan: Sui-Tang China and Its Neighbors.* Bellingham: Center for East Asian Studies, Western Washington University Press, 1997.

Perrot, Philippe. *Fashioning the Bourgeoisie: A History of Clothing in the Nineteenth*

Century. Translated by Richard Bienvenu. Princeton: Princeton University Press, 1994.

Picken, L. E. R. "T'ang Music and Musical Instruments." *T'oung Pao* 55, no. 1/3 (1969): 74–122.

Polhemus, Ted, and Lynne Proctor, eds. *Fashion and Anti-Fashion: Anthropology of Clothing and Adornment.* London: Thames and Hudson, 1978.

Priest, Alan. *Costumes from the Forbidden City.* New York: Metropolitan Museum of Art, 1945.

Rawson, Jessica. "Inside Out: Creating the Exotic within Early Tang Dynasty China in the Seventh and Eighth Centuries." *World Art* 2, no. 1 (2012): 25–45.

Rcischauer, Edwin O. "Notes on T'ang Dynasty Sea Routes." *Harvard Journal of Asiatic Studies* 5, no. 2 (1940): 142–64.

Roche, Daniel. *The Culture of Clothing: Dress and Fashion in the Ancien Regime.* Translated by Jean Birrell. New York: Cambridge University Press, 1994.

Rong, Xinjiang, and Xin Wen. "Newly Discovered Chinese-Khotanese Bilingual Tallies." *Journal of Inner Asian Art and Archaeology* 3 (2008): 99–118.

Rothschild, Norman Harry. "'Her Influence Great, Her Merit beyond Measure': A Translation and Initial Investigation of the Epitaph of Shangguan Wan'er." *Studies in Chinese Religions* 1, no. 2 (2015): 131–48.

———. "An Inquiry into Reign Era Changes under Wu Zhao, China's Only Female Emperor." *Early Medieval China* 12 (2006): 123–49.

Rouzer, Paul F. *Articulated Ladies: Gender and the Male Community in Early Chinese Texts.* Cambridge, Mass.: Harvard University Asia Center, 2001.

———. "Watching the Voyeurs: Palace Poetry and the Yuefu of Wen Tingyun." *Chinese Literature: Essays, Articles, Reviews (CLEAR)* 11 (1989): 13–34.

Rublack, Ulinka. *Dressing Up: Cultural Identity in Renaissance Europe.* New York: Oxford University Press, 2010.

Schäfer, Dagmar. "Silken Strands: Making Technology Work in China." In Cultures of Knowledge: Technology in Chinese History, edited by Dagmar Schäfer, 45–73. Leiden: Brill,

2011.

Schafer, Edward. *The Golden Peaches of Samarkand: A Study of T'ang Exotics.* Berkeley: University of California Press, 1963.

———. "The Last Years of Ch'ang-An." *Oriens Extremus* 10, no. 2 (1963): 133–79.

Schmid, Neil. "The Material Culture of Exegesis and Liturgy and a Change in the Artistic Representations in Dunhuang Caves, ca. 700–1000." *Asia Major*, Third Series 19, no. 1/2 (2006): 171–210.

Schrenk, Sabine. *Textilien des Mittelmeerraumes aus spätantiker bis frühislamischer Zeit.* Riggisberg: Abegg-Stiftung, 2004.

Sen, Tansen. *Buddhism, Diplomacy, and Trade: The Realignment of Sino-Indian Relations, 600–1400.* Honolulu: University of Hawai'i Press, 2003.

Sewell, William H. "The Empire of Fashion and the Rise of Capitalism in Eighteenth-Century France." *Past and Present*, no. 206 (2010): 81–120.

Sheng, Angela. "Addendum to 'Chinese Silk Tapestry: A Brief Social Historical Perspective of Its Early Development.'" In *Chinese and Central Asian Textiles: Selected Articles from Orientations 1973–1997*, 225. Hong Kong: Orientations Magazine, 1998.

———. "Chinese Silk Tapestry: A Brief Social Historical Perspective of Its Early Development." *Orientations* 26, no. 5 (1995): 70–75. Reprinted in *Chinese and Central Asian Textiles: Selected Articles from Orientations 1973–1997*, 166–71. Hong Kong: Orientations Magazine, 1998.

———. "Determining the Value of Textiles in the Tang Dynasty, in Memory of Professor Denis Twitchett (1925–2006)." *Journal of the Royal Asiatic Society* 23, no. 2 (2013): 175–95.

———. "The Disappearance of Silk Weaves with Weft Effects in Early China." *Chinese Science*, no. 12 (1995): 41–76.

———. "Innovations in Textile Techniques on China's Northwest Frontier, 500–700 AD." *Asia Major*, Third Series 11, no. 2 (1998): 117–60.

———. "Textile Finds along the Silk Road." In *The Glory of the Silk Road: Art from*

Ancient China, edited by Li Jian, 42–48. Dayton, Ohio: Dayton Art Institute, 2003.

———. "Textiles from Astana: Art, Technology, and Social Change." In *Central Asian Textiles and Their Contexts in the Early Middle Ages*, edited by Regula Schorta, 117–28. Riggisberg, Switzerland: Abegg-Stiftung, 2006.

———. "Textile Use, Technology, and Change in Rural Textile Production in Song China (960–1279)." PhD diss., University of Pennsylvania, 1990.

Shi, Jie. "'My Tomb Will Be Opened in Eight Hundred Years': A New Way of Seeing the Afterlife in Six Dynasties China." *Harvard Journal of Asiatic Studies* 72, no. 2 (2012): 217–57.

Shields, Anna M. "Defining Experience: The Poems of Seductive Allure (*Yanshi*) of the Mid-Tang Poet Yuan Zhen (779–831)." *Journal of the American Oriental Society* 122, no. 1 (2002): 61–78.

———. "Gossip, Anecdote, and Literary History: Representations of the Yuanhe Era in Tang Anecdote Collections." In *Idle Talk: Gossip and Anecdote in Traditional China*, edited by Jack W. Chen and David Schaberg, 107–31. Berkeley: University of California Press, 2014.

———. "Remembering When: The Uses of Nostalgia in the Poetry of Bai Juyi and Yuan Zhen." *Harvard Journal of Asiatic Studies* 66, no. 2 (2006): 321–61.

Simmel, Georg. "Fashion." *International Quarterly*, no. 10 (1904): 130–55.

———. "The Philosophy of Fashion." *The American Journal of Sociology* 62, no. 6 (1957): 541–58.

Skaff, Jonathan Karam. "The Sogdian Trade Diaspora in East Turkestan during the Seventh and Eighth Centuries." *Journal of the Economic and Social History of the Orient* 46, no. 4 (2003): 475–524.

———. *Sui-Tang China and Its Turko-Mongol Neighbors: Culture, Power, and Connections, 580–800.* New York: Oxford University Press, 2012.

Skinner, G. William, ed. *The City in Late Imperial China.* Stanford: Stanford University Press, 1977.

Sombart, Werner. "Economic Life in the Modern Age." Edited by Nico Stehr and Reiner Grundmann. New Brunswick: Transaction Publishers, 2001.

———. *Luxury and Capitalism*. Translated by W. R. Dittmar. Ann Arbor: University of Michigan Press, 1967.

Sommer, Matthew H. *Sex, Law, and Society in Late Imperial China*. Stanford: Stanford University Press, 2000.

Soper, Alexander Coburn. "Yen Li-Pen, Yen Li-Te, Yen P'i, Yen Ch'ing: Three Generations in Three Dynasties." *Artibus Asiae* 51, no. 3/4 (1991): 199–206.

Spencer, Herbert. *The Principles of Sociology*. New Brunswick: Transaction Publishers, 2002.

Spring, Madeline K. "Fabulous Horses and Worthy Scholars in Ninth-Century China." *T'oung Pao* 74, no. 4/5 (1988): 173–210.

Steinhardt, Nancy Shatzman. *Chinese Imperial City Planning*. Honolulu: University of Hawai'i Press, 1990.

———. "Why Were Chang'an and Beijing So Different?" *Journal of the Society of Architectural Historians* 45, no. 4 (1986): 339–57.

Stuard, Susan. *Gilding the Market: Luxury and Fashion in Fourteenth-Century Italy*. Philadelphia: University of Pennsylvania Press, 2006.

Tackett, Nicolas. *The Destruction of the Medieval Chinese Aristocracy*. Cambridge, Mass.: Harvard University Asia Center, 2014.

———. "Great Clansmen, Bureaucrats, and Local Magnates: The Structure and Circulation of the Elite in Late-Tang China." *Asia Major*, Third Series, 21, no. 2 (2008): 101–52.

———. "The Transformation of Medieval Chinese Elites." PhD diss., Columbia University, 2006.

Tan, Mei Ah. "Exonerating the Horse Trade for the Shortage of Silk: Yuan Zhen's 'Yin Mountain Route.'" *Journal of Chinese Studies*, no. 57 (2013): 49–95.

———. "A Study of Yuan Zhen's Life and Verse 809–810: Two Years That Shaped His

Politics and Prosody." PhD diss., University of Wisconsin, Madison, 2008.

Taniichi, Takashi. "Six-Lobed Tang Dynasty (AD 658) Glass Cups Recently Excavated in China." *Annales du 15e Congrès de l'Association Internationale pour l'Histoire du Verre: New York-Corning 2001*, 107–10. Nottingham: AIHV, 2003.

Thirsk, Joan. "The Fantastical Folly of Fashion: The English Stocking Knitting Industry, 1500–1700." In *Textile History and Economic History: Essays in Honour of Miss Julia de Lacy Mann*, edited by N. B. Harte and K. G. Ponting, 50–73. Manchester: Manchester University Press, 1973.

Thorp, Robert, and Richard Ellis Vinograd, eds. *Chinese Art and Culture*. New York: Abrams, 2001.

Trilling, James. *Ornament: A Modern Perspective*. Seattle: University of Washington Press, 2003.

Trombert, Eric, and Étienne de La Vaissière. "Le prix des denrées sur le marché de Turfan en 743." In Études de Dunhuang et Turfan, edited by J. P. Drège and O. Venture, 1–53. Geneva: Droz, 2007.

Tsai, Kevin S. C. "Ritual and Gender in the 'Tale of Li Wa.'" *Chinese Literature: Essays, Articles, Reviews (CLEAR)* 26 (2004): 99–127.

Tseëlon, Efrat. "Ontological, Epistemological, and Methodological Clarifications in Fashion Research: From Critique to Empirical Suggestions." In *Through the Wardrobe: Women's Relationships with their Clothes*, edited by Ali Guy, Eileen Green, and Maura Banim, 237–54. Oxford: Berg, 2001.

Tunstall, Alexandra. "Beyond Categorization: Zhu Kerou's Tapestry Painting 'Butterfly and Camellia.'" *East Asian Science, Technology, and Medicine*, no. 36 (2012): 39–76. Reprint, 2007.

Twitchett, Denis, ed. *The Cambridge History of China*. Vol. 3, *Sui and T'ang China, 586–906 AD, Part I*. New York: Cambridge University Press, 1979.

———. "Chinese Social History from the Seventh to the Tenth Centuries. The Tunhuang Documents and Their Implications." *Past & Present*, no. 35 (1966): 28–53.

———. "A Confucian's View of the Taxation of Commerce: Ts'ui Jung's Memorial of 703." *Bulletin of the School of Oriental and African Studies, University of London* 36, no. 2 (1973): 429–45.

———. *Financial Administration under the T'ang Dynasty*. Cambridge: Cambridge University Press, 1963.

———. "How to Be an Emperor: T'ang T'ai-Tsung's Vision of His Role." *Asia Major*, Third Series 9, no. 1/2 (1996): 1–102.

———. "Lands under State Cultivation under the T'ang." *Journal of the Economic and Social History of the Orient* 2, no. 2 (1959): 162–203.

———. "Lands under State Cultivation under the T'ang: Some Central Asian Documents concerning Military Colonies." *Journal of the Economic and Social History of the Orient* 2, no. 3 (1959): 335–36.

———. "Merchant, Trade, and Government in Late T'ang." *Asia Major*, New Series 14, no. 1 (1968): 63–95.

———. "Provincial Autonomy and Central Finance in Late T'ang." *Asia Major*, New Series 11, no. 2 (1965): 211–32.

———. "The Seamy Side of Late T'ang Political Life: Yü Ti and His Family." *Asia Major*, Third Series 1, no. 2 (1988): 29–63.

———. "The T'ang Imperial Family." *Asia Major*, Third Series 7, no. 2 (1994): 1–61.

———. "The T'ang Market System." *Asia Major*, New Series 12, no. 2 (1966): 202–48.

Vainker, S. J. *Chinese Pottery and Porcelain*, 2nd ed. London: British Museum Press, 2005.

Veblen, Thorstein. "The Economic Theory of Woman's Dress." *The Popular Science Monthly* 46 (1894): 198–205.

———. *The Theory of the Leisure Class*. New York: Modern Library, 2001.

Vedal, Nathan. "Never Taking a Shortcut: Examination Poetry of the Tang Dynasty." *Tang Studies* 33, no. 1 (2015): 38–61.

Vincent, Susan. *Dressing the Elite: Clothes in Early Modern England*. New York: Berg, 2003.

Waley, Arthur. *The Life and Times of Po Chu-I*. London: George Allen and Unwin, 1951.

Waltner, Ann. "Les Noces Chinoises: An Eighteenth-Century French Representation of a Chinese Wedding Procession." In *Gender & Chinese History: Transformative Encounters*, edited by Beverly Bossler, 21–39. Seattle: University of Washington Press, 2015.

Wang, Binghua, and Helen Wang. "A Study of the Tang Dynasty Tax Textiles (Yongdiao bu) from Turfan." *Journal of the Royal Asiatic Society* 23, no. 2 (2013): 263–80.

Wang, Gungwu. *The Structure of Power in North China During the Five Dynasties*. Stanford: Stanford University Press, 1967.

Wang, Zhenping. "Ideas Concerning Diplomacy and Foreign Policy under the Tang Emperors Gaozu and Taizong." *Asia Major*, Third Series 22, no. 1 (2009): 239–85.

Watt, James C. Y., ed. *China: Dawn of a Golden Age, 200–750 AD*. New York: Metropolitan Museum of Art, 2004.

Watt, James C. Y., and Anne E. Wardwell, eds. *When Silk Was Gold: Central Asian and Chinese Textiles*. New York: Metropolitan Museum of Art, 1997.

Wei, Shuya, Erwin Rosenberg, and Yarong Wang. "Analysis and Identification of Dyestuffs in Historic Chinese Textiles." *Studies in Conservation* 59, no. 1 (2014): 275–76.

Weiner, Annette, and Jane Schneider, eds. *Cloth and Human Experience*. Washington, DC: Smithsonian Institution Press, 1989.

Wilson, Verity. *Chinese Dress*. London: Victoria and Albert Museum, 1986.

Wong, Kwok-Yiu. "The White Horse Massacre and Changing Literati Culture in Late-Tang and Five Dynasties China." *Asia Major*, Third Series 23, no. 2 (2010): 33–75.

Wright, Arthur F. "Symbolism and Function: Reflections on Chang'an and Other Great Cities." *The Journal of Asian Studies* 24, no. 4 (1965): 667–79.

Wu, Min. "The Exchange of Weaving Technologies between China and Central and Western Asia." In *Central Asian Textiles and Their Contexts in the Early Middle Ages*, edited by Regula Schorta, 211–242. Riggisberg, Switzerland: Abegg-Stiftung, 2006.

Wu Hung. *The Art of the Yellow Springs: Understanding Chinese Tombs.* Honolulu: University of Hawai'i Press, 2010.

———. *The Double Screen: Medium and Representation in Chinese Painting.* Chicago: University of Chicago Press, 1996.

———. "Enlivening the Soul in Chinese Tombs." *RES: Anthropology and Aesthetics*, no. 55/56 (2009): 21–41.

———. "Han Sarcophagi: Surface, Depth, Context." *RES: Anthropology and Aesthetics*, no. 61/62 (2012): 196–212.

———. "On Tomb Figurines: The Beginning of a Visual Tradition." In *Body and Face in Chinese Visual Culture*, edited by Wu Hung and Katherine Tsiang, 13–48. Cambridge, Mass.: Harvard University Asia Center, 2005.

Xiong, Victor. *Emperor Yang of the Sui Dynasty: His Life, Times, and Legacy.* Albany: State University of New York Press, 2006.

———. "The Land-Tenure System of Tang China: A Study of the Equal-Field System and the Turfan Documents." *T'oung Pao* 85, no. 4/5 (1999): 328–90.

———. *Sui-Tang Chang'an: A Study in the Urban History of Medieval China.* Ann Arbor: Center for Chinese Studies, University of Michigan Press, 2000.

Xu, Chang, and Helen Wang. "Managing a Multicurrency System in Tang China: The View from the Centre." *Journal of the Royal Asiatic Society* 23, no. 2 (2013): 223–44.

Yamamoto, Tatsuro, Ikeda On, Okana Makoto, eds. *Tun-Huang and Turfan Documents Concerning Social and Economic History.* Vol. 1, *Legal Texts*. Tokyo: Committee for the Studies of the Tun-huang Manuscripts, 1978.

Yamamoto, Tatsuro, and Yoshikazu Dohi. *Tun-huang and Turfan Documents Concerning Social and Economic History.* Vol. 2, *Census Registers*. Tokyo: Committee for the Studies of the Tun-huang Manuscripts, 1984.

Yang, Jidong. "The Making, Writing, and Testing of Decisions in the Tang Government: A Study of the Role of the 'Pan' in the Literary Bureaucracy of Medieval China." *Chinese*

Literature: Essays, Articles, Reviews (CLEAR) 29 (2007): 129–67.

Yang, Lien-sheng. "Buddhist Monasteries and Four Money-Raising Institutions in Chinese His- tory." *Harvard Journal of Asiatic Studies* 13, no. 1/2 (1950): 174–91.

———. *Money and Credit in China: A Short History.* Cambridge, Mass.: Harvard University Press, 1952.

Yao, Ping. "Historicizing Great Bliss: Erotica in Tang China (618–907)." Journal of the History of Sexuality 22, no. 2 (2013): 207–29. *Sexuality* 22, no. 2 (2013): 207–29.

———. "The Status of Pleasure: Courtesan and Literati Connections in T'ang China (618–907)." *Journal of Women's History* 14, no. 2 (2002): 26–53.

———. "Women, Femininity, and Love in the Writings of Bo Juyi (772 846)." PhD diss., University of Illinois, Urbana-Champaign, 1997.

Yates, Robin S. *Washing Silk: The Life and Selected Poetry of Wei Chuang (834?–910).* Cambridge, Mass.: Harvard Council on East Asian Studies, 1988.

Ye, Wa. "Mortuary Practice in Medieval China: A Study of the Xingyuan Tang Cemetery." PhD diss., University of California, Los Angeles, 2005.

Yokohari, Kazuko. "The Hōryū-ji Lion-Hunting Silk and Related Silks." In *Central Asian Textiles and Their Contexts in the Early Middle Ages*, edited by Regula Schorta, 155–73. Riggisberg: Abegg-Stiftung, 2006.

Yong, Lam Lay. "Zhang Qiujian Suanjing (The Mathematical Classic of Zhang Qiujian): An Overview." *Archive for History of Exact Sciences* 50, no. 3/4 (1997): 201–40.

吉田豊 ."On the Taxation System of Pre-Islamic Khotan." *Acta Asiatica* 94 (2008): 95–126.

Yu, Pauline. *The Reading of Imagery in the Chinese Poetic Tradition.* Princeton: Princeton University Press, 1987.

Zamperini, Paola. "On Their Dress They Wore a Body: Fashion and Identity in Late Qing Shanghai." *positions: east asia cultures critique* 11, no. 2 (2003): 301–30.

Zhang, Guangda, and Xinjiang Rong. "A Concise History of the Turfan Oasis and Its Exploration." *Asia Major*, Third Series 11, no. 2 (1998): 13–36.

Zhao, Feng. *Recent Excavations of Textiles in China*. Hong Kong: ISAT/Costume Squad, 2002.

———. "Weaving Methods for Western Style *Samit* from the Silk Road in Northwestern China." In *Central Asian Textiles and Their Contexts in the Early Middle Ages*, edited by Regula Schorta, 189–210. Riggisberg, Switzerland: Abegg-Stiftung, 2006.

———. "Woven Color in China: The Five Colors in Chinese Culture and Polychrome Woven Textiles." *Textile Society of America Symposium Proceedings*, no. 63 (2010): 1–11.

Zhao, Feng, and Jacqueline Simcox. "Silk Roundels from the Sui to the Tang." *Hali* 92 (1997): 80–85.

Zhao, Feng, and Le Wang. "Glossary of Textile Terminology (Based on the Documents from Dun-huang and Turfan)." *Journal of the Royal Asiatic Society* 23, no. 2 (2013): 349–87.

Zhao, Feng, Wang Yi, Luo Qun, Long Bo, Zhang Baichun, Xia Yingchong, Xie Tao, Wu Shunqing, and Xiao Lin. "The Earliest Evidence of Pattern Looms: Han Dynasty Tomb Models from Chengdu, China," *Antiquity* 91, no. 356 (2017): 360–74.

Zheng, Yan, Marianne P. Y. Wong, and Shi Jie. "Western Han Sarcophagi and the Transformation of Chinese Funerary Art." RES: Anthropology and Aesthetics, no. 61/62 (2012): 65–79.

Zou, John. "Cross-Dressed Nation: Mei Lanfang and the Clothing of Modern Chinese Men." In *Embodied Modernities: Corporeality, Representation, and Chinese Cultures*, edited by Larissa Heinrich and Fran Martin, 79–97. Honolulu: University of Hawai'i Press, 2006.

日文文献

池田温：《中国古代籍帐研究》，东京：东洋文库，1979。

高桥泰郎：《唐代织物工业杂考》，《东亚论丛》第 5 辑，1941，第 341–359 页。

吉田丰：《于阗出土的 8-9 世纪于阗语世俗文书备忘录》，神户：神户大学出版社，

2006。

　　加藤繁：《论中国的商行和商业组织：聚焦唐宋时期》，《东洋文库欧文纪要》9 (1936): 45–83。

　　加藤繁：《中国经济史考证》，东京：东洋文库，1953。

　　加藤繁：《唐宋时代的草市及其发展》，《中国经济史考证》，吴杰译，北京：商务印书馆，1959。

　　平冈武夫：《长安和洛阳》，京都：京都大学人文科学研究所，1956。

　　日野开三郎：《唐代邸店的研究》，福冈：九州大学出版会，1968。

　　日野开三郎：《续唐代邸店的研究》，福冈：九州大学出版会，1970。

　　松本包夫：《正仓院裂与飞鸟天平的染织》，京都：紫红社，1984。

　　原田淑人：《汉代至六朝时期中国古代服饰》，东京：东洋文库，1937。

　　原田淑人：《中国唐代的服饰》，东京：帝国大学出版社，1921。

　　原田淑人：《唐代的服饰》，东京：东洋文库，1970。

　　斋藤胜：《唐，回鹘绢马交易再考》，《史学杂志》第 108 卷，1999 年第 10 期，第 33–58 页。

　　诸桥辙次：《大汉和辞典》，东京：大修馆书店，1984。

　　佐伯好郎：《景教碑文研究》，东京：待漏书院，1911。

　　佐藤武敏：《中国古代绢织物史研究》，东京：风间书房，1977。

　　佐藤武敏：《唐代绢织物的产地》，《人文研究》第 25 卷，1973 年第 10 期，第 57–87 页。

索 引

译后记

舞衣转转求新样，机杼织丽尽焚废。

前半句是文人对社会潮流现象的诗意书写，织物、服装、饰品承载着"入时"的门槛与需求；后半句则为唐文宗于大和三年（829）颁布的禁奢令，禁止生产复杂且耗时的华丽丝织品，比如越地特产的迷人缭绫。两句看似矛盾的文字背后，是唐朝的时尚风云。此处的"时尚"二字，翻译之初总令我发愁，忧心"fashion"破坏掉中国古代的韵味，跳脱出唐史界深厚的学术意境。然而尽览全书，新词语自有新意且言之有据，它即代表了时间的维度——时人之风尚，从唐高祖建国到朱温篡位每个阶段持续存在。

丝帛的连绵萦绕，沟通着王朝中央与边疆、产丝地与世界性大都会、内帷与丰富多样的市场；绫罗锦绣的雍容艳丽承载着织工的汗水与年华，又寄托着唐代精英群体的物质欲望与超越社会阶层桎梏的试探；因此，唐代女子的衣橱，是国家经济发展、手工业革新的缩影，亦是中古中世感官世界的集合。在此基础上，唐人、唐风与塑造而成的"唐美人"，在安史之乱前后，呈现出不同的面貌。

翻译的过程，我仿佛与作者漫谈，重新走入6—9世纪的中国，在宏大的叙事框架下，细节处的婉转低回多有触动人心、另辟新思之感，为我们传统的隋唐服饰史，乃至社会生活史研究增加了"他者"的视角。每一处查证与作注，我总是忆起导师宁欣教授在唐代城市史、经济史上的教诲，北京大学李志生老师温柔、无私地引导我进入妇女史领域。在此，特别感谢社会科学文献出版社的杨轩老师对我翻译的信任和支持。以及，师姐罗丹，学生金瑶、董衡、赵玥、蓝斯靖、司马婧桐、程诺、白若茜对本书译文的诸多协助。

廖靖靖

于中央民族大学

图书在版编目(CIP)数据

唐风拂槛：织物与时尚的审美游戏 /（美）陈步云
(BuYun Chen) 著；廖靖靖译. -- 北京：社会科学文献
出版社, 2022.12（2024.10重印）
书名原文：Empire of Style：Silk and Fashion in
Tang China
ISBN 978-7-5228-0525-2

Ⅰ. ①唐…　Ⅱ. ①陈… ②廖…　Ⅲ. ①服饰文化－研
究－中国－唐代　Ⅳ. ①TS941.742.42

中国版本图书馆CIP数据核字（2022）第143129号

唐风拂槛：织物与时尚的审美游戏

著　　者 / ［美］陈步云（BuYun Chen）
译　　者 / 廖靖靖

出 版 人 / 冀祥德
责任编辑 / 杨　轩
责任印制 / 王京美

出　　版 / 社会科学文献出版社（010）59367069
　　　　　　地址：北京市北三环中路甲29号院华龙大厦　邮编：100029
　　　　　　网址：www.ssap.com.cn
发　　行 / 社会科学文献出版社（010）59367028
印　　装 / 北京盛通印刷股份有限公司

规　　格 / 开　本：889mm×1194mm　1/16
　　　　　　印　张：18.75　字　数：249千字
版　　次 / 2022年12月第1版　2024年10月第2次印刷
书　　号 / ISBN 978-7-5228-0525-2
著作权合同
登 记 号 / 图字01-2021-0666号
定　　价 / 158.00元

读者服务电话：4008918866